AMY TAN

_____ 님을
뒷마당 탐조 클럽에 초대합니다.

검은눈방울새(어린 새)

Amy Tan

뒷마당 탐조클럽

에이미 탄 지음 | 조은영 옮김

The Backyard Bird Chronicles

코쿤북스

THE BACKYARD BIRD CHRONICLES
Copyright © 2024 by Amy Tan, Originally published by Alfred A. Knopf, a division of Penguin Random House LLC.
All rights reserved.
Korean translation copyrights © 2025 by Cocoon Books
Korean translation rights arranged with Sandra Dijkstra Literary Agency through EYA Co.,Ltd.

이 책은 에릭양에이전시를 통한 저작권자와의 독점계약으로 코쿤북스에서 출간되었습니다.
저작권법에 의해 한국 내에서 보호를 받는 저작물이므로 무단 복제 및 무단 전재를 금합니다.

베른트 하인리히, 존 뮤어 로스, 피오나 길로글리,
그리고 무엇보다 친애하는 내 담당 편집자 대니얼 핼펀에게
이 책을 바칩니다. 대니얼, 이 책은 오롯이 당신의 아이디어였어요.
당신만 아는 이유들로 말로 다 하지 못할 고마움을 전합니다.

한국어판 서문

  한국의 사랑하는 독자 여러분께,
  "뒷마당 탐조 클럽"에 오신 것을 진심으로 환영합니다.
  이곳에는 가입비도 규칙도 없고, 복장 규정이나 나이 제한 또한 없습니다.
  우리 클럽의 구성원은 사람과 새들, 그리고 가끔 들리러 오는 다람쥐와 고양이, 쥐 같은 친구들입니다.
  이 작은 모임의 사명은 바쁜 일상 속에서 잠시 숨을 고르고, 뒷마당이나 가까운 공원에서 만날 수 있는 새들의 세계에서 경이로움을 발견하는 것입니다.
  이 클럽을 통해 새들이 먹이를 찾고, 터전을 지키며, 짝을 찾고, 새끼를 기르는 모습을 조금 더 깊고 오래 바라보게 되기를 소망합니다.

혹시 마음이 움직이신다면, 그림을 그리는 일에 도전해 보거나, 매일 한 마리의 특별한 새를 찾아 보는 즐거움에 빠져 보는 것도 좋겠습니다.

이 클럽에 새나 그림에 대한 전문지식은 전혀 필요치 않습니다.

필요한 것은 다만, 조용히 머무를 수 있는 마음, 인내하는 자세, 세심히 주변을 관찰하는 눈, 그리고 발견한 기쁨을 다른 이들과 나눌 수 있는 따뜻함뿐입니다.

결국 이 클럽이 지향하는 바는, 야생 새들과 이어진 작은 인연 속에서 인간으로서 의미를 되새기며, 삶을 보다 깊고 충만하게 살아가는 데에 있습니다.

소살리토의 뒷마당에서
에이미 올림

애나스벌새(암컷)

서문

데이비드 앨런 시블리 David Allen Sibley

그때 나는 일곱 살이었다. 남부 캘리포니아의 어느 맑고 화창한 봄날, 새파란 하늘을 배경으로 노란색과 까만색을 대담하게 드러낸 노랑머리흑조 수컷 십수 마리가 전선에 줄지어 앉아 있었다. 이것이 새에 대한 내 첫 번째 기억이라고 말하곤 했지만, 엄밀히 말하면 내 첫 "탐조(探鳥)"의 기억이다. 그때도 이미 나는 새한테 홀딱 빠져 있었으니까. 저 노랑머리흑조의 장관을 본 이후로 우리 형은 "라이프 리스트"(life list. 한 사람이 본 모든 새의 종을 적은 목록)를 작성하기 시작했고, 몇 주 뒤에는 나도 나만의 라이프 리스트를 적었다. 이때부터 새는 내게 삶의 목적이자 절박감까지 추가된 중요한 과제가 되었다. 그리고 그때부터 지금까지 이 일에 쉬엄쉬엄이란 한 번도 없었다.

다른 아이들처럼 나도 그림 그리기를 좋아했고, 실력을 키우기 위해 "연필 마일리지"(이 책에서 배운 재밌는 용어)를 충분히 쌓았다. 그래서 새에 대한 집착이 완전히 나를 사로잡았을 무렵, 그리기는 그 자연스러운 일부가 되었다. 그리기는 대체로 두뇌 운동에 더 가까워 종이에 선을 그으며 연필을 제어하는 손은 전체 과정의 일부에 불과하다. 그리는 법이야 얼마든지 배울 수 있고, 배우고 나면 무엇이든 쉽게 그릴 수 있지만, 사실상 그림 그리기는 3차원의 현실을 2차원의 종이 위에 선으로 변환하는, 일종의 새로운 "보기"의 방식이다.

무엇인가를 그린다는 것(이를테면 새 같은 것들)은 실제로 그림 실력 자체보다는 대상에 대한 무형의 깊은 지식이 더 크게 좌우한다. 당신을 가르친 아주 현명한 탐조 멘토가 이렇게 말했다고 해보자. "맞습니다. 이 새의 몸은 검은색이고 머리는 노란색이죠. … 하지만 당신은 저 새가 어떻게 생겼는지 정말로 아십니까?" 어떤 대상을 그린다는 것은 그 사물의 구체적인 부위를 모두 익힌 다음, 그것들을 결합해 단순하고 통일된 전체를 만들어 내는 과정이다. 많은 시간 새를 관찰하는 것이 새를 아는 한 방법이라면, 그림으로 그려 내는 것은 그 지식을 증명하는 시험이다. 어찌보면 새를 그린다는 것은 눈앞의 종이 위에 나타난 새를 새롭게 발견하는 것과 같다. 선과 모양을 그렸다가 지우고, 곡선을 그리고, 가장자리를 또렷하게 또는 부드럽게 매만지면서 새의 본질을 재창조할 세부 사항을 발견하기 위한 작업이다. 그리고 그 작업을 마쳤을 때 눈앞에 비로소 진실의 작은 조각이 드러난다.

    새에 중독된 어린 시절의 나는 조류학자를 아버지로 둔 운 좋은 꼬마였다(물론 내가 새를 좋아하게 된 것이 순전한 우연은 아니었으리라 짐작되지만). 아버지는 다른 일곱 살 아이가 가지지 못한 가르침과 자원, 기회를 내게 주었다. 그리고 나는 여느 아이들처럼 그 모든 것을 스펀지처럼 빨아들였다. 내 탐조 동료들은 대부분 성인이었고, 내가 열 살인가 열한 살쯤 되었을 때 그 어른들은 나한테 새에 대해 묻기 시작했다. 아이에게는 더없이 자신감을 북돋는 경험이었다.

    부질없이 혼잡하기만 한 또래 무리에 비하면 내게 새들은 감히 이해할 수 있는 존재였다. 그래서 나는 새를 더 많이 관찰했다. 어린 나이였지만 내 눈에도 새에 관한 모든 것이 패턴을 따르는 것은 명확했다. 내기 새롭게 알게 된 모든 사실의 단편은 점점 늘어나는 지식의 그물망 어딘가에 끼워져서 다른 사실들과 연결되었고 그 위에 새로운 패턴을 세웠다. 그러나 그 패턴이란 게 때로 아주 모호하고 엉성하기 때문에 새들은 예측 가능한 동시에 또 예측 불가능했다. 큰뿔부엉이는 습성이 고정적이고 즐겨 찾는 나뭇가지가 정해져 있어서 그들을 관찰할 수 있는 좋은 자리와 시간을 짐작할 수 있지만, 그렇더라도 실제로 이 새를 보는 경우는 많지 않다. 뷰익굴뚝새는 어느 날 뜬금없이 물에 들어가 목욕을 즐기는, 수년간 관찰하면서도 한 번도 보지 못한 낯선 행동을 보이기도 한다. 운둔솔새는 매년 변함없이 봄과 가을의 거의 비슷한 시기에 캘리포니아 해안 산맥을 지나 이동하지만, 실제로 저 기간에 자기 집 뒤뜰에서 이 새를 보는 것은 아주 드물고 예상할 수 없는 일이라 귀하디 귀한 선물이 된다.

    일식이나 혜성처럼, 이 희귀한 새들도 긴 간격을 두고 등장할 때가 있다. 그러나 천문학적 현상과 달리 새들의 행동은 수식으로 설명할 수 없다. 그들은 자기가 나타나고 싶을 때 나타나고, 매순간 자기가 옳다고 믿는 대로 행동하기 때문이다.

    탐조는 내가 어렸을 때보다 훨씬 대중적인 활동이 되었다. 그리고 조류 관찰의 인기는 특히 2020년에 시작된 코로나19 팬데믹 기간에 크게 치솟았다. 이런 급상승에 기여한 요인은 여러 가지다. 나는 지난 수십 년간 탐조에 대한 관심이 높아진 가장 큰 이유가 사람들이 자연 세계와의 연결을 느껴야 할 근본적인 필요가 생겼기 때문이라고 생각한다.

    지난 몇 세대를 거치며 우리의 일상은 자연의 리듬과 크게 분리되었다. 외부 환경을 통제하는 건물과 전등 덕분에 우리는 날씨, 계절, 해가 뜨고 지는 시간에 상관없이 동일한 일정을 유지할 수 있게 되었다. 또한 냉장법을 비롯한 기술의 발달로 지금은 거의 어떤 음식이든 때를 가리지 않고 먹을 수 있다.

    고작 몇 세대 전만 해도 우리 조상은 자연과 훨씬 밀착되어 살았다. 그들도 야생이 아닌 집과 농장과 도시에 터를 잡고 지냈지만, 일상은 여전히 자연의 뜻을 따랐다. 식재료는 가까운 현지에서 조달하고 계절 식품을 먹었으며, 모든 활동은 태양의 하루 주기와 계절의 1년 주기에 따라 계획되었다. 이런 상황에서 외형과 울음소리로 새를 식별하는 능력은 유용했다. 종에 따라 새들이 도착하고 떠나는 시기는 영원히 넘어가는 달력과 같아서 계절의 변화 속에 중요한 날짜를 가리켰다. 어떤 새는 음식이었고, 어떤 새는 (작물의) 경쟁자였으며, 또 어떤 새는 (해충을 잡아먹는) 조력자였다. 인류가 수만 년 동안 그래 왔듯이, 어떤 면에서 인간은 누구나 전문적인 탐조가였다.

  패턴을 인지하고 기억하는 능력, 즉 한 사건이나 사실을 다른 것과 연관 짓는 재주는 생존에 필요한 기본적인 적응이다. 인간의 뇌는 그것에 아주 능숙하도록 진화해 왔으나 사실상 모든 동물에게 공통적인 기본 능력이다. 이 능력 때문에 어항 속 금붕어는 물 위에 사람의 손이 보이면 먹이를 기대하고, 어떤 새는 위험한 사람을 인지하며, 에이미 탄이 마당으로 나오면 곧 신선한 먹이가 준비되리라 기대하는 것이다. 사람들은 이미 1,000년 전에 특정 새의 울음소리를 듣고 파종 시기를 알았다. 그 덕분에 현재의 탐조가들은 새의 종을 식별하고 언제 어디서 그 종을 볼 수 있는지 예상할 수 있다.

  물론 패턴은 어디에나 있다. 지역별 요리 스타일, 혹은 온라인 광고 등에도 패턴이 있다. 그러나 나는 우리가 자연이 그리는 패턴에 더 특별한 친밀감을 느낀다고 믿는다. 새들도 색깔, 모양, 소리, 동작, 이동 등 무한한 패턴의 매력을 제공한다. 더 중요한 것은 새를 배우면서 비로소 자연 세계로 가는 문을 열게 된다는 점이다.

친한 친구가 멀리 떨어진 도시에 살면 그 도시에서 일어나는 사건사고에 관심이 생기는 것과 같은 이치로 새에 대해 알게 될수록 그들의 삶에 영향을 주는 모든 것에 의미와 맥락이 생긴다. 새를 알면서 비와 바람과 곤충과 개구리를 알게 되고, 새를 보면서 식물이 눈에 들어오며, 새들이 제각각 선호하는 숲과 들판과 갯벌을 마음에 담게 된다. 그리고 (새들의 조상인) 공룡, 빙하기, 해류, 대륙이동설, 진화, 그리고 지리학을 생각한다. 에이미 탄의 뒷마당이 있는 미국 캘리포니아주에서도 알래스카나 아르헨티나처럼 멀고 먼 지역에서 한 계절을 보내는 새들을 볼 수 있다.

탐조란 새들을 찾아서 그 종을 식별하는 활동이다. 새들이 서로, 그리고 환경과 어우러지는 모습을 지켜보고 알아 가는 과정은 큰 만족감을 안겨 준다. 그러나 나는 분명 그 이상이 있다고 생각한다. 우리가 탐조를 즐기는 가장 원초적인 이유는 집 밖의 세상으로 관심을 돌리기 위해서이다(같은 이유로 우리는 정원 가꾸기나 낚시 같은 야외 활동을 즐긴다). 사람들은 밖으로 나가 해가 뜨는 장면을 보고, 차가운 안개와 뜨거운 태양을 느끼고, 다가오는 폭풍을 지켜보고, 모기에 물리고 산딸기를 따 먹는다. 이런 활동은 우리 주변에서 일어나는 자연 현상의 리듬과 연결되는 깊고 본능적인 충동을 충족시키며, 지구에서 인간이 차지한 자리를 일깨운다.

이 책은 어디까지나 자연 일지이다. 새들에 대한 유쾌하고 독

특하고 사려 깊고 개인적인 관찰을 글과 그림으로 적은 모음집이다. 그림처럼 글도 꼭 필요한 단어나 구절만으로 장면의 윤곽을 그리고 생각과 기분을 표현하여 복잡한 것을 간단하게 정리할 때 가장 전달력이 뛰어나다. 에이미 탄은 그 분야에서 알아주는 거장이다. 이 책의 그림과 글은 그저 새를 기술하는 데 그치지 않는다. 관찰과 그림을 통해 발견한 감각을 전하고 자연 세계에 존재하는 패턴의 층을 제시하며 관찰자와 관찰 대상의 깊은 사적 관계를 강조한다.

에이미 탄의 뒷마당을 찾는 새들은 그녀의 소설에 등장하는 인물과 비슷한 점이 많다. 나는 이 책이 이단적인 은둔지빠귀, 우스꽝스러운 토히, 작지만 용맹한 벌새 등을 주인공으로 하는 새로운 작품을 위한 일종의 자료 노트일 거라는 생각을 한다. 새들의 삶은 한없이 교차하고 갈라지며 충돌한다. 어떤 새들은 평생 몇 에이커 넓이의 땅에서 새끼를 낳고 키우며 변화하는 계절과 홍수, 가뭄, 포식자를 견딘다. 또 어떤 새는 지구를 반 바퀴나 돌아야 하는 고된 여정으로 기근의 계절을 맞바꾼다. 이것들은 모두 상실과 승리의 이야기이자, 생존을 위한 거칠고도 우아한 결단의 이야기다. 새들은 세대와 대륙을 가로지르는 이런 대서사시를 우리들의 작은 뒷마당에 가져온다.

새를 동정(同定. 생물의 분류학적 소속이나 명칭을 가리는 일 — 옮긴이)하는 것은 탐조의 시작에 불과하다. 현명한 탐조 멘토라면 이렇게 말할 것이다. "맞아요, 그건 새의 이름이죠. 하지만 당신이 진짜 알아야 하는 것은 그 새 자체예요." 등장인물의 이름을 알고 각각의 능력과 개성을 알게 되면 우리 앞에서 무한히 확장하는 드라마가 새로 보일 것이다. 이 책은 새들을 진정으로 알아 가는 과정에 관한, 그들의 이야기를 배우고 그들의 관계를 통해 세상을 새롭게 인지하는 과정에 관한 책이다. 에이미가 썼듯이, "새들 덕분에 나는 (코로나19 때문에) 집밖으로 나가지 못하면서도 갇혀 있다는 기분이 든 적이 없다. 너무도 많은 것이 새롭고, 발견해야 할 것들도 너무 많아 새들을 지켜볼 때면 언제나 자유롭다."

들어가는 말

 이 책은 새에 대한 내 집착의 기록이다. "집착"이라는 말은 절대 부풀린 말이 아니다. 『뒷마당 탐조 클럽』(원제: The Backyard Bird Chronicles)은 우리 집 뒷마당을 찾아왔던 새들의 스케치와 필기가 담긴 총 아홉 권의 일지, 그 수백 페이지 중에서 일부를 추려서 엮은 것이다. 나는 재미있으라고 이 일지의 제목을 지역 일간지처럼 지었고, "뉴스 특보", "새로운 소식", "최신 과학" 등 신문 기사 양식으로 새들의 소식을 전했다. 이 일지는 새들이 뒷마당에서 먹고, 마시고, 목욕하고, 노래하는 따위의, 그야말로 그들의 평상시 행동을 관찰하면서 시작되었다. 하지만 몇 년간 매일 새들을 지켜보면서 그 행동을 해석하는 내 눈은 확실히 달라졌다. 평소 나는 식탁에 앉아 소설을 쓰면서 수시로 파티오를 염탐하는데 그러다가 전에 본 적 없는 새들의 행동을 보더라도 뛰쳐나가지 않으려고 무던히 애를 쓴다.

『뒷마당 탐조 클럽』은 화가로서 나의 성장 기록이기도 하다. 그리기에 대한 내 사랑은 세 살 때 시작되었고, 일곱 살 때는 화가가 되고 싶다는 비밀을 홀로 간직했다. 물론 우리 부모님은 내 나이 여섯 살에 이미 내 직업을 신경외과 의사로 정하셨지만 말이다. 어쨌든 여러 이유로 나는 그림을 그만두었지만, 그래도 예술에 대한 사랑은 미술관이나 박물관에서 계속 이어 갔고 가끔 한가할 때면 만화도 그렸다. 그중에는 수백만이나 되는 벌레의 무책임한 아비가 된 두 마리 수컷 바퀴벌레의 모험 이야기도 있었다. 사실상 내 첫 번째 자연 일지라고 볼 수 있다.

한편 『뒷마당 탐조 클럽』에서 나는 내 뒷마당 새들을 대변하는 "믿을 수 없는 화자 unreliable narrator"로 글을 썼다. 믿을 수 없는 화자란 소설에서 기만적이거나 정신적으로 이상이 있거나, 좀 더 긍정적으로 말하면 무지하기 짝이 없는 일인칭 화자를 일컫는 전문 용어이다. 그 무지한 화자가 바로 나다. 일지를 처음 시작했을 때 우리 집 마당에서 내가 아는 새는 세 마리가 전부였다. 하지만 내게 필요한 것은 강한 호기심뿐이었다. 그리고 나는 어릴 때부터 그거 하나는 넘치게 갖고 있었다. 자연에 대한 내 사랑도 일찌감치 시작되었다. 사실은 혼란스러운 내 가족으로부터 도피하기 위한 수단이었지만 말이다.

여덟 살부터 열한 살까지 나는 어느 작은 개울에서 반 블록 떨어진 교외의 트랙 하우스(규격형 주택 — 옮긴이)에서 살았다. 기억 속 그 개울은 둑이 가파르고 물이 많지 않은 얕은 연못을 채웠다. 그 개울에서 나는 가터뱀을 잡고 놀았다. 도마뱀을 붙잡으면 손에서 꿈틀대는 꼬리만 남는 적도 있었다. 물속에서 케이크 팬 크기의 물컹한 젤리 덩어리를 보았는데 그것들은 나중에 올챙이가 되거나 웅덩이가 마르면 함께 말라비틀어져 버렸다. 나는 개구리를 건드려 뛰게 했고, 무당벌레를 날게 했고, 공벌레가 몸을 말아 공이 되게 했다. 털이 부숭부숭한 애벌레를 병에 담아 두고 그것이 고치를 만들거나 나비로 변신하는 것을 보았다. 만신창이가 된 동물의 사체를 뒤덮은 구더기를 보아도 고개를 돌리지 않았다.

집에서 좀 더 떨어진 곳에 넓은 목초지가 있었는데, 소똥으로 질퍽한 그곳에 몰래 들어가서 놀았다. 그 땅은 계절마다 모습이 달라 휴한지일 때도 있고, 옥수숫대로 이루어진 어린이 전용 작은 숲이 되기도 했다. 골판지를 타고 언덕의 마른 풀을 타고 내려오다가 데굴데굴 굴렀고, 바위에 부딪혀 온몸에 멍이 들었다. 걸리면 감옥행이라고 적힌 무단 침입 금지 표지판이 세워진 울타리를 넘다가 철조망에 종아리가 찢겼다. 죽은 사과나무를 타고 올라가 구부러진 나뭇가지에 걸터앉았고, 넘어지는 바람에 녹슨 못에 무릎을 깊이 찔렸는데도 울지 않았다. 그때 생긴 상처가 무릎 옆에 2.5센티미터 크기의 흉터로 남아 있다. 몇 년 동안 그 부위를 헤질 정도로 문질러 바지마다 구멍이 났다. 그 흉터는 용기와 불복종의 증거이자 발견에 정신이 팔려 주의력을 잃어버린 어린 시절의 기념품이다.

하지만 그 개울에서 나는 언제나 아래를 보았지 위를 본 적은 없다. 아마도 그래서 진작 새들을 알아보지 못했을 것이다. 단, 커다란 까마귀들은 예외다. 그러나 그것들은 항상 비호감만 샀다. 내 눈에 그 새들은 히치콕의 영화 「새」에 나오는 무시무시한 검은 새 같았다. 마침 그 영화는 우리 동네에서 30킬로미터쯤 떨어진 곳에서 촬영했다. 그래서 나와 아이들은 주변에서 검은 새를 볼 때마다 그 영화에 나온 새일 거라고 확신했다. 기억이 가물거리기는 하지만 그중에 한 마리가 나를 공격한 적도 있다. 하지만 아마 어린아이의 상상이 만든 기억일 것이다.

그 3년은 내가 보고 또 만진 생물에 대한 기억과 덤불을 기고 나무딸기를 헤치고 웅크리고 엎드리고 개울 둑에서 미끄럼을 타고 물속을 헤치고 여기저기 긁히고 부딪히고 찢기면서 낯선 경이로움을 발견한 순간들로도 기억된다. 지금도 가끔 나는 야생에서 새들을 찾을 때면 (무단 침입은 빼고. 지금은 먼저 점잖게 허락을 구한다) 그 옛날 개울에서의 나처럼 행동한다. 개울 탐험은 방에서 혼자 책을 읽고 그림을 그릴 때와 비슷한 즐거움을 주었다. 누구한테도 꾸중 듣지 않는 즐거움, 미래를 위한 생산적인 행동이 아니어도 된다는 즐거움이었다. 그곳은 죽어 버리겠다고 수시로 협박하던 엄마의 버거운 광기에서 벗어날 피난처였다. 한 번은 그 개울에서 영원히 살려고 집을 나와 도망친 적이 있다. 하지만 엄마가 와서 점심으로 참치 샌드위치를 주는 바람에 잠깐의 일탈로 그쳤다. 어린 시절의 그 3년 동안 나는 자연에 대한 사랑만이 아니라 필요로서의 자연을 온몸에 새겼다.

    대학 시절, 남편 루와 나는 요세미티 오지로 배낭여행을 떠났다. 그게 우리 처지에 가능한 유일한 휴가였다. 우리는 등산로를 표시한 돌무더기를 따라갔고, 호수와 강에서 캠핑했고, 그러면서 코요테와 사슴과 미국너구리와 다람쥐를 수없이 보았다. 가끔은 마멋, 어떨 땐 곰도 많이. 내 첫 배낭여행 때는 곰 여섯 마리와 마주쳤는데 우리를 보더니 슬슬 다가왔다. 1.5미터짜리 불스네이크를 잡아다가 집에 가져온 적도 있는데, 지금 생각해 보면 나쁜 행동이었다. 타란툴라를 발견하고 팔뚝에 올려 기어다니게 했더니 동료들이 모두 비명을 지르며 도망쳤다. 그게 내가 자연을 좋아하는 방식이었다. 이상한 말이지만 그렇게나 하이킹을 많이 다녔는데 그중에서 가장 기억에 남는 것은 죽은 동물 위에서 맴돌던 어치, 까마귀, 칠면조독수리들이다. 요새는 휴가 때 보통 갈라파고스, 보츠와나, 라자아맛 같은 곳으로 야생동물을 보러 가거나 아니면 몬태나 하이라인에서 땅을 파고 공룡 화석을 찾으면서 오래전 멸종한 생물을 조사한다. 그러니까 내가 하고 싶은 말은, 자연일지를 쓰기 시작했을 때 나는 제프리소나무와 크리스마스트리를 헷갈리거나, 옻나무와 호랑가시나무 화관을 구분하지 못하는 그런 도시 토박이는 아니었다는 것이다. 나는 자연 속에서 보내는 시간을 좋아했다. 그런데도 2016년 전까지 내 자연 탐험에 새는 없었다. 지금 생각하면 참 영문 모를 일이다. 그때까지는 새를 그린 적도, 뒷마당에서 새를 관찰한 적도 없었다.

예순넷의 나이에 처음으로 그림 수업을 듣고 자연 일지를 쓰기 위한 야외 수업을 다니기 시작했다. 두 수업 모두 사랑받는 유명한 동식물 연구가이며, 화가이자 작가이고, 과학자이자 환경운동가, 그리고 교육자인 존 뮤어 로스John Muir Laws, "잭"이 가르쳤다. 당시 나는 이미 그가 쓴 새, 동물, 식물도감을 몇 권 갖고 있었다. 첫 수업을 듣고 나서는 『로스의 자연 그리기와 자연 일지 쓰기 The Laws Guide to Nature Drawing and Journaling』, 『로스의 새 그리기 The Laws Guide to Drawing Birds』 같은 책들도 샀다. 그림 수업이었지만 잭은 그리기만 가르치는 게 아니었다. 사실 이 수업의 가장 큰 목적은 모든 것이 새롭게만 보이던 어린 시절의 경외심을 되불러 올 호기심을 자극하는 것이었다. 그림 그리기를 시작할 때 제일 중요한 것도 그 부분이었다. 더 많이 궁금해하기, 눈여겨보고 알아채기, 계속해서 질문하기. 나는 잭한테서 아주 많은 것들을 배웠지만 그중에서도 가장 와닿은 것은 이것이었다. "새를 볼 때 그 안의 생명을 느껴 보아라." 나는 그 말을 "새가 되어라"라는 말로 들었다. 소설가가 직업인 내게는 아주 자연스러운 요청이었다. 나는 스토리의 생명을 느끼기 위해 항상 내가 창조하는 등장인물이 되니까.

잭의 수업을 듣고 매일 연습하면서 실용적, 구체적으로 생각하는 기술, 야생 조류의 행동을 더 잘 표현하는 기술을 연마했다. 그렇지만 맥락으로서의 배경, 새들이 이륙하고 착륙하는 순간처럼 그림으로 더 잘 나타내고 싶은 분야는 많이 남아 있다. 『뒷마당 탐조 클럽』을 시작했을 때 나는 아직 한참 배우는 단계라서 일지의 앞부분은 그림의 정확성이 좀 떨어진다. 대강 빠르게 그린 스케치가 대부분인데 이렇게 책으로 출판하게 될 줄 알았다면 좀 더 시간을 들여 제대로 그릴 걸 그랬다. 물론 그랬다면 내 그림이 웃음거리가 되지 않을까 걱정하면서 내내 고치기만 하다가 끝났을지도 모른다. 내가 그린 수많은 새들이 실제로 그런 날개와 깃털을 가졌다면 당연히 땅에서 날아오르지 못할 것이다. 또 종이의 크기를 가늠하지 못해 꼬리와 날개가 가장자리를 벗어나거나 책등 안쪽으로 말려 들어가는 경우도 많았다.

잭은 스케치, 질문, 관찰 내용, 날짜, 시간, 기온 등 정보를 정리하는 방법도 가르쳤다. 하지만 나는 여전히 체계가 없었다. 어떤 페이지에는 대강의 윤곽을, 어떤 페이지에는 자세한 구조를 그렸다. 어떨 때는 페이지 가장자리에 글씨를 쑤셔넣듯 내용을 적었다. 글씨는 비뚤어지고 아예 알아보기 어려운 것도 있다. 맞춤법이 틀리거나 누락된 단어가 부지기수고, 어떤 페이지에는 와인이나 커피를 쏟은 자국도 있다. 이제 와서 보니 많은 일지가 만화 같다. 나는 새들에게 만화 속 등장인물의 왕방울 눈과 상황을 재치 있게 설명하는 유머 감각을 주었다.

야외 수업 때는 플레인 에어(En plein air, "야외에서," 대개는 "아름다운 장소에서"라는 뜻의 근사한 예술적 용어)에서 스케치하며 교실에서 배운 내용을 적용했다. 점심때면 피크닉용 테이블에 스케치북을 올려놓고 학생들이 각자 관찰하고 그린 것을 서로 보여 주고 이야기 나누었다. 처음에는 다른 사람들이 나와 비교되게 너무 그림을 재밌게 잘 그려서 부끄러웠다. 너무 사실적으로 표현하려고 했던 것이 내 문제였던 것 같다. 당시 내 그림이 정확히 기억나지는 않지만, 어쨌든 별로였고 호기심과 경이로움이 하나도 표현되지 않았다는 것만 생각난다. 나는 스케치북을 다른 사람들에게 보여 주며 발표하는 자리에는 나가지 않았다. 대신 잭이 만든 페이스북 자연 일지 클럽에 게시했는데 그러려면 무엇보다 평생 작가로서 나를 괴롭혔던 완벽주의를 극복해야 했다. 그래서 용기를 내어 아무리 엉망이더라도 내가 그린 스케치를 꼬박꼬박 올렸다. 단, 남의 시선을 덜 의식하기 위해 가명을 썼다.

잭의 두 번째 야외 수업에서 나는 이제 막 열세 살이 된 여자아이를 만났다. 아이는 엄마와 같이 수업을 들으러 왔다. 그날 우리는 새크라멘토에서 남쪽으로 30킬로미터쯤 떨어진 콘슘강 보호구역의 넓은 물가에 서 있었다. 우리 앞에는 기러기류와 도요류의 물새들이 있었다. 머리 위로는 3,000마리쯤 되는 캐나다두루미가 그로브시 외곽의 가까운 습지대를 향해 날아갔다. 아이의 일지에는 빠르게 색칠한 스케치와 물음표가 가득했다. "왜," "어떻게," "무엇을." 아이는 잭과 엄마에게 큰소리로 질문도 했다. 대부분 "이유가 궁금해서 그러는데요…"로 시작했다. 대답하기 어려운 질문을 계속 해대는 아이 옆에 있는 것이 쉽지 않았다. 아니, 사실은 고문이 따로 없었다. 그래서 일부러 아이한테서 멀찌기 떨어져 있었다. 세 번째 야외 수업 때는 약 25명의 수강생이 잭을 따라 양치식물이 우거진 숲으로 들어갔는데, 어쩌다 보니 눈엣가시 같던 그 소녀가 내 앞에 있었다. 아이는 10미터마다 걸음을 멈추고는 눈에 들어오는 것들을 족족 조사했다. 고사리잎 하나를 뒤집더니 열을 지어 나열된 황갈색 점들을 가리키면서 엄마에게 말했다. "포자낭이네. 생식할 수 있는 식물이에요." 나도 잎을 들춰 보았다. 고사리 뒷면에 붙어 있던 게 그거였구나. 수천 개의 포자들. 또 아이는 뿌리가 땅 위로 길게 드러난 식물을 보더니 3미터를 따라가 그것이 시작된 지점까지 가서야 멈췄다. 또 아이는 멀리 있는 새도 찾아냈다. "노랑목솔새, 붉은꼬리매, 붉은관상모솔새"가 있다고 했다. 하지만 내 눈에는 보이지 않았다. 나는 괜히 내 비문증(飛蚊症)을 탓했다. 아이가 갑자기 나무 한 그루에 가더니 귀를 쫑긋 세우고 들으면서 말했다. "은둔지빠귀잖아. 이 새 소리 너무 좋더라." 모든 것을 향한 이 아이의 호기심과 열정을 보고 있자니 내 어린 시절로 돌아가는 것 같았다. 그때의 나도 땅바닥에 쭈그리고 앉아 동물과 식물을 만졌고, 무엇이든 뒤집어 보며 그 밑에 있는 것을 확인했고, 호기심에 빠져 몇 시간씩 탐험 놀이를 하고도 만족하지 못했다. 저 아이처럼 끝도 없이 큰소리로 질문을 해 대지는 않았지만, 자연 속 어린아이였던 그때의 나도 세상 모든 것이 다 알고 싶었다.

 그때부터 야외 수업마다 나는 그 아이 뒤를 졸졸 따라다녔다.

아이 옆에 가까이 서서 시험 때 부정행위를 하는 학생처럼 아이가 스케치하고 종이에 적는 것을 그대로 보고 그렸다. 나는 우리가 본 새들에 관해 물었고, 그러면 아이는 대답해 주었다. 또 신기한 행동이 있으면 먼저 알려 주기도 했다. 이 학생의 이름은 피오나 길로글리Fiona Gillogly, 그녀의 엄마는 베스이다. 지난 6년 동안 피오나는 내 자연 일지의 멘토가 되어 주었다. 피오나의 이름은 내 자연 일지에 자주 나온다. 우리는 함께 야생동물을 보았고 질문을 주고받았다. 사실 우리는 며칠 뒤에도 만나 펠릿 사냥을 같이하기로 했다. 펠릿은 새들이 먹이를 먹고 소화하지 못하는 부분을 뭉쳐서 뱉어 낸 덩어리를 말하는데, 이번에는 우리 집 마당에 상주하는 큰뿔부엉이의 펠릿을 찾을 것이다. 그리고 그 안에 든 뼈와 이빨, 척추, 털 등을 분석해 이 부엉이가 무엇을 먹고 사는지 알아낼 생각이다. 피오나와 나는 죽은 동물을 발견하면 그 동물이 어떻게 죽었는지 단서를 찾고 일지의 과학수사란에 따로 적는다. 우리는 각자 보고 발견한 것을 서로 알려 주고 궁금증을 나눈다. 피오나는 잭이 말한 "의도적인 호기심" 그 자체인 존재로, 나를 심도 있는 관찰과 경이의 세계로 이끌었다. 꼬리에 꼬리를 무는 질문은 우리를 더 깊은 숲으로 안내하는 생식력 있는 포자였다.

한편으로 나는 처음부터 잭이 말한 소위 "연필 마일리지"라는 것을 쌓으며 매일 소묘 연습을 했다. 어떤 날은 새의 머리만 그렸고, 또 어떤 날은 목의 길이가 다르게 그렸다. 일부러 저렴한 스케치북을 사서 고급 종이를 낭비한다는 죄책감 없이 실컷 그리고 마음껏 실수했다. 안타깝게도 값싼 스케치북은 수채화용이 아니라서 물이 닿으면 종이가 쭈글쭈글 헤지거나 찢어졌다. 그래서 수채물감으로 마무리한 그림이 거의 없다. 하지만 이 스케치북이 연필과는 궁합이 썩 잘 맞아서 나는 연필로 그리는 게 제일 좋았다. 부드러운 흑연은 종이 위를 감각적으로 미끄러졌고, 가끔은 번진 지문을 남겼는데 그건 내가 자연에 깊이 몰두했다는 증거이다. 너무 지저분하거나 글씨를 알아보기 어려운 페이지는 책에 싣지 않았다.

처음부터 잭은 우리더러 쓰지도 않을 장비를 과도하게 장만하지 말라고 조언했다. 나도 좀 자제를 했어야 했다. 처음은 5mm 4B와 7mm 2B 샤프펜슬로 시작했다. 그건 어두운 선을 그리는 용도이다. 다음에는 3mm와 9mm HB를 추가했다. 그러고 나서 수채 물감, 구아슈 물감, 새지 않는 잉크 펜, 특수 지우개, 찰필, 연필깎이, 엠보싱 펜, 각종 연필 꽂이, 정리힘, 크로스백, 스포팅 스코프(spotting scope. 초소형 망원경), 야외용 의자를 샀다. 300달러나 되는 비싼 쌍안경도 샀는데, 알고 보니 전문 탐조인들은 수천 달러짜리를 사용하고 있었다. 그들이 보기에는 저가형 모델이겠지만 나 같은 뒷마당 탐조인에게는 이 정도도 충분하다. 나는 색연필도 다양하게 시도했다. 자연의 색조를 살리기 위해 처음에는 더웬트 유성 색연필 15색을 추가했다. 그런 다음은 프리즈마 24색, 베르신 36색, 폴리크로모스 48색, 까렌다쉬 루미넌스 76색으로 넘어갔다. 고가의 팬파스텔도 한 세트 샀지만 써 보니 지저분해서 더 사용하지 않았다. 주로 저렴한 종이에 작업했지만 비싼 스케치북도

사 봤다. 그러나 내가 그리는 그림에는 특별히 더 좋다고 할 점은 없었다. 나는 작업실 사물함, 서랍장, 선반에 넘치는 물품을 보관하기 위해 일본식 전통 서랍장 두 개를 헐값에 샀다. 내 가까운 친구들과 남편은 이런 식의 내 집착을 잘 알고 있다(23년 전에는 개를 너무 좋아해서 결국에는 미국 최고의 요크셔테리어이자 웨스트민스터 도그쇼 우승견을 공동으로 소유하게 되었다). 나도 내가 저 미술용품들을 다 사용하지 못할 줄은 알았다. 그러나 그것들을 사는 게 너무 즐거웠다. 어려서 나한테는 연필 두어 자루, 목탄, 그리고 종이 몇 장이 전부였으니까.

    나는 곧 새로운 장비를 사용해서 처음에는 연필로, 나중에는 색연필로 새를 자세하게 그려 나갔다. 내가 바라볼 때 나와 눈을 맞추고, 나를 인정하고, 자신들의 세계에 나를 받아들여 준 고마운 이들의 초상화이다. 초상화를 그리는 것은 자연 일지를 쓰는 것과는 달랐다. 첫째, 초상화는 완성하는 데 4시간에서 8시간이 걸린다. 그러나 초상화 작업에도 나름의 의의가 있었다. 하나의 깃털을 그리기 위해 수천 번의 선을 그으며 나는 명상을 했다. 내가 그리는 모든 새의 생명력을 느꼈고, 그들의 지능과 취약함을 사색했다. 한번은 새 욕조에 앉아 부모를 20분이나 불러 대던 어린 검은눈방울새를 그렸다. 이 새는 포식동물을 두려워하고 경계하는 법을 아직 배우지 못했다. 이 새의 뺨에 겹쳐난 작은 깃털을 그리면서 나는 나를 보는 그 새가 되었다. 내가 그 새라는 믿음을 유지하는 한, 내게는 그 새를 살아 있게 보이도록, 살아 있다고 느끼도록,

그리고 인간인 내가 밖으로 나가 이 어린 새에게 살아남는 법을 가르칠 때까지 존재하도록 만들 기회가 있었다. 나는 새를 쫓아 버렸다. 내가 그 새라고 상상하자 우리는 서로 연결되었고 더 나아가 나는 모든 새의 삶을 온몸으로 느꼈다. 새들에게는 하루하루가 생존을 위한 기회라는 것을.

나는 운전을 못 해서 자연 일지 수업과 야외 수업 장소에 매번 루가 데려다주었다. 그러나 수업은 고작 한 달에 한 번이었다. 운전만 할 줄 알았다면 주변 공원과 자연 보존 지역, 그리고 eBird 앱에서 알려 주는 조류 "핫스폿"들을 모조리 찾아갔을 것이다. 하지만 1년 뒤, 나는 아주 가까운 곳에서도 자연 일지를 쓸 수 있다는 사실을 깨달았다. 바로 우리 집 뒷마당이었다.

알고 보니 이곳은 새들의 천국이었다. 우리는 참나무속의 해안가시나무 네 그루가 둘러싼 땅에 집을 지었다. 이 참나무들은 80~90세쯤 되었는데, 노령의 두 그루는 가지를 받쳐 줘야 한다. 이웃집 나무가 파티오 위에 가지를 드리우고, 위, 아래, 그리고 인접한 이웃에도 참나무가 많이 자란다. 뿌리에서 우듬지까지 참나무는 1년 내내 이곳에 살거나 겨울을 나기 위해 들르는 모든 새들이 모이는 만남의 장소이다. 아스파라거스 세타세우스는 참나무 그늘에 서 있고, 빈카 덩굴은 나무줄기를 두르며 기어오른다. 다양한 식생을 좋아하는 까다로운 새들을 위해 우리 집은 자작나무, 층층나무, 단풍나무, 그리고 웬만한 나무만큼 크고 무성하고 꿀이 많은 푸크시아를 제공한다. 패션프루트, 재스민, 담쟁이덩굴, 클레

마티스 안드로메다가 울타리를 타고 오르고, 높은 곳에 올려진 화분들도 있다. 정원의 양지바른 땅에는 메이어레몬 네 그루, 라벤더, 세이지, 로즈메리 덤불이 짙은 냄새를 풍기고, 그 근처에는 향기로운 장미, 작약, 프리지어, 수선화가 자란다. 정원의 좀 더 그늘진 구역에는 양치식물과 불꽃나리가 무성하다. 계절마다 식물은 새들에게 씨앗과 열매는 물론이고 벌새, 때로는 굴뚝새에게 꿀을 제공한다. 12년 전 우리는 물을 덜 쓰기 위해 정원의 잔디밭을 모두 걷어 내고 음양 패턴으로 다육식물을 심었다. 꿀벌, 나비, 새들에게 친화적인 서식지와 먹이원을 제공하기 위해 옥상에도 정원을 만들었다. 그곳에서도 일곱 가지 다육식물이 흰색, 노란색, 분홍색 꽃을 1년 내내 피운다. 나는 철새들이 알록달록한 우리 집 지붕을 가을철 이동길에 이정표로 사용하는 상상을 좋아한다. 바람과 새똥이 씨를 뿌린 덕분에 괭이밥, 개자리, 마가릿, 바카리스 따위의 침입성 식물들이 늘 지붕에 뿌리를 내린다. 덤불어치와 청설모가 지붕에 묻어 둔 도토리에서 자란 싹도 규칙적으로 뽑아 내야 한다. 만약 내가 이 집을 새들에게 팔게 된다면, "이 집에는 비가 오면 빗물이 초록색 지붕을 타고 징글벨 소리를 내며 흘러내리는데, 그 아래에 가족이 모여 앉아 음료를 마시며 샌프란시스코만의 경치를 보는 맛이 일품일 겁니다"라고 광고할 생각이다.

우리 집 건물 자체는 마당을 보완하는 열린 정자의 느낌을 주도록 지었다. 우리 집이 나무 꼭대기의 새 둥지처럼 보인다고 말하는 사람들도 있다. 새들도 그렇게 생각하는 게 틀림없다. 이중 유리문으로 된 두 벽은 양쪽으로 밀어 완전히 틀 수 있는데 한쪽은 베란다, 다른 한쪽은 파티오로 통한다. 파티오 옆 유리문은 새들의 충돌을 막기 위해 위에서부터 바닥까지 흰색 거미줄을 그려 놓았다. 베란다에 서 있으면 관박새, 쇠박새, 굴뚝새, 동고비 등 참나무 수관 바로 밑에 있는 새들과 눈이 마주친다. 계절에 따라 멀리 만 너머로 날아가는 사다새, 갈매기, 가마우지를 볼 수 있다. 거리가 멀어서 어떤 종인지 정확히는 알 수 없고 안다고 해도 이 책에 넣을 생각은 없다. 소살리토 해안가를 따라 생활하는 바닷새와 물새는 NIMBY(Not in My Backyard), 즉 우리 집 마당에는 없는 새들이니까. 『뒷마당 탐조 클럽』은 어디까지나 그 제목에 충실한 저널리즘의 무결성을 완수한다.

    탐조인들마다 우리 집 마당을 보고 "새가 아주 많다"라고 말한다. 그러나 처음부터 그런 것은 아니었다. 나는 우리 집을 살펴보러 온 새들이 떠나지 못하게 만들어야 했다. 처음에는 모이통 스탠드를 사서 모이통과 꿀물통을 걸어 놨다. 그러자 새로운 새들이 왔다. 하지만 청설모와 까마귀와 덤불어치 같은 불청객도 따라왔다. 그래서 청설모 방지 모이통으로 바꿨는데 청설모의 지능지수만 확인하는 계기가 되었다. 광고를 많이 하는 다른 청설모 방지 모이통도 사 봤지만 이번에는 청설모의 뛰어난 운동 신경을 알게 되었다. 급기야 나는 청설모가 접근하지 못하게 직접 맞춤형 철장 모이통을 제작했다. 이 모이통은 까마귀와 덤불어치도 막아 주었다. 우리 집 냉장고에는 살아 있는 밀웜이 몇천 마리씩 저장되어 있는데 무던한 남편은 불평하지 않는다. 하지만 이것은 시작일 뿐이었다. 새들을 불러들일 완벽한 모이통과 모이를 위한 탐색은 병적인 수준이 되었다. 그러나 결국에는 가장 저렴한 것이 가장 성공적인 미끼임을 알게 되었다. 새들이 목욕하고 마실 수 있는 신선한 물이 담긴 얕은 그릇이 가장 인기가 좋았으니까. 나는 아침에 일어나 가장 먼저 양치질을 하면서 새들을 볼 수 있게 화장실 창문 앞에 모이통을 설치했다. 그리고 해가 저무는 시간에는 파티오를 바라보는 테이블에 앉아 벌새가 그날의 마지막 꿀물을 마시는 모습을 본다. 노을이 어둠으로 변하면 큰뿔부엉이가 밤 사냥을 떠나기 전에 부르는 노래를 감상한다.

  2016년의 세 종을 시작으로 내 뒷마당에서 이제는 총 63종의 새를 맞이했고 앞으로 더 많은 새가 올 것이다. 어떤 새들은 철새라 이곳에서 겨울을 보내고 알래스카나 캐나다로 돌아간다. 이제는 많은 종이 이곳에서 1년 내내 산다. 다른 말 필요 없이 우리 집 마당에 오는 새들을 읊어 보면 지금은 12월인데 지난 이틀간 참나무관박새 여섯 마리, 캘리포니아토히 한 쌍, 얼룩무늬토히 한 마리, 붉은관상모솔새 한 마리, 은둔지빠귀 한 마리, 큰멧참새 두 마리, 애기동고비와 갈색등쇠박새 잔뜩, 뷰익굴뚝새 한 마리, 우는비둘기 여러 마리, 집양진이와 쇠황금방울새가 떼로, 보라양진이 한 마리, 검은눈방울새 많이, 타운센드솔새 세 마리, 주황정수리솔새 한 마리, 너탤딱따구리 한 마리, 노랑정수리북미멧새 수십 마리, 흰목참새 한 마리, 미국지빠귀 한 마리, 캘리포니아덤불어치 네 마리, 상주하는 큰뿔부엉이한테 소리 지르는 미국까마귀 무리가 들렀다 갔다. 나무 위에는 아직 한 번도 마당의 모이통으로 내려오지 않은 새들이 있다. 새소리를 배우면 그게 누구인지 알게 될 것이다. 그게 내 다음 목표다.

일지를 쓰는 것은 소설을 쓰는 것과는 영 딴판인 일이었다. 소설은 내게 고문이었다. 완벽한 구조를 갖춰야 하고, 언어를 다듬어야 하고, 끊임없는 형상화는 물론이고 문장을 정제하고 잘라 내야 하며, 여기에 호흡과 너비를 주는 누적된 통찰력까지 필요하다. 나는 신기루처럼 남아 있는 이야기를 빛내기 위해 수천 개의 조각을 복잡한 구성으로 옮겨야 한다. 각 조각을 내가 바라는 만큼 최대한 완벽하게 만들면서 또 조각들을 이어 붙인 이야기가 개연성 있고 이음매 없이 매끄러워야 했다.

반대로 『뒷마당 탐조 클럽』을 쓰는 일은 순수한 즐거움이자 그게 무엇이든 자발적이고 약간은 어설펐다. 완벽이란 자발성과 정반대되는 속성이다. 이 일지에서는 기대하는 바가 없다. 나는 마음껏 순진해도 되고 자기를 검열하거나 비판하지 않아도 되었다. 나는 과학을 존중하면서도 장난스러운 의인화를 허락했고 내멋대로의 짐작을 남발했다. 소설과 달리 스토리를 하나로 이어 맞출 필요도 없었다. 내 앞에 있는 순간이 곧 이야기이고 그게 어떤 날이든, 어떤 페이지든, 어떤 스케치든 이야기가 담겨 있다.

그럼에도 돌이켜보니 나로 하여금 새를 관찰하게 한 충동은 나를 소설가로 만든 것과 같았다는 생각이 들었다. 기질상 나는 관찰자이다. 나는 어떤 일이 왜 벌어지는지를 알고 싶어 죽는다. 나는 강한 감정을 느껴야 한다. 흥미로운 진실을 암시하는 세부 사항, 패턴, 이상 현상을 봐야만 직성이 풀린다. 나에게는 모종의 집착이 있어서 절대 써먹을 일 없는 연구를 하느라 몇 달을 허비하기도 하지만 내게는 그것이 더없이 알찬 시간이다. 나는 새들에게 가장 좋은 모이통을 찾고 모든 새가 만족할 영양가 있는 모이를 찾는 일을 멈추지 않았다. 뭘 갖다줘도 새들이 그보다 더 좋아하는 것은 항상 있었다.

소설을 쓰고 새를 보면서 나는 존재에 대하여, 그 수태의 순간부터 태어나서 한 생을 살아 내고 결국 죽어서 다른 사람에게 기억되는 삶의 여정을 생각한다. 나는 죽음을, 그 낯선 것을, 그 필연적인 것을 숙고한다. 나는 매일 죽음을 생각하지만 두려움에 떠는 것이 아니라 삶에는 덧없는 순간이 있고, 그런 순간도 글과 그림으로 저장될 수 있으며, 성찰의 시간을 통해 새와 내 마음을 되살리고 있다고 되뇌인다.

내가 끝마친 모든 소설을 보며 나는 그것이 기적이라 생각한다. 왜냐하면 분명 그 앞에는 생명을 얻지 못하고 사그라든 서너 편의 글이 있기 때문이다. 내가 보는 모든 성조(成鳥)에 대해서도 나는 그 새들이 내 앞에 있는 것이 기적이라고 생각한다. 왜냐하면 어린 새의 75퍼센트가 첫해를 넘기지 못하고 죽기 때문이다.

내 감정과 심정을 살려 줄 이미지와 단어를 찾으면서 나는 상투적인 표현이나 긴 설명은 되도록 피했다. 거기에는 신선한 사고와 정직한 사색이 들어 있지 않기 때문이다. 우리 집에서 죽은 새를 보았을 때도 "삶의 순환은 자연의 섭리이다"라는 낙관적인 말 따위는 하지 않았다. 충분히 애도하고 그런 일이 일어나지 않았기를 바라며 애달파하는 것이 옳다.

우리 집 뒷마당 새들에 대한 감사와 애정이 자라면서 이 책에 대한 애틋함도 커졌다. 책 속의 스케치와 글은 내 삶의 기록이다. 거기에는 나를 당혹스럽게 하고 짜릿하게 하고 웃게 하고 슬프게 한 것들이 모두 들어 있다. 그것들은 내가 어렸을 때 크게 다친 무릎의 상처와 같아서 반항심과 용기, 호기심과 발견, 아픔과 울지 않으려는 결심이 들어 있다. 이 책의 글과 그림에는 처음 보는 새 앞에서 궁금해하고 경탄하는 순진했던 나를 변화시킨 것들이 모두 들어 있다.

차례

한국어판 서문   6
서문   9
들어가는 말   17

2017년 9월 16일	38
2017년 12월 17일	43
2018년 3월 29일	47
2018년 6월 20일	53
2018년 7월 10일 (1)	57
2018년 7월 10일 (2)	61
2018년 8월 18일	65
2018년 11월 10일	69
2018년 11월 17일	75
2018년 11월 21일	79
2018년 12월 3일	83
2018년 12월 18일	87
2018년 12월 23일	93
2018년 12월 27일	97
2018년 12월 28일	103
2018년 12월 30일	107
2019년 1월 10일	111
2019년 1월 30일	115
2019년 1월 31일	119
2019년 2월 15일	124
2019년 4월 29일	129
2019년 5월 4일	134
2019년 5월 6일	139
2019년 5월 16일	145
2019년 6월 16일	149
2019년 6월 19일	152
2019년 6월 30일	158
2019년 8월 3일	163
2019년 10월 13일	167
2019년 10월 20일	172
2019년 10월 21일	178
2019년 10월 29일	183
2019년 11월 9일	187
2019년 11월 11일	191
2019년 11월 14일	198
2019년 11월 22일	204
2019년 11월 28일	209
2019년 12월 4일	212
2019년 12월 9일	218
2019년 12월 21일	222
2020년 1월 1일	234
2020년 1월 7일	238
2020년 1월 14일	245
2020년 3월 9일	249
2020년 5월 12일	253
2020년 5월 16일	258
2020년 5월 22일	261
2020년 5월 31일	267

2020년 6월 13일	271	2021년 11월 30일	383
2020년 7월 16일	277	2022년 1월 8일	396
2020년 7월 28일	281	2022년 1월 14일	400
2020년 9월 1일	286	2022년 1월 21일	406
2020년 10월 12일	291	2022년 2월 4일	410
2020년 10월 20일	296	2022년 2월 28일	414
2020년 10월 27일	301	2022년 3월 19일	418
2020년 10월 30일	305	2022년 4월 20일	423
2020년 11월 24일	309	2022년 4월 25일	427
2020년 11월 26일	313	2022년 7월 6일	431
2020년 12월 9일	320	2022년 7월 8일	436
2021년 1월 17일	324	2022년 8월 31일	441
2021년 1월 18일	329	2022년 9월 20일	447
2021년 1월 27일	333	2022년 9월 30일	450
2021년 2월 7일	340	2022년 11월 9일	454
2021년 2월 8일	345	2022년 12월 2일	459
2021년 3월 21일	349	2022년 12월 6일	464
2021년 6월 23일	353	2022년 12월 15일	468
2021년 6월 29일	356		
2021년 7월 14일	360	감사의 말	471
2021년 7월 15일	367	우리 집 뒷마당의 새	474
2021년 8월 21일	371	더 읽어 보기	477
2021년 9월 26일	374	옮긴이의 말	479
2021년 10월 24일	379	추천의 말	485

2017년 9월 16일

부웅부웅, 마당 주위에서 날고 있는 벌새를 보면서 어린아이라면 한 번쯤 가질 법한 꿈을 꾸었다. 야생동물이 나를 믿고 기꺼이 내게 다가오는 상상이다. 내 손바닥 위에서 맛있게 식사하는 소형 조류 헬리콥터를 머릿속에 그렸다. 이들을 꾀어 보려고 10달러를 주고 소인국용 초소형 벌새 꿀물통 네 개를 사 왔다. 싼값에 희망을 사 오긴 했지만, 나는 원래 현실적인 사람이다. 벌새가 이 꿀물통에 관심을 보이고 또 나에 대한 두려움을 없애기까지 몇 달을 기다려야 할지도 모른다고 스스로 일러두었다.

　어제는 이 미니 꿀물통 하나를 파티오로 가져가 보통 크기의 꿀물통이 있는 난간 근처에 두고 3미터쯤 떨어진 테이블에 앉아 있었다. 몇 분이 지나자 벌새 한 마리가 와서 기웃댔다. 붉은 머리가 번쩍이는 수놈이었다. 주위를 맴돌며 흘끗대더니 이내 가 버렸다. 꿀물통을 알아채기는 한 것 같으니 시작이 나쁘지 않다. 새가 돌아왔다. 그리고 다른 각도에서 들여다보더니 또 가 버렸다. 이윽고 세 번째 시도. 그런데 이번에는 꿀물통 주변에서 슬슬 춤동작을 하더니 덥석 구멍에 부리를 박고 꿀물을 마시는 게 아닌가. 나는 깜짝 놀랐다. 이렇게나 빨리? 이어서 다른 벌새가 찾아왔다. 둘은 치열한 추격전과 함께 일상적인 영역 싸움을 벌이더니 결국엔 승자만 돌아왔다. 종일 지켜본 결과, 벌새들은 큰 꿀물통보다 작은 꿀물통을 선호하는 것 같다. 이유가 뭘까? 새것이라서? 그래서 서로 돌아가며 소유권을 주장하는 걸까?

 오후 1시 30분, 나는 다시 파티오의 테이블에 앉았다. 사방이 고요했다. 새소리를 냈다. 매일 나는 밖에 나와서 손에 새 모이를 조금 들고 휘파람으로 새소리를 흉내 낸다. 제발 내 손에 와서 먹이를 먹어 달라고. 2분쯤 지났을까, 관박새와 쇠박새의 까칠한 소리가 들려왔다. 땅콩을 발견해서 흥분한 모양이었다. 이어서 벌새의 소음이 들렸다. 수놈이었다. 나는 앉아 있던 테이블로 작은 꿀물통을 가져와 손바닥에 올려놓고 기다렸다. 10초쯤 지났을까? 벌새 한 마리가 손 위로 곧장 착륙하더니 이내 꿀물을 먹기 시작했다. 나는 숨을 죽인 채 최대한 손을 움직이지 않았다. 새의 작고 귀여운 발가락이 가볍게 내 손바닥을 긁었다. 벌새는 먹는 내내 나를 훑어보며 평가했다. 그러다가 서로 눈이 마주쳤다.

 존 뮤어 로스가 했던 말이 기억났다. "새를 느껴 봐요. 새가 되어 보는 겁니다." 벌새는 내 눈에서 무엇을 보았을까? 이게 새가 신뢰의 여부를 판단하는 방법일까? 새가 먹는 동안 나 역시 이 벌새의 머리에 난 작은 깃털을 찬찬히 훑어보았다. 턱 아래는 분홍색, 주황색, 빨간색이 섞였고, 날개색은 탁하고, 발은 아주아주 작고 정교하다. 조금 있다가 작업실에 돌아가서 이 새를 그리려면 지금 본 것을 잘 기억해야 한다. 머리에 겹쳐 나는 작은 깃털은 부리 위에서 머리 뒤쪽으로 갈수록 점점 더 커진다. 다리는 짧고, 발가락은 치실처럼 가늘다. 내가 이 새에게서 본 것은 이렇다. 그럼 새는 나한테서 무엇을 보았을까?

A Bird in the Hand

I had removed all the hummingbird feeds to clean and refill. While letting the nectar cool, I heard impatient hummers making crackling sounds. I came out with this hand feeder. Within minutes, a hummer came and did two test fly-bys, before dipping his bill into the nectar feeder, still beating his wings. It felt like a fan blowing on my palm. Then it landed and I felt its scratchy tiny feet. Two seconds later, the hummer and I were divebombed by another male, and my bird in the hand was gone in half a second.

It was enough. I am in LOVE.

SEPT 16, 2017
1:30 P.M.
SUNNY BUT WINDY

손 위의 새 한 마리

2017년 9월 16일
오후 1시 30분
맑지만 바람이 붊.

벌새 먹이통을 모두 걷어 와 깨끗이 닦고 꿀물을 채웠다. 꿀물이 식을 때까지 기다리는 동안 성미 급한 벌새들이 타닥거리는 소리가 들렸다. 나는 초소형 꿀물통을 들고 나왔다. 몇 분 만에 벌새 한 마리가 나타나서는 시험 삼아 두 번을 왔다 가더니 세 번째 와서는 날갯짓을 멈추지 않은 채 부리를 꿀물에 담갔다. 손에 느껴지는 바람이 꼭 선풍기를 튼 것 같았다. 새가 손바닥에 내려앉을 때 작은

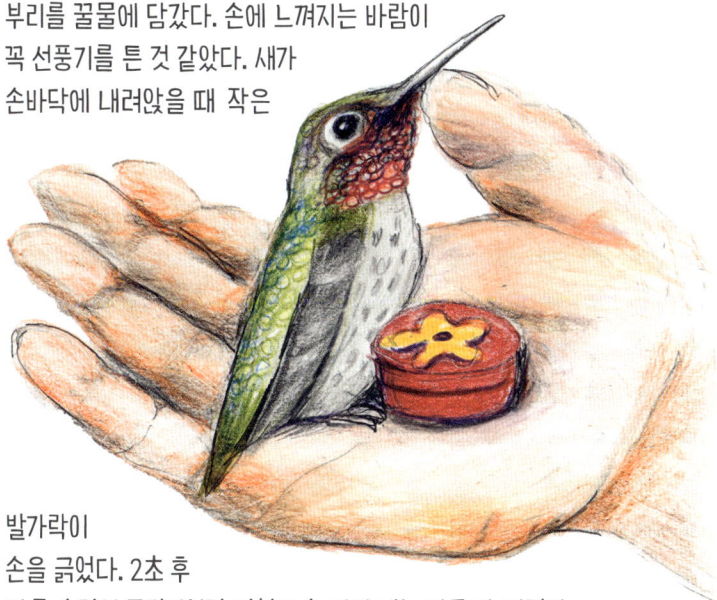

발가락이 손을 긁었다. 2초 후 다른 수컷이 폭격기처럼 덮쳤고 손 위의 새는 바로 가 버렸다. 그거면 충분하다. 나는 사랑에 빠졌다.

1분쯤 지나 새는 주변의 참나무로 휙 올라가 버렸다. 새가 내 손바닥에 머문 시간은 45초. 어쩌면 너무 흥분해서 내 삶을 바꿔놓은 이 순간이 실제보다 더 길게 느껴졌는지도 모른다. 이로써 나는 마침내 야생동물의 세계에 진입하게 되었다. 내가 새가 되어 들어가도 될 만큼 입구가 넓은 내 뒷마당에 말이다. 한 시간 뒤, 파티오 테이블에 앉아 점심을 먹는데 머리 주위로 익숙한 날갯짓이 들렸다. 같은 벌새가 틀림없다. 내가 꿀물통을 손에 올리자마자 날아와서 먹기 시작했으니까. 1분 뒤, 벌새는 내 얼굴에서 고작 몇 센티미터 앞까지 날아와 나와 눈을 마주 보았다. 날갯짓이 일으킨 미세한 바람이 불어온다. 녀석에겐 두려운 기색이 전혀 없었다. 오히려 "저 작은 검이 내 눈을 찌르지는 않을까"하고 걱정한 건 내 쪽이다. 원체 호기심이 많은 놈일까? 아니면 이 꿀물통은 자기 것이라며 내게 으름장을 놓는 걸까? 무슨 생각인지는 몰라도 어쨌든 놈은 돌아왔다. 그리고 나를 알아보았다. 우리는 아는 사이가 되었다. 나는 사랑에 빠졌다.

2017년 12월 17일

아침에 일어나면 첫 일과로 침실의 블라인드를 올리고 만과 항구의 물을 살핀다. 물은 하루하루 다른 모습이라 어떤 날은 푸르고 잔잔하지만, 또 어떤 날은 잿빛이고 파도가 거세게 일렁인다. 보통 새들은 모이통에 있다가도 내가 창문에 다가가면 우수수 흩어지는데, 어제는 한 마리가 그러지 않았다. 온몸에 털이 부숭부숭한 미국검은머리방울새였다. 그 새는 나를 보고도 개의치 않고 허겁지겁 모이를 먹었다. '요놈 봐라, 겁이 없네.' 아니면 어디 멀리서 방금 도착한 망명자인가? 여행길에 제대로 배를 채우지 못해 어지간히 허기졌나 보지. 나는 현관 입구로 나갔다. 날씨가 제법 쌀쌀했다. 저 미국검은머리방울새는 고작 60센티미터쯤 떨어진 모이통 바닥에 앉아 여전히 먹어 댔다. 부푼 깃털을 보아하니 어린 새였다. 펼쳐진 날개깃 아래로 부드러운 솜털이 보였다. 새는 가끔 먹다 말고 눈을 감았다. 지친 기색이 역력했다. 둥지에서 나와 처음 먹는 끼니인지도 몰라. 아니, 근데 지금은 봄이 아니라 12월이잖아. 어린 새가 돌아다닐 때가 아닌데? 게다가 미국검은머리방울새는 계절 따라 이동하는 철새이지 텃새가 아니다. 즉, 이곳에서 번식하는 새가 아니라는 말씀. 자세히 보니 부리 주위가 해바라기 씨로 지저분했다. 어디가 아픈가? 내 질문에 대답이라도 하듯이 녀석이 갑자기 나한테 날아오더니 내 손 위에 앉았다. 정신이 멍해 보였다. 좋지 않은 신호다. 새는 물그릇으로 폴짝 뛰어 내려가더니 물을 마시기 시작했다. 지저분한 입가로 물이 줄줄 흘러내렸다. 새는 좀 더 목을 축인 후 다시 모이통으로 돌아갔다. 이제는 다른 것들도 눈에 들어온다. 새는 엉덩이도 더러웠다. 설사까지 하는 모양이다. 지금은 눈을 반쯤 감고 꼼짝도 하지 않고 있다.

어류 및 야생동물관리국에 문의했더니 최근 미국검은머리방울새가 급증한 것과 관련해 ― 평소보다 더 많은 수가 대량으로 이주했다는 뜻 ― 미국 전역에서 살모넬라증이 퍼지고 있다고 했다. 미국검은머리방울새는 크게 무리를 짓고 사는 사회적 새라서 한 마리만 아파도 무리 전체에 병이 퍼지고, 같은 모이통과 물그릇에 찾아왔던 다른 종에도 쉽게 병을 옮길 수 있다. 내가 읽은 내용에 따르면 새의 몸이 부풀어 보이고 평상시와 다른 행동 ― 이를테면 겁없이 사람한테 날아오는 것 ― 을 하면 그 새는 하루를 넘기기 어렵다. 이 아픈 새가 돌아다니지 못하게 잡은 다음, 따뜻한 상자에 넣어 야생동물 재활센터에 데려가야겠다고 생각했다. 그곳에서도 살리지 못할 수 있지만 적어도 인도적으로 안락사를 시킬 것이다. 새는 움직임이 굼떴지만 그래도 내 힘으로 붙잡지는 못했다.

오늘은 그 새가 보이지 않는다. 아마 이제 이 세상에 없겠지. 나는 모이통들을 모조리 치웠다. 최근에 구입한 새 모이, 해바라기씨 자루, 나이저씨, 수엣(suet. 소나 돼지의 내장 지방에 새 모이 등을 섞어서 굳힌 새 사료 ― 옮긴이) 덩어리도 모두 버렸다. 이 모이통들을 다시 사용하게 되는지 잘 모르겠다.

어제 만난 그 아픈 새를 그려 보았다. 새가 아픈지 몰랐을 때

병든 미국검은머리방울새

찍은 사진을 참조했다. 내가 그린 그림 속 새는 밋밋하고 경직되어 보인다. 새 그리는 방법을 죄다 잊은 것 같다. 기쁨이 사라졌다. 사진 안에서 임박한 죽음의 신호는 뚜렷하다. 나는 이제 이 병에 대해 좀 더 잘 알게 되었다. 부푼 깃털은 몸을 따뜻하게 유지하려는 헛된 노력이었다. 아픈 새는 스스로 체온을 조절할 수 없기 때문이다. 지저분한 부리는 모이를 제대로 삼키지 못한 결과다. 그리고 반쯤 감은 눈은, 꺼져 가는 삶의 확증이다.

이 새를 그리려면 아픈 마음을 추스르고 새를 볼 수 있어야 한다. 새가 살아 있다고 느껴야 한다.

2018년 3월 29일

미국검은머리방울새를 죽인 유행병 때문에 뒷마당에서 먹이통을 치운 지 어언 4개월이 지났다. 다행히 우리 집에서는 그날 보았던 아픈 새가 전부였지만 다른 새 사랑꾼들은 매일 죽은 새를 보았다고 신고했다. 하지만 이 전염병도 드디어 끝이 나는 것 같았고, 많은 새 단체들이 이제는 모이통을 다시 내놓아도 안전하다고 했다. 나는 해바라기씨를 사서 다시 모이통에 채웠다. 하지만 가져가는 새는 없었다. 그렇게 무(無)새의 이틀이 지나고 처음으로 찾아온 새가 하필 또 미국검은머리방울새였다. 죽은 새에 대한 슬픔이 아직 가시지 않아 나는 내심 검은눈방울새나 쇠박새, 관모박새처럼 다른 새가 와 주길 바랐다. 다시 행복을 느껴도 될지 주저된다.

미국검은머리방울새는 식사를 아주 지저분하게 하는 종족이다. 알고 보니 되새과 새들이 대체로 깨끗하지 못한 게으름뱅이들이었다. 보통 핀치라고 통칭하는 이 새들은 씨앗 한 개를 먹으면서 네 개를 땅바닥에 떨어뜨린다. 이런 낭비벽의 숨은 진실은 모르겠지만 덕분에 검은눈방울새들이 아주 신났다. 편리하게 먹이를 땅까지 배달해 주니 얼마나 고마울까. 쥐들도 이 바닥 청소팀에 합류하지만 대신 똥을 싸 놓고 간다.

미국검은머리방울새는 한 번 오면 모이통에 한참 머물다 가기 때문에 야외에서 그리기에 이상적인 소재이다. 내 경우, 플레인 에어는 현관을 바라보는 욕실 창가에 맨발로 서서 새들을 관찰하고

Pine Siskin — caught with its mouth full

- sunflower chips
- messy eater
- juncos eat bits on ground
- toe grasp from below
- auriculars more apparent
- ? juvenile — yellow bar on primaries faint. Very round and short

3.29.18

미국검은머리방울새 - 지금은 식사 중   2018년 3월 29일

스케치하는 것을 포함한다. 첫 시도는 초조하게 시작되었다. 새들은 홰에 앉아 있으면서 주위를 살피느라 쉬지 않고 머리를 움직였다. 내가 그리고 싶은 다른 새들은 둘째치고 이 미국검은머리방울새에 대한 게슈탈트(독일어로 전체로서의 형태라는 뜻. 특정한 점과 모양을 보고 가상의 선을 그어 도출한 상상 속 이미지를 뜻함 — 옮긴이)적 이해를 실현하려면 훨씬 더 많이 연습해야 한다. 그러고 나면 기본적인 머리 모양, 부리, 몸체는 물론이고 새의 여러 자세를 빠르게 스케치할 수 있을 것이다. 새를 그릴 때는 눈의 방향이 무엇보다 중요하다. 눈이 곧 행동의 의도를 알려 주기 때문이다. 지금처럼 새들이 여러 각도에서 시시각각 머리의 위치와 방향이 변하는 모습을 그릴 때는 눈을 어디에 그려야 할지 잘 모르겠다. 당장 눈앞의 저 새를 볼까. 눈의 맨 윗부분이 부리보다 위에 올라와 있다. 이제는… 눈과 부리가 나란하다. 지금은 자동차 헤드라이트 앞에 선 사슴처럼 나를 빤히 보고 있다. 미국검은머리방울새가 해바라기씨를 먹는 모습을 그리면서 나는 계속 혼자 중얼댔다. 존 뮤어 로스의 자연 일지 수업 때 들었는데 야외에서 새를 그릴 때 세부적인 것들을 모두 기억하려면 이렇게 소리 내어 혼잣말을 하는 게 좋단다.

 나는 다양한 머리 위치를 스케치했다. 그리고 새를 제 모습대로 보이게 하려고, 아니면 적어도 내가 옳다는 기분이 들 때까지 대여섯 번씩 눈을 고쳐 그렸다. 더 고쳤다가는 이 싸구려 종이가 찢어져서 새의 눈동자에 빵꾸가 나겠다 싶어서야 그만두었다. 이 새는 땅딸막한 몸통에 머리가 상대적으로 커서 내가 아기 새의 비율이라고 상상한 형태였다. 그리고 긴 첫째 날개깃의 고유한 노란 줄무늬가 아주 희미하다. 그러다가 생각이 났다. 저번에 죽은 미국검은머리방울새처럼 이 새들도 북쪽에서 온 철새이고 이곳 겨울 휴가지가 아니라 여름 서식지에서 새끼를 낳는다는 사실을 말이다. 새를 그리다 보면 그냥 지켜보기만 할 때보다 더 많은 것이 눈에 들어온다. 모이통에 모여드는 다른 새들에 비해 미국검은머리방울새의 첫째 날개깃과 꼬리는 아주 짧은 편이다. 이렇게 짧은 날개로 어떻게 그 먼 거리를 날아갈까? 혹시 내가 새를 보는 각도 때문에 착시 현상이 생기는 걸까?

왜 저 미국검은머리방울새는 나를 빤히 쳐다볼까? 내가 먼저 쳐다봐서? 나는 새를 그리고, 새는 사방을 어지럽히며 모이를 먹고, 그러면서도 우리는 서로에게서 눈을 떼지 않는다 새는 날아가지 않고 한동안 머물러 있었다. 다행이다. 잘 왔어. 돌아와서 반갑네.

미국검은머리방울새

2018년 6월 20일

경보가 울렸다! 갓 부화한 상투메추라기 새끼 네 마리가 우리 집 차고 옆에서 자기들끼리 길을 헤매고 있다. 옆집 마르시아와 아이들이 먼저 알아보았다. 우리가 다가가자 몸이 얼어붙은 듯 숨소리도 내지 않았다. 한 마리는 아예 돌담 구석에 머리를 처박고 있었음. 이렇게 노출된 장소에 그냥 두면 고양이, 매, 까마귀, 어치의 표적이 되거나 자동차에 치일 수 있다.

아마 부모가 근처에 있겠지. 이 메추라기 무리는 우리 집을 포함해 네 집을 둘러싼 덤불과 대나무 생울타리 안에 살고 있다. 나는 푸른색 수새 여러 마리와 갈색 암새 여덟 마리를 마당에서 종종 보았다. 가족일까, 아니면 하렘일까? 우리는 새끼들을 관목 밑에 숨겨 두고 옆에 서서 지켜보았다. 3미터쯤 떨어진 덤불에서 이내 어른들이 나오더니 다급한 소리를 냈다. "우우우-우우우-우우! 우우우-우우우우-우우우!(유괴범이 우리 애들을 납치해 갔어요!)" 이 소리를 듣고 털 뭉치 네 덩이가 달려 나와 부모와 10여 마리의 제 형제자매와 상봉했다. 무리는 재빨리 한데 뭉쳐 한 몸처럼 자연스럽게 움직였다. 눈에 보이지 않는 롤러스케이트에 올라탄 것처럼.

저 새끼 중에서 몇 마리나 살아남을까. 다른 새들과 달리 상투메추라기 새끼는 알에서 깨어나자마자 바로 거대한 발로 걸을 수 있다. 그리고 땅을 쪼며 먹이를 찾아 돌아다닌다. 하지만 무방비 상태인 것은 마찬가지다. 새끼 새는 날지 못한다. 성조(成鳥)가 되

6·20·18

California Quail 1 day old.
← Topknot

Separated from mom+dad. They cheeped until humans came along. Then they became quiet and tucked into a corner.

상투메추라기

2018년 6월 20일

1일 차

← 상투

엄마 아빠와 떨어져 있었음. 자기들끼리 있을 때는 재잘대다가 사람이 오자 조용해지면서 머리를 구석에 처박았음.

어도 취약하기는 매한가지인데 비행 속도가 매와는 상대도 되지 않을 만큼 느리기 때문이다. 이들이 갖춘 최고의 방어 무기는 속임수이다. 덤불에 들어가 죽은 듯이 버티는 전략이다. 아까의 저 네 마리 새끼 메추라기처럼 제자리에서 꼼짝하지 않는 본능은 타고난 게 분명하다.

　상투메추라기의 울음소리는 언제나 위급상황을 알리는 메시지이다. 나는 욕실 밖 난간과 바닥의 판돌에 수수를 쌓아 두고 오면서 그들의 긴급한 소리를 흉내 냈다. "우우우-우우우-우우! 우우우-우우우우-우우우!" 덤불어치들이 들이닥치기 전에 빨리 와서 먹고 가라는 뜻이다. 어치들이 다 먹어 치운 다음에 오더라도 더 내어 줄 생각이라는 말은 굳이 하지 않았다.

2018년 7월 10일 (1)

까마귀 새끼는 부모보다 몸집만 조금 작다. 하지만 푸른 눈, 그리고 시도 때도 없이 밥 달라고 조르는 모습을 보면 쉽게 구분할 수 있다. 새끼 까마귀는 부모 뒤를 졸졸 쫓아다니며 입을 대접처럼 쩍쩍 벌리고 소리를 질러 댄다. 부모가 이제 막 날기 시작한 새끼들을 이끌고 우리 집 해바라기씨 모이통에 왔다. 이 모이통은 참새보다 몸집이 큰 새와 청설모가 접근하지 못하게 철망을 두른 종 모양 틀 안에 있다. 하지만 이 모이통의 설계자는 청설모와 까마귀의 지능을 우습게 보았다.

까마귀 어미와 새끼들이 모이통을 마주 보는 베란다 난간에 주욱 앉았다. 모이통까지는 비교적 가까운 거리지만 새끼 까마귀들한테는 아직 멀다. 어미가 먼저 시범을 보였다. 난간에서 모이통까지 부드럽게 날아올라서 가볍게 발로 철망을 붙잡았다. 그러고는 새끼들을 바라보았다. '자, 어때, 쉽지?' 철망이 어미의 무게 때문에 한쪽으로 기울면서 해바라기씨가 쏟아져 나왔다. 어미는 난간으로 돌아가 새끼들을 불렀다. 모이통이 여전히 가볍게 흔들렸다. 까마귀 어미가 새끼에게 하는 말은 통역이 없어도 알 수 있다. '얘들아, 그만 보채고 직접 해 보렴. 이제부터 엄마가 너희에게 밥을 주는 일은 없을 거야. 어서, 엄마 실망시키지 말고.' 새끼 한 마리가 난간 위에서 몸을 낮춰 웅크리면서 자세를 잡았다. 그러나 거리와 높이를 잘못 계산했는지, 날아오르자마자 그만 모이통에 머리를

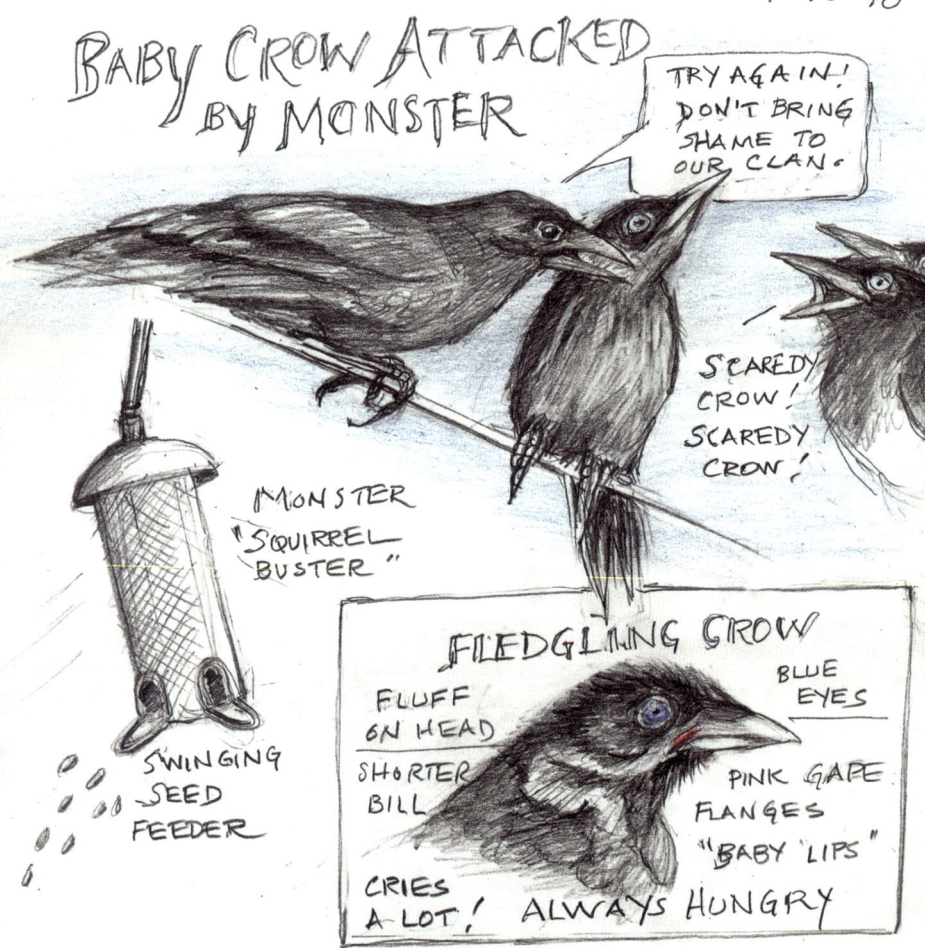

7-10-18

Baby Crow Attacked by Monster

"Try again! Don't bring shame to our clan."

"Scaredy crow! Scaredy crow!"

Monster "Squirrel Buster"

Swinging Seed Feeder

Fledgling Crow
- Fluff on head
- Blue eyes
- Shorter bill
- Pink gape flanges "baby lips"
- Cries a lot!
- Always hungry

Mama Crow showed babies how to raid the Squirrel Buster. After demonstrating how to jump onto the seed feeder, she told one of the fledglings to try it out. The baby launched, missed, and refused to try again. She squawked, the baby squawked, and then abandoned the three babies.

새끼 까마귀, 괴물의 공격을 받다.

2018년 7월 10일

어미 까마귀가 새끼 세 마리에게 청설모 방지 새 모이통을 공격하는 시범을 보였다. 모이통까지 점프하는 방법을 보여 준 다음, 새끼 한 마리에게 따라 하라고 시켰다. 새끼는 실패했고 다시 시도하지 않겠다고 고집했다. 어미가 소리를 꽥 질렀고, 새끼도 소리를 꽥 질렀다. 그러자 어미는 새끼들을 버리고 가 버렸다.

들이받고 말았다. 새끼 까마귀가 방금 자기를 공격한 괴물을 피한 답시고 날개를 세차게 퍼덕이는 바람에 모이통이 심하게 흔들렸다. 해바라기씨가 사방에 날아다녔다. 새끼는 어미와 형제자매가 있는 난간에 비틀거리며 내려앉았다. 어미가 크게 까악거렸다. '다시 해 봐.' 새끼의 애처로운 울음소리는 어미의 고음 버전에 가깝지만 좀 더 고집스럽다. '안 할래요. 안 할래요.' 어미가 다시 꽥 소리를 질렀다. 새끼는 먹이를 달라는 뜻으로 입을 크게 벌렸다. 어미가 한 번 더 소리를 내지르더니 새끼들을 난간에 두고 날아가 버렸다. 새끼를 버린 것이다. 모성이 실종된 걸까? 새끼들이 어미를 뒤쫓아 날아올랐다. 전에 어디서 읽기로 웬만한 새들은 대개 2주 정도 새끼를 돌보면 그만이라는데 까마귀 새끼는 평생은 아니더라도 최소 몇 년은 무리에 남아 있을 테니, 어휴 엄마만 불쌍하지.

2018년 7월 10일 (2)

작업실 창문으로 내다보니 평평한 지붕 위에 열두 마리쯤 되는 까마귀가 돌아다니며 모래 알갱이를 쪼고 있었다. 예전에는 새들이 모래를 삼키는 게 배가 고파서 돌멩이 수프라도 뱃속에 채워 넣으려는 것인 줄 알았다. 안쓰럽기도 하지! 그러다가 한 조류학자가 새들이 먹이를 소화하려면 모래를 꼭 먹어야 한다고 알려 주었다. 아하!

지붕 위의 까마귀 중에 한 마리가 유독 컸는데, 처음에 나는 까마귀 유치원을 감독하는 어른인 줄 알았다. 그런데 찍어 놓은 사진을 보니 그 큰 까마귀가 실은 큰까마귀인 것 같아서 놀랐다. 큰까마귀가 우리 집 정원에서 황소개구리처럼 꺽꺽대는 소리는 가끔 들었지만 직접 본 적은 없었다. 까마귀들이야 예전부터 수시로 들락날락했고. 혹시 이 큰까마귀가 까마귀들과 사교활동을 하고 있던 걸까? 그게 이 세계의 평범한 일상인가?

어린 큰까마귀가 먹이 찾는 법을 단체로 배운다는 사실을 읽은 적이 있다. 한 새가 성공하면 나머지가 떡고물이라도 얻어먹으려고 몰려든다고 했다. 어쩌면 이놈은 어린 큰까마귀인데 잘못해서 까마귀들의 모임 장소에 착륙하게 되었지만 너무 어려서 자기가 그곳 출신이 아니라는 걸 몰랐던 건지도 모르겠다.

그런데 그게 정말 큰까마귀라면 왜 까마귀들이 달려들어 내쫓지 않았을까? 예전에 큰까마귀들이 검독수리한테 그렇게 하는 것

2018월 7월 10일

까마귀 유치원

아니면 큰까마귀?

까마귀 새끼들이 사냥하고, 쪼고, 우리 집 모이통을 습격하는 기술을 배우고 있다. 실패한 새끼들은 울었고, 부모가 나서서 시범을 보였다.

열두 마리쯤 되는 까마귀가 근처 평평한 지붕에 모여 모래 먹는 방법을 배우면서 주위를 돌았다.

사진을 보고 그중에 적어도 한 마리가 큰까마귀인 것을 보고 충격받았다. 부리의 크기며 몸의 크기가 남달랐다. 색깔도 칙칙한 회갈색에 분명히 털갈이 중이었다. 까마귀들이랑 친교 중인 큰까마귀 새끼였을까? 아니면 새끼 큰까마귀의 엄마였을까?

큰까마귀가 까마귀들과 어울리기도 하나? 큰까마귀는 새끼일 적 먹이 찾는 법을 배울 때 빼고는 대개 홀로, 또는 쌍으로 다닌다. 아무튼 한 마리는 큰까마귀다. 다른 새들은 여전히 신원 미상임.

을 본 적이 있어서 하는 말이다. 솔직히 내가 저 새가 큰까마귀일 거라고 생각하는 이유는 그저 큰까마귀가 우리 집 마당에서 자주 볼 수 없는 새니까 그래서 큰까마귀였으면 하고 바라는 것이다. 나는 다른 사진도 들여다보았다. 큰 새의 얼굴은 작은 스컬캡 모자에 카누를 부착한 생김새다. 가슴에는 털이 누더기처럼 덥수룩하다. 그 옆에 서 있는 까마귀는 카메라에 더 가까운데도 훨씬 크기가 작다. 그러니 이 큰 놈은 큰까마귀가 틀림없다. 털갈이 중인 어린 새인데 아직 너무 어려서 자기가 실수로 까마귀 유치원에 들어갔다는 걸 미처 모르는 것이다. 마침내 어른 까마귀가 돌아왔을 때 이 큰까마귀가 배울 교훈이 있다면, 그건 아마 '집 떠나면 고생이다'겠지.

2018년 8월 18일

우리 집 뒷마당이 이제 막 날기 시작한 어린 새들의 훈련장으로 변신한 것이 참으로 흐뭇하다. 검은눈방울새, 핀치, 덤불어치 새끼가 나는 법을 배우고 있다. 목표는 모이통이 들어 있는 철장의 가로세로 각각 3.8센티미터짜리 격자로 들어갈 수 있게 적당한 각도로 착지하는 것이다. 이 친구들은 이제 막 시작해서 동작이 서툴 수밖에 없고, 또 어떤 새들은 다른 새보다 유난히 배움이 느리다. 그런 애들은 철장을 꽉 붙잡고 한없이 대롱대롱 매달려 있다. 몸을 격자 안으로 집어넣으려면 몸통을 흔들어 위로 올리거나 발가락을 놓고 올라가 꼭대기에 가까운 격자를 잡아야 하는데 몇몇은 매달린 채로 어쩔 줄 모르다가 결국 도움을 요청한다.

오늘은 뒷문 입구에서 새끼를 가르치는 덤불어치 어미를 보았다. 어미는 암담한 기색으로 난간에 돌아왔다. 그러고는 씨앗 하나를 우는 새끼 입에 넣어 주었다. 둘은 함께 날아갔다. 얼마 뒤 어미는 수업을 위해 새끼를 다시 데려왔다. 그러나 새끼는 멈칫하더니 모이통으로 점프하는 대신 아래로 뛰어 내려가 땅에 떨어진 씨앗들을 주워 먹었다. 그걸 본 어미는 뒤도 안 돌아보고 날아가 버렸다. 혼자 남은 어린 새는 아랑곳하지 않고 씩씩하게 두 발로 걸어 뒷문으로 가더니 이것저것 조사했다. 그러더니 뜻밖에도 스스로 모이통을 향해 날아가는 게 아닌가! 나는 깜짝 놀랐다. '어미가 어딨지? 이 기특한 모습을 봐야 하는데!' 안타깝지만 새끼는 꼬리

좌충우돌 덤불어치 아기 새 이야기
(97.5% 실화)

를 안쪽으로 접은 채 모이통의 바닥 쪽에 계속 매달려 있었다. 그 자세로는 몸을 들어 올리는 게 무리다. 어찌나 애타게 모이를 쳐다보는지 눈알이 다 튀어나와 보였다. 15초 뒤에 새는 모이통에서 떨어졌고, 겨우 떨어뜨린 씨앗 몇 개로 만족했다. 한 시간 뒤에 와 보니 새끼 덤불어치는 여전히 모이통에 뛰어오르고 있었다. 이놈은 덤불어치 고유의 중요한 습성을 이미 보여 주었다. 끈기.

2018년 11월 10일

새에 대해 아는 게 거의 없던 시절, 나는 벌새용 빨간색 꿀물과 고무마개와 수도꼭지가 달린 세련된 디자인의 수제 유리병을 샀다. 이 둥근 꿀물통을 앞마당 공터에 세워 둔 긴 스탠드에 매달았다. 하지만 찾아오는 벌새를 한 마리도 보지 못했다. 그렇게 그 화려한 꿀물통을 거기에 둔 채 몇 달을 잊고 지냈다. 꿀물에 곰팡이가 피기 때문에 며칠에 한 번씩 갈아 줘야 한다는 건 나중에야 알았다. 이 꿀물통에도 옆면에 곰팡이가 자라고 있었다. 고무로 된 수도꼭지와 마개는 뜨거운 햇볕을 계속 받아 금이 가고 바스러졌다. 마트에서 파는 빨간색 꿀물은 설탕물에 붉은 색소를 탄 것에 불과하다는 것도 알게 되었다. 그렇다면 쓸데없는 데 돈을 쓸 필요가 없다. 집에서 직접 꿀물을 만드는 게 더 나으니까(끓는 물과 비정제 설탕을 4대 1 비율로 넣으면 된다). 색소는 넣지 않는다. 하지만 내가 유기농 설탕으로 만든 첫 번째 꿀물은 불합격이었다. 파는 것보다 낫기는커녕 새들에게 해로웠다. 내가 벌새를 몇 마리나 죽인 걸까? 나는 화려한 유리 꿀물통과 이후에 샀던 (청소하기 불편한) 멋진 대체품들을 싹 다 버렸다. 금속 받침대에 녹이 슨 모이통들도 모두 휴지통에 투척했다.

지금 우리 집 마당에는 바닥이 투명하고 빨간색 뚜껑이 있는 아크릴 재질의 꿀물통 여섯 개가 걸려 있다. 내가 바랐던 자연적인 뒤뜰의 풍경과는 전혀 어울리지 않는 인공적인 요소들이다. 나

애나스벌새 - 모이통 앞에서 2018년 11월 10일

꿀물통에 가까이 가기 전에 주변에 다른 새가 있는지 확인한다. 다른 벌새가 있다면 쫓아내거나 쫓겨난다.

모함(母艦)이 눈앞에서 꿀물을 약속하며 손짓한다.

1~2초쯤 기다렸다가 꿀물을 마신다. 경쟁자가 그를 뒤쫓거나, 반대로 그가 경쟁자를 쫓을지도 모른다. 그런 건 어떻게 결정하는 걸까? 이미 대장으로 인정받은 걸까?

조심스럽게 꿀물통에 내려앉는다. 발로 가로대를 잡고서 날갯짓을 계속한다.

는 이 꿀물통을 파티오, 베란다, 작업실이 있는 뒷문 입구에 각각 설치했다. 오늘 오후, 애나스벌새가 꿀물통에 접근하는 것을 보았다. 이 새의 머리가 처음에 검게 보이다가 빛을 향해 돌리는 순간 무지갯빛 빨강과 분홍색으로 불타올랐다. 반사된 영광이랄까. 수새였다. 암새는 아주 고급스럽게 연한 초록색이고 목 주변에 붉은 반점이 몇 개 있다. 선회 비행을 하던 수새는 몸과 머리를 사방으로 돌리며 근처에 경쟁자가 있는지 확인했다. 쫓는 쪽일까, 아니면 쫓기는 쪽일까? 새는 조심스럽게 꿀물통 위에 내려앉더니 봉을 붙잡은 채로 날갯짓을 멈추지 않았다.

예전에 벌새가 내 손바닥 위의 미니 꿀물통에 내려앉았을 때 그 작은 발을 본 적이 있다. 짧은 다리, 조그만 발, 작디작은 발가락과 발톱. 벌새는 다른 새들처럼 뛰지도, 걷지도, 흙을 긁지도, 먹이를 움켜쥐지도 못한다. 그러나 이 작은 발가락으로 철사나 스파게티면 굵기의 잔가지, 꿀물통의 가는 홰는 붙잡을 수 있다. 그리고 경쟁자와 다툴 때 저 발을 무기로 사용한다. 과연 위협이 되기는 할까 싶지만. 내 손바닥에 올라와서 긁던 정도면 하나도 치명적이지 않을 것 같은데.

오늘 나는 벌새가 발로 할 수 있는 걸 한 가지 더 발견했다. 수새가 암새를 뒤쫓던 중이었다. 좋아서 졸졸 따라다니는 것이지 추격은 아니었다. 구애라고 하기에는 많이 늦은, 아니면 좀 이른 것 아닌가? 하지만 찾아보니 벌새는 1년에 세 번, 심지어 네 번까지도 짝짓기를 한단다. 암새가 참나무 가지 위에 앉았다. 이어서 수새가 60센티미터 정도 떨어진 곳에 내려와 자리를 잡더니 슬슬 암새 쪽으로 몸을 옮겼다. 보아하니 고작 1센티미터씩 발을 밀면서 접근해 가고 있었다. 하지만 어렵게 25센티미터 옆까지 다가갔을 때 그만 암새가 훌쩍 날아가 버렸다. 정말로 맹세하는데 그때 수새의 얼굴은 방금 연인에게 차여서 망연자실한 남성의 표정 그 자체였다. 그게 정말 구애의 동작이었을까? 그럼, 왜 애초에 암새한테 좀 더 가까이 내려앉지 않았을까? 동물이 다른 동물에게 다가가는 목적은 둘 중 하나다. 환심을 사려고, 아니면 죽이려고. 나 때는 10대들이 영화관에서 그런 식으로 상대에게 들이대곤 했다. '이런, 이거 네 다리니? 난 그냥 팝콘 좀 집으려고 했던 건데.' 벌새의 세계에서 짝짓기는 암컷이 나뭇가지 위에서 몸을 넓게 펼칠 때 시작한다고 읽었다. 그래서 어쩌면 이 수새는 그 순간 그곳이 초야의 잠자리가 되길 기대했는지도 모르겠다. 유감이네, 친구.

    새를 관찰하면 할수록 새들의 모든 신체 부위와 행동 하나하나에 특별한 목적과 이유와 의미가 있다는 걸 깨닫게 된다. 본능만으로는 매력적인 저 모든 것들을 설명할 수 없다.

애나스벌새(수컷), 2020년 12월 30일

Anna's Hummingbird
DEC 30, 2020

2018년 11월 17일

종말이 시작된 기분이다. 북쪽에서 발생한 "캠프파이어"(2018년 11월, 미국 캘리포니아주에서 일어난 대형 산불의 이름 – 옮긴이)가 10일이 지나도 수그러들 기미가 보이지 않는다. 연기가 남쪽으로 280킬로미터를 내려와 샌프란시스코와 우리 집 뒷마당까지 뒤덮었다. 이 더러운 공기에 한때 파라다이스라 불리던 산간 마을의 잔해가 들어 있다는 사실이 새삼 떠올랐다. 오늘 소살리토의 공기질은 206, "매우 나쁨"이다. 캘리포니아주의 다른 지역에서는 수치가 500을 넘긴 곳도 있다. 매시간 담배를 한 갑씩 태우는 꼴이다. 나는 모이통을 채우고 물을 갈아 줄 때 말고는 되도록 밖에 나가지 않는다.

이제 마당에 보이는 애나스벌새는 몇 마리밖에 없다. 아마 다들 남쪽으로 날아갔을 것이다. 하지만 그곳에서도 산불이 났다. 일부는 진작에 이곳을 떠났는데 아무래도 이웃들이 대나무 생울타리를 치워 버려서 그런 것 같다. 대나무 생울타리는 새들의 피난처로 많이 쓰이지만, 이번에는 그들도 어쩔 수 없었을 것이다. 대나무는 산불의 시발점이 되기 아주 쉬운 식물이니까. 그래서 요새는 벌새가 꿀물통에 와도 추격할 수컷 경쟁자는 없다.

이렇게 오염된 공기가 야생의 새들에게 얼마나 안 좋을까. 집에서 새를 키우는 친구가 있는데 애지중지하던 앵무새가 부엌에서 발생한 연기를 마시고 바로 죽었단다. 야생의 새들도 그렇게

민감할까? 어딘가에 연기로 허파가 손상되어 죽은 아름다운 새들이 즐비한 들판이나 숲이 있는 것은 아닐까? 만약 정말로 새들이 연기 때문에 떠났다면 우리는 어떻게 환경이 조류 개체군을 빠르게 감소시킬 수 있는지를 실시간으로 목격하는 셈이다. 다행히 이 경우는 일시적이겠지만.

    늦은 오후, 작은 뷰익굴뚝새를 보고 희망이 생겼다. 그동안 매일, 하루에도 여러 번 수엣을 먹으러 오던 새 같다. 나는 녀석이 먹는 것을 지켜보았고, 녀석은 나를 보았다. 공기청정기가 돌아가는 방에 앉아 바깥에서는 작은 굴뚝새 따위가 어쩔 수 없이 숨 쉬고 있는 저 유독한 공기를 얌체같이 혼자만 깨끗이 걸러서 마시고 있는 나라는 존재를 말이다. 걱정이다.

뷰익굴뚝새

2018년 11월 21일

핀치들이 재집권하면서 오늘 이곳에서 먹이 쟁탈전이 벌어졌다. 나는 1.8미터쯤 떨어진 욕실 창문 앞에 앉아 모이통들이 설치된 현관 입구를 내다보고 있었다. 몸집은 집양진이가 더 크지만 쇠황금방울새들은 머릿수가 많고 싸움에도 능하다. 내가 아는 한 모든 다툼은 모이통에서 선호하는 자리를 두고 벌어진다. 인간 세계에도 그런 사람이 있지만, 핀치는 다른 새가 가진 것은 무엇이든 원한다. 남의 떡이 더 커 보이는 법칙은 새들의 세계에서도 통용된다. 집양진이 암새가 원하던 자리를 쇠황금방울새 한 마리가 먼저 와서 앉았다. 물론 다른 곳에 빈자리도 많았다. 하지만 안 될 말씀! 집양진이는 굳이 쇠황금방울새가 앉아 있는 곳을 차지하겠다고 고집이다. 집양진이가 쇠황금방울새를 향해 다가가너니 무서운 눈빛으로 노려보았다. 하지만 이 쇠황금방울새는 지지 않고 그 자리에서 버텼다. 집양진이 암새가 등을 구부렸다. 한편 집양진이 수새는 근처 다른 홰에 자리 잡고 앉아 마치 스포츠 관람객처럼 해바라기씨를 먹으며 구경을 했다. 결국에는 쇠황금방울새가 다른 곳으로 옮겨 가면서 긴장은 해소되었다. 하지만 이런 소강상태가 얼마나 더 갈지는 아무도 모른다.

    쇠황금방울새는 왜 감히 자기보다 큰 경쟁자에게 맞섰을까? 또 집양진이의 사나운 눈초리와 굽은 등 말고 내가 알아채지 못한 새들의 다른 공격적인 특성이 더 있을까? 성난 고양이처럼 깃털을

들어 올리나? 사람의 험상궂은 표정에 해당하는 다른 표현 방식이 또 있을까? 새들만 느끼는 긴장의 순간이 있는 걸까? 새들은 공격 의도를 어떻게 전달할까? 새들의 소통과 몸짓 언어에 대한 많은 궁금증이 머리를 스쳐 지나간다.

얼마 전까지만 해도 이런 상황을 보고 나는 "새가 왔다. 새가 갔다"라고 쓰고 말았겠지만 이제는 가만히 서서 저들을 관찰하고, 저들도 나를 관찰하고, 그렇게 뻔히 보이는 곳에 안 보이는 척 숨어서 서로 지켜보고 있다.

2018년 12월 3일

두어 달 전 수엣 먹이통에서 이 조그만 새를 처음 보았을 때, 나는 내가 "조류 빈맥"이라고 이름 붙인 증상을 경험했다. 우리 집 마당에서 한 번도 본 적 없는 새를 처음 발견했을 때 흥분해서 심장이 벌렁거리는 증상을 말한다. 한 번 왔다가 가 버릴 방문객일 거라는 생각에 나는 모습을 잊지 않으려고 존 뮤어 로스가 가르쳐 준 대로 새의 가장 눈에 띄는 특징과 행동, 상황 등을 소리 내어 읊었다. "형광 노란색과 검은색 머리, 부리는 딱새 스타일, 몸은 박새만큼 작다. 얼굴은 검고, 등은 칙칙한 올리브색, 몸 군데군데 노란색이 있음. 베란다 수엣 먹이통에서 발견. 잽을 넣는 듯한 동작. 대박, 이거 실화임? 나를 보고 있잖아! 근데 왠지 언짢은 표정이네. 미안…" 나는 그 기억을 되살려 빠르게 스케치한 다음, iBird에서 가능성 있는 후보를 찾았다. 타운센드솔새. 선명한 색상의 수컷이다. 다행히 한 시간이 못 되어 새는 다시 돌아왔고, 나는 신원을 확정했다. 동료 탐조가들이 같이 있었으면 좋았으련만. 우리 집에 희귀한 새가 왔다고 자랑 좀 하게.

아무튼 요새 타운센드솔새는 우리 집 단골이다. 수컷 세 마리와 암컷 한 마리, 이렇게 네 마리쯤 된다. 이들은 한 모이통을 두고 옥신각신한다. 솔새의 규칙: 먹이통 하나당 한 마리씩만. 힘 있는 솔새 수컷이 오면 먼저 와 있던 수컷이 자리를 내어 준다. 그런 모습조차 반가운 친구들이다. 타운센드솔새는 대개 내가 아침에 모

This warbler makes repeated trips to the suet — 5 times an hour. He is usually a termite eater, but evidently will go to a feeder if the goods are tasty. Since he eats so often, what does he do with all that food — cache it for the winter? The oak titmouse takes one suet ball per visit and returns to the tree.

Vivid yellow and black make it easy to I.D.

TOWNSEND'S WARBLER
DEC 3, 2018

타운센드솔새

2018년 12월 3일

이 솔새는 한 시간에 너덧 번씩 수시로 수엣 그릇을 찾는다.
평소 흰개미를 잡아먹고 살지만 맛있는 메뉴가 눈앞에 있다면 마다할
이유가 없다. 하지만 너무 자주 먹는 것 같다.
도대체 다 얻다 쓰려는 걸까? 겨울용으로 비축하는 걸까? 참나무관박새는
올 때마다 수엣볼을 하나씩 입에 물고
나무로 돌아간다.

선명한 노랑-검정
몸 색깔 덕분에
식별하기 쉬움.

이통 앞에서 가장 먼저 보는 새들이다. 뒷문 작업실 쪽 현관에서, 욕실 창문에서, 베란다에서, 파티오에서. 내 기상 시간이 아주 이른 편은 아니니까 아마 내가 아침에 일어나서 보았을 때보다 훨씬 일찍부터 와 있을 가능성이 크다. 이 손님들은 밥을 온종일 먹기 때문에 창문을 내다볼 때마다 항상 보인다. 그렇게 많이 먹어서 뭘 하려는 걸까? 번식용은 아니다. 봄에 북쪽에서 둥지를 짓는 새니까. 그러면 겨울을 나기 위해 저장하는 건가? 이봐, 솔새 친구들, 당신들이 언제 오든 이곳에는 항상 먹이가 있을 거야. 미래를 대비해 애써 저장할 필요는 없다고. 날 믿어도 돼. 못 믿겠으면 다른 새들한테 물어 봐!

2018년 12월 18일

두 해 전 여름, 나는 우리 집으로 이 동네 새들을 모두 쓸어올 거라는 야심과 포부를 안고 마당에 수엣을 두었다. 포장지에 써진 광고를 완전히 믿었으니까. "모든 새가 좋아하는 수엣." 하지만 현실에서는 까마귀와 덤불어치를 제외하고 수엣에 달려드는 새가 없었다. 한 친구가 내 수엣이 실패한 이유를 말해 주었다. 명금류(songbird. 참새아목의 새를 통칭하는 말. 아름다운 노래가 특징이다 ― 옮긴이)는 겨울에만 수엣을 먹는단다. 그리고 수엣을 좋아하는 새는 따로 있다고 했다. 더 묻지 않았지만 친구 말이 맞는 것 같았다. 내 생각에도 명금류는 수엣을 좋아하지 않을 것 같긴 했다. 수엣은 동물의 지방, 곡물, 곤충, 땅콩 등을 섞어서 만드는데, 그렇게 기름진 음식을 먹으면 새들도 나처럼 나른해져서 싫어할 거라는 지극히 논리적인 추론이었다. 작년 12월, 두 번째 시도에 나섰다. 나는 두어 개의 철장 안에 수엣 덩어리를 두었다. 하지만 일주일이 지나도록 아무도 건드리지 않았다. 그러다가 마침내 누군가 그것을 발견했고, 새들 사이에서 짹짹 입소문이 퍼졌고, 그 후로는 거의 모든 새가 1년 내내 모여들었다. 타운센드솔새, 뷰익굴뚝새, 흰목참새, 캘리포니아토히, 덤불어치, 우는비둘기가 모두 정기적으로 우리 집에 찾아오는 고객이다.

이번에 준비한 수엣의 품질이 특별히 더 좋아서 그런지도 모른다. 와일드 버드 언리미티드 브랜드다. 나는 자기 집에 오는 새들

못 말리는 수엣 중독자들 2018년 12월 18일

에게 NO 유전자 조작 식품! NO 인공 감미료! NO 싸구려 옥수수 부스러기!의 최상품만 먹이고 싶은 엄마가 되었다. 물론 새들은 얼씨구나 달려들어 열심히 쪼아 먹을 뿐 내 고귀한 선의 따위는 관심이 없다. 쇠박새, 검은눈방울새, 관박새는 미니 수엣볼을 나무로 가져가는 걸 선호한다. 검은눈방울새는 바닥에 떨어진 수엣 부스러기를 먹는다. 수엣을 아예 쳐다보지도 않는 새는 벌새와 핀치가 유일하다. 핀치류에 속하는 집양진이, 쇠황금방울새, 미국검은머리방울새가 모두 희한할 정도로 수엣은 입에도 대지 않는다. 핀치들은 씨앗과 엉겅퀴를 주로 먹고 살고, 그 메뉴에서 크게 벗어나지 않는 것 같다. 인간의 밥상으로 따지면 (없어서 못 먹는) 소시지 크루아상에 해당하는 밀웜조차 먹지 않는다. 그들은 씨앗, 견과류, 베리류 등의 채식주의 식단을 고수한다. 오호, 나도 채식 위주로 먹는데. 하긴 이제 알겠네. 나도 돼지 지방이나 곤충 더듬이 같은 것은 손도 대지 않으니까.

　공교롭게 청설모도 수엣을 좋아한다. 나는 이 동물이 오지 못하게 하려고 별의별 방법을 다 써 봤다. 입구가 좁은 모이통을 샀다. 그랬더니 이빨로 플라스틱을 물어뜯거나 모이통을 냅다 흔들어서 씨앗을 땅에 떨어뜨렸다. 스탠드를 타고 내려가지 못하게 원뿔형 덮개를 설치해 보았다. 그랬더니 아예 울타리나 난간에서부터 1.8미터를 도약해 모이통으로 곧장 뛰어올랐다. 이 동물은 발에 갈고리 줄이 달리고 머리에는 창조적인 범죄자의 뇌가 장착된 올림픽 체조선수 같다.

그러나 각고의 노력 끝에 나는 방법을 찾아내고야 말았다. 와일드 버드 언리미티드에서 출시한 매운맛 수엣이다. 예전에 우연히 이 제품을 만지고 눈을 비볐다가 이대로 눈이 멀어 버릴지도 모르겠다고 생각할 만큼 고생한 적이 있다. 실로 지옥 불에 버금가는 강력한 화력이었다. 그리고 그 힘은 우리 집 마당에서도 증명되었다. 청설모들은 더 이상 모이통을 습격하지 않는다. 아예 얼씬도 하지 않는다. 반면에 새들은 매운맛을 전혀 신경 쓰지 않는다. 어디선가 새한테는 미뢰가 없다는 말을 들었다. 하지만 또 다른 곳에서는 새들이 실제로 냄새도 잘 맡고 맛도 잘 알지만 매운 음식을 가릴 정도는 아니라는 글을 읽었다. 그냥 칠리맛 수엣이 싸구려 곤충 사료보다 낫다고 생각한 건지 누가 알겠어. 에이미의 레스토랑 오늘의 추천: 매콤한 쓰촨식 요리, 강추.

서부회색청서

2018년 12월 23일

『뒷마당 탐조 클럽』 뉴스 특보. 오후 2시, 사방에서 파티오로 까마귀 떼가 잔뜩 날아왔다. 깍깍 소리가 울려 퍼지는 가운데 곳곳에 10~20마리씩 모여 앉았다. 어떤 것들은 파티오에서 가장 가까운 참나무를 피난처로 삼았다. 또 일부는 우리 집 초록색 지붕 위에 내려앉아 하늘을 보며 울부짖었다. 몇 마리는 그새 지붕을 파헤쳐서 덤불어치와 청설모가 숨겨 둔 식량을 찾아 먹었다. 까마귀가 근처에 날아오자 명금류들이 멀리 흩어졌다. 하지만 얼마 뒤 작은 새들 대부분이 돌아와 파티오의 모이통에 머물렀다. 아마 까마귀가 자기들 음식에 큰 관심이 없고 위협도 되지 않는다는 결론을 내렸기 때문이리라. 그러나 분명 까마귀 무리는 잔뜩 경계하고 있었다. 나는 그 이유를 알고 있다. 어떤 끔찍한 인간이 빌건 내낮에 까마귀를 살해한 것이다.

좋다, 사실대로 고백하겠다. 파티오 옆의 난간에 까마귀 인형을 거꾸로 매달아 둔 범인은 바로 나다. 요새 들어 우리 집 뒷마당이 점차 까마귀 놀이터가 되어 가고 있었는데, 그 바람에 다른 새들이 몹시 불편해했다. 까마귀들은 갖은 방법을 동원해 모이통을 흔들어 씨앗을 빼내고 사방을 어지럽혔다. 결국 나는 조류용품점에서 가짜 까마귀를 사 왔다. 까마귀라고 하기에는 좀 작은 편이지만, 아무튼 형태가 그럴싸했고, 검은색 닭 깃털로 덮여 있었고, 심지어 깃털 일부는 삐딱하게 꽂혀 있어 난투극 끝에 한 용맹한

12-23-18

CRIME SCENE!
A MURDER OF CROW

BREAKING NEWS! 25-30 crows flew into the oak tree & on green roof

CAW! CAW! CAW! CAW! CAW! CAW! CAW! CAW!

WHO WAS KILLED?

IT WAS SQUAWKY JR!

STOOL PIGEON SEZ: A HUMAN DID IT AND LAUGHED!

CONFESSION: I was tired of crows invading the yard and chasing away songbirds....

I hung a FAKE crow upside down

→ MURDER OF CROW

UPDATE: CROWS STOPPED COMING.

They investigated from a distance, looked up and around for danger.

Hmmm...

Did they think it was real? It had black chicken feathers. I read that crows mourn. Would they mourn a crow they don't recognize?

까마귀가 살인마 인간에게 굴복하고 말았다는 인상을 주기에 충분했다. 까마귀들은 영리하기로 이름난 동물이다. 그래서 난 14달러짜리 가짜 까마귀가 이들을 그토록 쉽게 속인 것에 적잖이 놀랐다.

까마귀들이 숨진 동료에 대해 슬퍼하는지 궁금하다. 이 추모의 자리에 다들 사방에서 모여든 걸 보면(아니면 복수를 노리는 폭력 집단의 결집인가), 저 까마귀 인형은 무리의 존경을 받던 대장 까마귀를 닮은 게 틀림없다. 아니면 저들이 일면식도 없는 동족의 죽음을 애도하는 걸까? 인간은 그렇다. 나는 9.11 테러의 희생자들을 위해서, 학교 총격 사건에 희생된 어린 학생들을 위해서, 가짜 까마귀보다 덜 진짜 같은 가공의 캐릭터를 위해서 애도한다.

2018년 12월 27일

제니퍼 애커먼의 『새들의 천재성』을 읽으면서 마침내 새들이 어떻게 노래하고 무엇을 노래하는지에 대한 궁금증이 풀렸다. 애커먼의 이야기를 정리하자면, 새들은 가슴 깊숙이 울대가 있다. 울대는 연골, 그리고 공기가 지나갈 때 진동하는 두 개의 막으로 구성되었다. 울대의 근육은 공기의 흐름을 정확히 조절할 수 있고, 이때의 진동이 노래와 울음소리를 만들어 내는데 그 범위는 쇳소리부터 길이와 종류가 천차만별인 멜로디까지 대단히 넓다. 다른 생물 중에 이처럼 다양한 소리와 노래, 심지어 화음까지 낼 수 있는 발성 메커니즘을 지닌 생물은 없다.

 이런 사실을 알고 나는 꽤 흥분했는데, 애나스벌새가 어떻게 소리를 내는지 오래전부터 무척 궁금했기 때문이다. 전에 벌새가 구애의 다이빙을 할 때 그 끝에 폭발하듯 나는 소음이 바깥 꽁지깃의 속 빈 원통을 통해 공기를 밀어낸 결과라는 사실을 읽은 적이 있다. 그렇다면 벌새가 내는 딸깍 소리와 웅웅대는 소리 역시 기계적으로 발생하고, 또 공기를 밀어내는 힘과 관련이 있지 않을까. 그러다가 나는 꿀물통을 방문한 어느 벌새 수컷의 영상을 찍게 되었다. 그 벌새는 꿀물통에 다가가 재빨리 한 모금 마시더니 바로 뒤로 물러섰다. 이런 동작을 열 번쯤 했고 그때마다 딸깍 소리가 들렸다. 같은 장면을 슬로모션으로 촬영해서 보니 새가 앞쪽으로 움직일 때마다 꼬리가 앞뒤로 크게 흔들리면서 리듬이 있는

December 27, 2018
Vocalic Sounds and Motion in an Anna's Hummingbird
Slow Motion Research

hovering before approaching the feeder

tail in a neutral position

SOFT GROANS!! with tail bending

Bends thrusts tail upward Tail fans out

Tail still tucked and fanned out.

moves back, away from feeder.

SOFT GROANS when tail swings straight and tight

preparing to approach the feeder. Body is almost horizontal. Grunts again when tail moves

QUESTION:
Is the movement of the tail like bellows that push air over the SYRINX. Reminds me of weight lifters who groan loudly in the gym. Vocalic and mechanical?

DISCOVERIES IN SLOW MOTION

I took video at regular speed, watching Anna's moving toward the feeder. I heard clicking sounds and wondered if they were mechanical. I slowed the video to 25 seconds. The click was actually a groan, soft like a whale call, very vocalic. Each time the tail bent upward or downward, it moved forward or backward, and the groan was part of the tail movement. It was not 100% correlation — It made the groan on one occasion when hovering in place.

애나스벌새의 음성과 동작

슬로모션 연구

2018년 12월 27일

꿀물통에 다가가기 전에 선회 비행

중립적인 자세에서의 꼬리

여전히 꼬리를 접고 펼친 상태

뒤로 물러서서 꿀물통에서 멀어짐

꼬리를 곧게 펴고 바짝 오므린 상태로 흔든다.

부드러운 신음!! 꼬리를 구부린 상태

구부림 추력 꼬리를 위로 넓게 펼침

꿀물통에 가려고 준비하는 중. 몸은 거의 수평 상태. 꼬리를 움직일 때 다시 신음.

질문
꼬리 동작이 울대로 공기를 밀어내는 풀무 역할을 할까? 헬스장에서 고함을 지르며 역기를 드는 사람들이 생각남. 음성일까, 아니 기계적인 소리일까?

느린 동작 재생 시 발견한 내용
애나스벌새가 꿀물통에 다가가는 영상을 촬영했다. 영상 속에서 딸깍 소리가 들리길래 기계적인 소리인지 궁금해졌음. 25초짜리 슬로비디오로 다시 찍어보니 실제로 그 딸깍 소리는 고래의 음성과 같은 일종의 신음이었다. 꼬리를 위로 올리고 내릴 때마다 새는 몸을 앞뒤로 움직였고, 신음은 꼬리 동작의 일부로 나왔다. 하지만 100퍼센트 상관관계가 있는 것은 아님. 제자리에서 선회 비행 중일 때도 신음이 들리는 적이 있었다.

애나스벌새는 왜, 그리고 어떻게 그런 딸깍 소리를 낼까?

2018년 12월 27일

자, 신선한 꿀물 대령이오!

딸깍! 딸깍!

구글 번역
"당장 내 밥상에서 물러서지 않으면 네 눈을 찌를 테다!"

다가올 때 딸깍 소리가 난다. 내 손에서 꿀물을 마시는 중에는 소리를 내지 않음.

질문
딸깍 소리가 음성일까, 아니면 기계적인 소리일까? 즉, 울대에서 나는 소리일까, 아니면 급강하 구애 동작 시에 들리는 것처럼 꼬리의 축을 통해 공기를 밀어낼 때 나는 소리일까?

오늘 벌새 한 마리가 부리를 벌리고 다가왔다. 딸깍 소리를 내고 있었는데, 음성일 수도 있고 혀를 차서 내는 소리일 수도 있다.

딸깍! 딸깍! 딸깍! 딸깍!

나는 눈을 마주 보고 서 있었다.

맙소사!

나: 나를 안 좋아하는 것 같아. ←

패턴: 빠른 딸깍 소리는 나 또는 다른 벌새가 먹이통에 가까이 갈 때 낸다. 다른 벌새를 추격함. 한 번은 내 얼굴 가까이 날아오더니 꼬리를 활짝 펼쳤음! 날개를 시끄럽게 퍼덕이며 내 머리 주위를 돌았다.

두 가지 부드러운 소리가 났다. 느리게 재생된 영상 속 소리는 기계적인 소리가 아니라 고래의 노래처럼 울림이 있는 "음성"이었다. 이 음성은 거의 언제나 꼬리의 움직임과 동반해 꼬리가 앞으로 갈 때 한 번, 뒤로 갈 때 한 번 났다. 어떨 때는 꼬리가 움직여도 소리가 나지 않았고, 또 어떨 때는 몸을 일으킨 자세로 가만히 있어도 소리가 났다. 그러나 대개는 동작과 소리가 함께 짝을 짓는 패턴을 따랐다. 꼬리를 앞뒤로 흔드는 동작은 의심할 여지 없이 추진과 제동의 기능을 한다. 그러나 꼬리의 스윙이 공기를 울대로 더 많이 밀어내는 일종의 풀무 효과를 낳는 것은 아닐까? 나는 건장한 역도 선수들이 벤치 프레스를 할 때 내는 신음을 떠올렸다. 내 귀에는 변비에 걸렸을 때 화장실에 앉아 힘을 주면서 내는 소리처럼 들리기도 했다.

    동작 중에 이런 리드미컬한 소리가 나는 이유가 무엇일까? 아마도 구애 행위와 관련이 있을 테고 수새는 꼬리의 힘으로 소리를 내는 것 같다. 그건 인간이 망치질을 하면서 "나는 철로에서 일하고 있다네"라고 노래하는 것과 비슷할지도 모르겠다. 벌새 암컷도 비슷한 소리를 낼까? 아니, 암새는 더 고음을 낼까? 조류학 서적을 뒤져보면 더 단순한 답이 있을지도 모른다. 뭐, (나야, 허탕이 일상이니까) 아닐 수도 있고. 새들은 절대 단순하지 않다. 그들은 내 이해력을 넘어서 내가 과학자가 되거나 조류로 환생하지 않는 한 알 수 없는 일들을 해내고 있다.

2018년 12월 28일

나는 땅에서 돌아다니며 먹이를 먹는 새들을 위해 파티오 바닥에 해바라기씨를 쌓아 두었다. 얼마 지나지 않아 거의 똑같이 생긴 노랑정수리북미멧새 두 마리가 주변에서부터 씨앗을 쪼면서 다가왔다. 그러다가 한 마리가 좀 더 씨앗 더미 쪽으로 다가가자, 크기가 더 작은 다른 놈이 통통 뛰어서 돌진하더니 그 새를 쫓아냈다. 호되게 당한 새는 씨앗 더미를 빙 돌아서 반대쪽으로 가더니 소심하게 주변을 맴돌며 먹이를 먹었다.

과연 그 행동이 서열을 나타내는 것인지 궁금하다. 한 새가 경쟁자에게 으름장을 놓았고, 그 상대는 복종의 태도를 보이지 않았는가. 몸집이 더 작은 새가 암컷이고 상대는 한배에서 태어난 동기 중 어린 새였을까? 작은 놈이 나이가 더 많았을까? 아니면 번식 중이라 좀 민감한가? 뭐 어쩌면 그냥 그 작은 새가 오늘따라 기분이 별로였을 수도 있다. 새들에게도 쌈박하게 기분이 좋은 날과 꿀꿀한 날이 있을 테니까. 단, 벌새 수컷처럼 어떤 새들은 항상 성이 난 것처럼 행동한다.

또 다른 의문: 왜 저 새들은 씨앗 더미의 주위에서만 먹고 더미 안으로는 들어가지 않을까? 비둘기라면 모이가 쌓여 있는 곳으로 대번에 돌진했을 텐데 말이다. 나는 이 멧새들, 그리고 검은눈방울새나 토히처럼 땅에서 먹이를 먹는 새들은 자기가 방금 빠져나온 철장에 모이가 충분히 남아 있어도 파티오를 여기저기 돌아다니

12-28-18

SEED ECONOMICS
OR
RESOURCE GUARDING among
GOLDEN-CROWNED SPARROWS

They were eating seeds on the patio, but only from the periphery of the pile. The smaller bird (female?) advanced in lunging hops on the other. He retreated and she took over seeds from his side.

slightly smaller — is it a female?

same pale coloration

The bigger GCSP eventually returned but ate at the farther edge of the pile.
- Why was the female more dominant? Older? Mother?
- Why do they eat from the edge and not from the center?

slightly larger — male?

노랑정수리북미멧새의 모이 경제학 또는 먹이 지키기

2018년 12월 28일

두 새가 파티오에서 모이를 먹고 있었다. 하지만 씨앗 더미의 주변부에서만 먹었다. 더 작은 새(아마도 암컷?)가 상대에게 공격하듯 돌진했다. 상대는 물러나 자리를 비켜 주었다.

조금 더 작음 - 암컷일까?

몸 색깔은 똑같이 연함.

더 큰 노랑정수리북미멧새는 몸을 돌려 더미 반대쪽에 가서 모이를 먹었다.
· 왜 암컷이 더 힘이 셀까? 나이가 많아서? 혹시 어미?
· 왜 이 새들은 더미 안에 들어가지 않고 가장자리에서 먹을까?

조금 더 크다 - 수컷일까?

며 씨앗을 쫀다는 것을 확실히 알게 되었다. 이런 행동에 대한 내 비과학적 추측은 이렇다. 바닥에서 먹이를 먹는 이 새들은 천성상, 그리고 필요에 의해, 먹이가 있는 곳이면 어디나 쪼고 다닌다. 이들에게는 멀리 떨어진 씨앗 하나가 씨앗 더미 속 씨앗 하나 못지않게 귀중하다. 다른 가설도 있다. 씨앗 더미를 제 것이라 주장하는 다른 새에게 공격을 당한 과거가 있을 가능성도 있다. 더미를 차지한 새는 어떤 얼간이가 분수도 모르고 감히 접근하는지 지켜보고 있을지도 모른다. 하지만 24시간 굶으면 목숨이 위태로운 작은 새에게 예의범절 같은 것은 안중에 없을지도.

2018년 12월 30일

희한한 현상을 관찰했음. 애나스벌새 암컷은 확실히 내가 옆에 서 있을 때 꿀물통에 더 자주 온다. 나를 경호원으로 삼아 내가 없으면 나타나 그들을 쫓아내는 수컷들로부터 자신을 지키려는 것 같다. 그래서 전에는 여기에서 암새들을 별로 못 봤던 걸까? 수새들이 암새가 꿀물통에 접근하지 못하게 공격적으로 막는 바람에 대신 암새들은 정원의 꽃에서 직접 꿀을 따 먹는 쪽으로 전략을 바꾼 게 틀림없다. 봄에는 새들이 나이 든 푸크시아 관목에서 시간을 오래 보낸다. 그곳은 숨을 장소가 필요한 작은 새들에게 안성맞춤이다. 또 가지마다 꿀이 넉넉한 분홍색 꽃이 잔뜩 달린다. 나는 그곳에서 벌새 암컷을 많이 보았다. 이 집에 암새 몫의 패스트푸드는 없었다. 그러나 지금은 겨울이고 오늘은 웬일로 빌새 암컷 한 마리가 현관의 꿀물통에서 수컷 한 마리를 쫓아내고는 의기양양하게 돌아왔다. 이 새는 1분 넘게 꿀물을 마셨다. 오후에는 또 다른 암컷 한 마리가 파티오의 꿀물통에서 누구의 방해도 받지 않고 식사를 즐겼다. 같은 암컷일까? 아니면 벌새 사이에서 드디어 급진적 여성 운동이 일어나는 걸까? 아니면 번식기의 시작인가?

    요새 꿀물통은 며칠이면 바닥이 난다. 나는 꿀물통을 주기적으로 청소하는데, 전에는 청소할 무렵에도 절반은 채워져 있었다. 나는 벌새들이 배만 채우고 가 버릴까 봐 걱정된다. 작년에는 그랬으니까. 1년 내내 이곳에 머무는 텃새인데도 말이다. 암새들이 이

ANNA'S HUMMINGBIRD FEMALE

12-30-18

Recently, I've seen more females. They even chase males away from the feeder.

How often do they feed at the nectar feeders?

Will some leave? They did last year.

FEEDERS are emptying quickly. But they don't migrate.

Once they land, they will remain on the feeder for a minute or more if undisturbed. They are certainly not perturbed by me. Instead, they often fly to the feeder when I arrive. Do I discourage competitors by my presence? What reason would they have to come when I am there.

애나스벌새 암컷　　2018년 12월 30일

최근 들어 암새가 더 많이 보인다. 심지어 수컷들을 꿀물통에서 쫓아내기까지 함.

꿀물통에서 얼마나 자주 먹을까?

일부는 떠날까? 작년에는 그랬는데.

꿀물통이 금세 바닥난다. 그래도 그들은 가 버리지 않는다.

일단 꿀물통에 내려앉으면 방해받지 않는 한 1분 이상 머무른다. 나를 개의치 않는 것은 확실하다. 오히려 내가 꿀물통 근처에 가면 날아온다. 내 존재가 경쟁자를 막아 주는 걸까? 그들은 내가 가까이 있을 때 올 수 있는 걸까?

렇게 에너지를 비축하는 이유가 곧 둥지를 짓고 알을 낳아야 하기 때문일까? 아무튼 지금 이곳에선 번식이라는 중대한 과업이 진행 중이고, 또 앞으로도 당분간 계속될 것이다. 오, 아기 벌새의 조그만 발가락이 내 손바닥을 긁고 그 날갯짓이 가벼운 바람을 일으키는 날이 빨리 오기를.

2019년 1월 10일

쇠황금방울새와 집양진이는 두 마리만 앉을 수 있는 작은 창문 쪽 모이통을 두고 늘 티격태격했다. 착한 내가 그들을 위해 불편을 개선한 새 모이통을 마련해 주었다. 나는 둥근 벌새 꿀물통의 바닥을 절반으로 잘라 여섯 마리가 앉을 수 있는 큰 모이통을 새로 만들어 달았다.

핀치들은 내 배려심과 천재성에 전혀 고마워하지 않는 눈치다. 오히려 급조된 모이통 가장자리에 둘러앉아 원래 있던 모이통의 행방이 묘연해진 것을 의아해하고 있다. 너희들의 작은 발가락 밑에 모이가 잔뜩 깔려 있다는 건 언제쯤 알아 줄래? 저들 중 하나라도 먼저 깨닫게 되면 다른 새들도 금세 알게 될까? 한편 쇠박새, 검은눈방울새, 노랑정수리북미멧새는 카멜리아 덤불에 앉아 창문 쪽 모이통이 있던 빈자리를 바라보고 있다. 언제든 옛날 모이통이 돌아오면 바로 뛰어들 기세다. 아니, 그것도 내 추측일 뿐이다. 저 새들은 지금 자기들의 최애 식당을 빼앗긴 것에 화딱지가 나서 나를 노려보고 있는 건지도 모른다.

나는 새들이 특정 장소에서 먹이를 찾는 데 성공하고 나면 웬만해서는 그곳을 포기하지 않는다는 걸 알게 되었다. 지난주에 수엣 먹이통을 옆으로 30센티미터쯤 옮겼을 때 타운센드솔새는 계속해서 원래 자리로 돌아왔고 자리를 옮긴 먹이통으로 가지 않았다. 그래서 먹이통을 원래대로 돌려놓았더니 역시나 새도 돌아왔

습관의 힘

2019년 1월 10일

나는 망가진 벌새 꿀물통을 개조해서 모이통을 새로 만들었다. 하지만 핀치들은 예전 모이통을 찾아다녔고, 새로운 모이통에 앉아서도 그 아래에 있는 해바라기씨를 보지 못하고 가 버렸다. 다시 돌아와서는 호기심을 보이면서 또 동시에 경계했다. 하루가 저물 무렵에야 새들은 새로운 모이통에서 먹기 시작했다. 새들은 내가 먹이를 바꾸어도 비슷한 반응을 보였다. 심지어 씨앗을 그들이 제일 좋아하는 밀웜으로 바꾸어 놓아도 말이다. 습관이라는 게 이렇게 무섭다.

다. 벌새는 위치가 바뀐 꿀물통을 더 빨리 찾는 편이지만 여전히 원래 자리도 가서 확인한다. 자리를 옮긴 꿀물통이 새 꿀물통이고 예전에 있던 것은 아예 없어졌다고 생각하는 것 같다. 어떤 면에서는 나도 그렇다. 나도 옛것을 새것인 줄 알 때가 있다.

 새들은 제가 사는 곳에서의 습관에 길드는 동물이다. 나도 별반 다르지 않고.

2019년 1월 30일

2016년, 우리 집 뒷마당에서 처음 본격적으로 새들을 관찰하기 시작했을 때부터 나는 저 교활한 캘리포니아덤불어치가 너무 좋았다. 까마귀, 벌새와 더불어 이 새는 내가 처음으로 이름을 알게 된 새였다. 비록 처음에는 동부에 사는 어치 종인 파랑어치라고 잘못 알기는 했지만 말이다. 덤불어치는 몸 크기와 선명한 푸른색 때문에 쉽게 알아볼 수 있다. 보면 볼수록 화려하고 뻔뻔하고 대담한 새다. 이 새들은 우리 집에 종종 찾아와서 공중에 매달린 구리 모이통에 든 해바라기씨를 모조리 먹고 갔다. 내게는 아주 흐뭇한 광경이었다. 그때만 해도 탐조의 "탐" 자도 모를 때여서 나는 껍질이 있는 해바라기씨를 샀었다. 그 바람에 새들이 식사를 끝내면 뒷문 현관과 카멜리아 덤불 옆은 빈 해바리기씨 껍질로 난리도 아니었다. 덤불어치들은 멀쩡한 씨들도 바닥에 많이 떨어뜨렸다. 어쩌면 도토리처럼 습관적으로 땅에 묻으려는 거였는지도 모른다. 아닌 게 아니라 그렇게 땅에 떨어진 해바라기씨에서 싹이 나고 쑥쑥 자라서 꽃이 피고 씨도 맺었다. 하지만 내가 해바라기씨를 수확하기 전에 덤불어치들이 달려들어 꽃머리에서 신선한 씨를 바로 따 먹었다. 이런 게 농사가 아니고 뭐겠는가! 또 하나의 사랑스러운 행동이었다.

하지만 이후에 나는 덤불어치가 명금류의 알이나 갓 태어난 새끼를 잡아먹는다는 불편한 진실을 듣고야 말았다. 자주 있는 일은

JAN 30, 2019

CALIFORNIA SCRUB-JAY

I have to be grateful to the Scrub-jay.

The Scrub was the first bird I could identify, besides the crow. Both are corvids and their raspy calls competed with each other for "most likely to disturb the peace in the garden." They are large compared to the songbirds, although the juveniles are rather short in body. Often they are comical in efforts to steal seed.

캘리포니아덤불어치

2019년 1월 30일

나에게는
고마운 새들.

덤불어치는 까마귀 이름을 아는 새였다. 새이고 그들의 거친 "정원의 평화를 깨는 새소리" 1위 자리를 두고 박빙의 경쟁을 벌였다. 어린 덤불어치는 몸통이 짧은 편이지만 전반적으로 명금류보다 몸집이 크다. 모이를 훔치려고 우스꽝스러운 행동을 한다. 다음으로 내가 둘 다 까마귀과 울음소리는 아니겠지만 여전히 마음이 께름직했다. 그 무렵 우리 집 마당에는 멧금류들이 많이 찾아왔다. 나는 망원경으로 그 새들의 작은 눈과 날개와 발을 보았고, 어떤 새인지 알아맞히는 재미를 들였다. 결국 나는 덤불어치들이 마당에 너무 자주 오지 않기를 바라면서 원래 사용하던 개방형 구리 모이통을 치우고 덤불어치들이 들어올 수 없는 철장형 모이통으로 바꿨다. 하지만 덤불어치들은 더 영리한 방법으로 침입했다. 어느 인간이 어려운 IQ 문제를 냈다는 소문이 덤불어치 사회에 퍼졌는지, 이 지역 덤불어치 멘사 회원들이 죄다 도전장을 들고 우리 집으로 찾아왔다. '으하하, 자기가 우리 까마귀과 새들보다 똑똑하다고 생각하는 어리석은 인간이 또 있네.'

2019년 1월 31일

애나스벌새 수컷은 아주 단순한 이유로 내가 제일 좋아하는 새다. 이 새들은 나를 믿는다. 나를 받아 주고, 내게 호기심을 보인다. 내가 그들의 '추르-리 츠-츠' 노래를 시끄러운 버전으로 불러도 이에 응답하듯 날아와 나를 빤히 보거나 심지어 내 손에서 꿀물을 먹는다. 한동안 예닐곱 마리가 최소한 한 시간에 열 번씩 꿀물통을 찾아왔다. 그러다가 내가 2주짜리 여행을 갔다가 돌아온 후로는 보이지 않았다. 나는 꿀물통을 채우고 그들의 노래를 불렀다. 암새 한 마리가 몇 번 왔었지만 내 모습이 보일 때마다 가 버렸다.

　이들이 자취를 감춘 이유를 알 수 없었다. 나를 피하는 거라면 그건 슬픈 일이고 나는 까닭을 알아야겠다. 저 새들은 내가 여행을 떠나기 직전까지 바쁘게 구애 중이었다. 어떤 새는 한 번 싹을 지으면 평생을 함께하지만 애나스벌새는 그런 부류가 아니다. 수새는 한 철에 여러 암새와 짝짓기한다. 우리 집 마당에 찾아왔던 수새들이 모두 암새의 마음을 얻는 데 성공한 걸까? 그래서 이제 다른 구역의 암새를 찾아서 떠난 걸까? 그렇다고 해도 그게 암컷들이 사라진 이유까지 될 수는 없다. 벌써 알을 낳았나? 둥지의 위치를 드러내지 않으려고 보는 사람이 없을 때만 나오는 걸까?

　나는 벌새의 둥지를 본 적이 없다. 벌새가 둥지 재료를 물고 다니는 것도 본 적이 없다. 한편 나는 벌새가 인공 새집을 둥지로 사용하거나 그곳에서 쉬거나 먹거나 사랑을 나누지 않는다는 것을 알고 있다. 벌새들의 러브 하우스라고 광고하는 키치한 소형 새집은 아무짝에도 쓸모 없는 제품이지만 사람들은 벌새네 가족을 볼 수 있을지도 모른다는 희망에 지갑을 연다. 희망이야 가져 볼 수 있는 것 아닌가? 나는 벌새가 끈끈한 거미줄로 나뭇가지에 고무풀처럼 부착되는 둥지를 짓는다는 것도 알고 있다. 이 둥지는 튼튼하면서도 유연성이 있어서 새끼가 자랄 때 같이 확장된다. 그래서 나는 절대 마당이나 창문에서 거미줄을 제거하지 않는다. 오히려 거미줄을 보면 이렇게 혼잣말한다. '아기 벌새네 집에 필요할지도 몰라.' 게다가 원래 나는 거미를 아주 좋아한다. 왕거미가 거미줄을 뽑아서 집을 짓고 먹잇감을 둘둘 말아 거미 식 파리 웰링턴(소고기를 파이 반죽으로 둘러싸서 구운 요리인 비프웰링턴에 빗댄 말 － 옮긴이)을 만드는 모습을 지켜보는 것도 좋다.

아무튼, 벌새가 우리 집 마당 어디에 둥지를 지을까? 대나무 생울타리? 참나무 높은 가지? 욕실 창문 바로 앞 카멜리아 덤불? 벌새 암수 쌍을 그 근처에서 많이 보았다. 내 친구는 자기 집 파티오에 있는 고무나무 화분에 벌새 한 마리가 주기적으로 둥지를 짓는다고 했다. 그래서 일광욕을 즐기러 갈 때도 까치발로 조용히 다녀야 한다고. 캘리포니아 남부 벌새들은 이곳 벌새와 달리 둥지나 사람에게 좀 무심한 것 같다.

오늘 나는 애나스벌새가 먹이가 충분할 때는 1년에 서너 번씩 알을 낳는다는 사실을 알았다. 그렇다면 둥지를 볼 기회는 충분하다. 보통 1월에 짝을 찾고 둥지 짓기를 시작한다는데 바로 요즘이다. 베른트 하인리히의 『산란철 The Nesting Season』을 다시 읽어 보니 암새가 짝짓기를 했다고 해서 반드시 바로 알을 낳는 건 아니었다. 몸속에 정자를 보관한 채 먼저 둥지를 짓고, 둥지가 완성되면 그제야 난자를 방출하여 정자와 수정시킨다. 이렇게 편리한 시스템이라니. 시험관 아기 시술과 비슷하지만 훨씬 저렴하다.

    수줍은 암새들은 계속 눈에 띄는데 수새는 없었다. 적어도 오늘까지는. 처음 본 수새는 내가 다가가도 꿀물통에서 떠나지 않았다. 한 마리가 더 왔다. 크기는 더 작고 색깔이 덜 화려했다. 그 새도 나를 보고 날아가지 않았다. 색깔을 보니 새끼는 아닌 것 같다. 이 친구들이 예전에 왔던 그 수새들이 맞을까? 그렇다고 믿고 싶다. 그렇다면 난 그 의리에 감동하여 저들을 더 사랑하게 될 것이다. 물론 벌새가 복귀한 이유는 나와의 옛정 때문이 아니다. 그들은 확실한 목적이 있어서 찾아왔을 뿐이다. 암새와 먹이.

    하지만 나는 여전히 내 맘대로 해석하겠다. 저 새들은 내가 떠났기에 떠났고, 내가 돌아왔기에 돌아왔다고 말이다.

The Return of the Male Hummingbird

JAN 31, 2019

Females are timid. They consistently cower, leading me to believe they are nesting here.

MALES are polyandrous — multiple females

Two weeks ago, the male hummingbirds disappeared from the feeders. I called and there was no answer at dawn or dusk — primetime feeding times. A lone female showed up and she was easily scared by my presence. Eventually, I saw other females on the other side of the house, but no males. I was bereft because the males' familiarity with me had translated into anthromorphism as friendship and understanding based on trust and respect.

Today, a male arrived and then another. There was no territorial fighting. Perhaps this behavior reflects the nesting season. The males have already won over females and can live peacably for now. Is this typical? Males are polyandrous. Did he go elsewhere to find more females?

2019년 1월 31일

수컷 벌새들의 귀환

벌새 암컷은 소심하다. 꾸준히 이곳에 오는 걸 보면 이 주변에서 둥지를 트는 게 분명하다.

2주 전, 벌새 수컷들이 꿀물통에서 자취를 감췄다. 식사 시간인 새벽과 황혼에 나가서 불러 봤으나 대답이 없었다. 암새 혼자서 찾아올 때가 있었으나 나를 보면 쉽게 겁을 먹었다. 집의 뒤편에서 다른 암새들도 보았지만 수새는 없었다. 그간 그들이 보여 준 친밀감이 (인간의 방식으로 해석하자면) 신뢰와 존중을 바탕으로 한 우정의 표현이라고 생각했기에 나는 서운했다.

벌새는 수컷 한 마리가 여러 암컷과 짝짓기한다.

오늘 수컷 한 마리가 도착했고, 한 마리가 더 왔다. 영역 다툼은 없었다. 이런 행동은 산란철이 되었다는 뜻인지도 모르겠다. 그 수컷들이 이미 암컷을 차지하여 당장은 평화롭게 지낼 수 있는 것인지도. 이게 전형적인 건가? 벌새는 일부다처이다. 새로운 암컷을 찾아 다른 곳으로 갔나?

2019년 2월 15일

파티오에 나갔는데 모이통에 홀로 앉아 있던 쇠황금방울새가 나를 보고도 움직이지 않았다. 왠지 느낌이 불길했다. 가서 보니 눈이 퉁퉁 부어 제대로 뜨지를 못했다. 안쓰러웠다. 결막염이다. 모이통에 모이는 새들만이 아니라 야생에서도 핀치들 사이에서 흔한 병이다. 안타깝지만 나는 책임감을 발휘해야 한다. 핀치들이 좋아하는 모이통을 치워야겠다. 요새는 한 번에 모이는 핀치들이 15~20마리쯤 된다. 그 새들이 지금 내 앞의 아픈 새 때문에 감염되게 둘 수는 없다.

모이통을 치우기 전에 이 새를 잡아서 동네 야생동물 재활센터에 데려가려고 했다. 결막염 자체는 치명적인 질병이 아니다. 하지만 이 병 때문에 일시적으로 실명 상태가 되면 그건 다른 얘기다. 눈이 보이지 않으면 먹이를 찾을 수도 없고, 개방된 곳에 있다 보면 맹금류의 표적이 되기도 쉽다. 하지만 내가 포충망을 들고 너무 주저했는지, 새는 눈이 거의 보이지 않는 상태에서도 나를 피해 근처 나무로 날아갔다. 이 새가 다시 돌아와도 그때는 내가 모이통을 치운 후일 테니 먹이를 찾지 못할 것이다. 눈이 보이지 않으니 다른 곳에서도 먹이는 찾을 수 없다.

다음 날, 핀치들이 파티오와 근처 덤불에서 부산하게 왔다 갔다 했다. 먹이를 찾아야 한다는 절박함 때문에 제정신이 아닌 것 같았다. 욕실 창문에서 보고 있었는데 몇 마리가 창문까지 와서 나를 바라보았다. '저 인간, 자기 배는 제때 채웠겠지?' 쇠황금방울새와 평소에 보기 어려운 보라양진이가 부리로 창문을 두드렸다. 나 들으라고 두드리는 걸까? 그들의 부리가 "밥 좀 주세요"라고 말하는 것 같았다. 저 새들이 정말 창문 뒤 인간의 형체를 자기들의 식량 공급처로 생각하는 걸까? 예전에 먹이가 충분할 때 그들은 내가 다가가면 항상 날아가 버렸다. 하지만 이제 먹이가 없으니 새삼 나라는 존재가 먹이와 연관된다는 것을 인정하는 모습이다. 다음 날, 핀치가 모두 사라졌다. 창문을 두드리는 새도 없었다. 그들이 자주 모이던 현관 입구는 유령 마을처럼 을씨년스러워졌다. 나는 저 새들이 야생에서도 먹이를 찾을 수 있기를 바랐다. 다행히 이곳에 봄은 일찍 오는 편이다.

　모든 모이통을 깨끗이 소독했다. 2주쯤 기다렸다가 다시 설치할 생각이다. 하지만 마당의 다른 곳에 있던 수엣 먹이통은 치우지 않았다. 거기에는 핀치들이 간 적이 없어서 괜찮을 거다. 게다가 타운센드솔새, 솜털딱따구리, 너탤딱따구리, 검은눈방울새, 뷰익굴뚝새, 갈색등쇠박새, 참나무관박새까지, 에이미의 겨울 리조트에서 제공하는 수엣에 먹이를 의존하는 새들이 많다. 물론 이 새들도 나무껍질을 들추고 그 밑에서 기어다니는 벌레를 잡아먹는 전통 방식으로 먹이를 찾을 수 있다. 그렇다면 왜 이들은 에이미의 리조트에 머무는 것일까?

　비가 많이 왔다. 수엣 먹이통을 현관 지붕 아래로 들여놓았다. 비가 쏟아지기 전후로 새들이 많이 왔다 갔다 했다. 눈이 퉁퉁 부

은 쇠황금방울새가 여전히 눈에 선하다. 그 새는 다른 새들과 함께 날아갔을까? 아니면 가지에 혼자 앉아 있을까? 모이통까지 가는 날갯짓 횟수까지 기억하는 그 새가 습관적으로 헛된 사냥을 떠났을 생각을 해 본다. 근처 나뭇가지에 앉아 있다가 비에 젖고 허기가 지고 쇠약해져서 결국 땅에 떨어져 숨을 거두는 모습이 훤히 보이는 것 같다. 그런 마음 아픈 일은 사랑과 상상력에 동반된다.

2019년 4월 29일

불과 3주 전, 나는 우리 집 마당의 인기에 우쭐해 있었다. 30종이 넘는 새들이 이곳에서 잠깐이라도 가을과 겨울을 지냈으니까. 나는 그들의 신원을 계속 추적했다. 새들은 여러 버전의 연가를 불렀다. 현관 계단을 올라갈 때면 생명의 오케스트라가 연주하는 세레나데가 울려 퍼졌다. 그러던 어느 날 새들이 일제히 모이통과 마당을 버리고 떠났다. 나는 거부당했다! 왜지? 사랑스럽던 저 새들이 사실은 힘들 때만 나를 찾는 야속한 친구였던 건가? 저들은 나를 이용했다. 내가 마트에서 산 값비싼 먹이로 실컷 배를 불리고는 나를 새똥처럼 버리고 가 버린 것이다.

새를 잘 아는 한 친구가 나를 위로했다. 새들이 산란철에 둥지를 짓기 위해 떠나는 것은 드문 일이 아니라고. 아니, 우리 집 뒷마당에서 새끼를 키우면 어디가 덧난다니? 또 다른 탐조가 왈, 올해는 기록적인 강수량 때문에 어딜 가도 꽃이 만발하고 곤충과 나비가 지천으로 널렸단다. 사방에 더 푸르른 초원이 있어서 그런 거니 너무 마음 상해하지 말라고. 근데 우리 집 정원에도 꽃이랑, 덤불이랑, 나무랑 다 있잖아. 꽃들이 만개한 지붕까지 있다고!

나는 이런 상황을 서운하게 생각하지 않을 다른 이유를 찾아 나섰다. 우리 집 나무에는 청설모, 까마귀, 덤불어치들이 많이 살고 있다. 다른 새의 알이나 갓 태어난 새끼를 잡아먹는다고 알려진 포식자들이다. 어쩌면 명금류들은 우리 집 마당이 가정을 꾸리

4-29-19

Spotted Towhee

THE 2018-19 WINTER BROUGHT AT LEAST 30 SPECIES TO MY YARD. THEY SANG LOUDLY IN THE TREES. BUT INEXPLICABLY THEY LEFT EN MASSE. THE FEEDERS ARE FULL BUT ABANDONED. THE MEALWORMS WRITHING UNEATEN. I SEE SQUIRRELS, CROWS & SCRUB JAYS. I HEAR BEWICK'S WRENS. AND THEN I HEARD THE RASPY CALL OF A SPOTTED TOWHEE. ANOTHER ANSWERED. THEY FLEW TO MY YARD.

얼룩무늬토히

2019년 4월 29일

2018년에서 2019년으로 넘어가는 겨울에는
적어도 30종의 새들이 우리 집 마당에 있었다.
모두 나무에서 시끄럽게 노래를 불렀다. 그러나 별다른 이유
없이 그들은 일제히 떠나 버렸다. 모이통이 가득 차 있는데도
두고 갔다. 살아 있는 밀웜들이 통 안에서 꿈틀대고 있었다.
나는 주위에서 청설모, 까마귀 + 덤불어치를 보았고, 또
뷰익굴뚝새 소리를 들었다. 얼룩무늬토히의 거친 울음소리가
들려왔다. 다른 새가 응답했다. 그들은 우리 집 마당으로
날아왔다.

기에 안전하지 않다고 생각했을 수도 있다. 하지만 저것들은 우리 집만이 아니라 어느 집 나무에든 살고 있는걸?

지금도 멀찍이서 울고 노래하는 새소리가 들린다. 경찰 호루라기처럼 시끄러운 뷰익굴뚝새의 노래 후렴구가 다른 새소리 위로 퍼져나가 고작 몇 미터 떨어진 나무 꼭대기에 있는 줄 바로 알겠다. 나는 캐비어 급의 모이, 환상적인 꽃, 풍성한 열매를 제공하는 이름 모를 이웃들이 싫다. 그들의 집에서는 훨씬 더 큰 유기농 밀웜을 주는 걸까? 그 집에는 불상이 서 있는 이탈리아 분수가 있나?

오후에 나는 한 쌍의 얼룩무늬토히가 서로를 부르는 쇳소리 같은 울음소리를 가까이서 들었다. 그들은 파티오 울타리의 반대쪽 어딘가에 있었다. 서로 거칠게 "에?!", "에?!" 하면서 도전하는 소리였다. 나도 되받아치면서 "에?!"라고 했다. 그랬더니 대번에 한 마리가 울타리를 넘어와서는 적대감이 가득한 주황색 눈으로 나를 노려보았다. 마침내 나는 검은색 머리, 흰 반점이 있는 검은 날개와 주황색 옆구리가 아름다운 얼룩무늬토히 수컷을 보았다. 새는 이내 자기 짝을 찾아 낮은 화분으로 뛰어 들어가 사라졌다. 만약 저 새가 정말로 내 소리를 듣고 나를 도전자라고 생각했다면 조류어를 말하는 내 능력이 생각만큼 엉망은 아닌 게다. 아니, 어쩌면 새들도 어려서 다른 사람들이 (중국인인) 우리 엄마가 나를 야단치는 흉내를 내며 놀렸을 때 내가 받은 모욕감을 느꼈을지도 모른다.

어쨌든 이제부터 새들의 노래를 배워 볼까 한다. 적당한 음 이

탈로 그들을 유인할 생각이다. 그럼 자기들이 버리고 간 집과 밀웜을 차지한 시끄러운 가수가 누구인지 궁금해서라도 돌아오지 않을까?

2019년 5월 4일

신경이 바짝 곤두섰다. 노래참새 한 마리가 마른풀을 모아다가 이웃집 꽃이 핀 식물 속으로 들어갔다. 속이 타들어 가는 것 같다. 동네 고양이 두 마리가 근처 모이통에서부터 새들을 뒤쫓는 걸 봤기 때문이다. 이러다간 결국 새끼 새들이 희생될 수 있다. 매년 고양이에게 목숨을 잃는 새가 10~20억 마리라는 통계를 보았다. 셀 수도 없이 많은 수다. 이제 내 눈에 저 고양이들은 연쇄살인묘로 보인다. 호스를 빼 들고 겨눴더니 물에 젖기 싫었는지 잽싸게 내뺐다.

페이스북에서 고양이 주인들이 올린 글을 봤는데 그들은 고양이를 실내에 가두는 것이 잔인한 행위이고 집 밖을 돌아다니며 사냥하는 건 고양이의 야생적인 습성이라고 항변했다. 그 글에 댓글을 달고 싶었다. 집고양이는 호랑이가 아니라고. 누군가는 자기네 고양이가 하루 중에 밖에 있는 시간이 고작 몇 시간밖에 안 된다고 했다. 거기에도 댓글을 달고 싶었다. 고양이는 사냥할 때 잠시도 쉬지 않는다고. 또 어떤 고양이 주인은 목에 방울을 매단 고양이는 바깥에 두어도 괜찮다고 합리화했다. 나는 그에게 설명하고 싶었다. 목에 달린 방울이 둥지 속 날지 못하는 새끼 새를 잡아먹지 못하게 하는 건 아니라고. 하지만 나는 댓글을 달지 않았다. 왜냐하면 그랬다가는 서로 쌍욕이 오가는 개싸움, 아니 고양이 싸움으로 이어질 테니까. 어차피 누구의 생각도 바뀌지 않고 피차 골만 더 깊어질 뿐이다. 내가 할 수 있는 일은 눈앞에 고양이가 보일 때마다 쫓아내는 것이다. 소리치고, 호스를 들이대고, 우리 집 작은 개가 덤벼들게 할 것이다.

　1970년대에는 나도 저 무심한 고양이 주인의 하나였다. 우리는 사구아라는 이름의 난폭한 길고양이를 21년 동안 애지중지 키웠다. 사구아는 비가 오는 날 바깥에서 태어나 천성이 야생 그 자체였다. 우리가 다니던 동물병원의 파일에 사구아는 "위험"이라고 표시되어 있었다. 그때의 나라면 고양이가 밖에 나가 혼자서 햇볕을 즐기는 일을 작은 새 한 마리가 불구가 되는 것보다 더 중요하게 생각했을 것이다. 사구아는 13년 동안 고양이 문으로 집 밖을 드나들었다. 그 이후로는 바깥에서 괜한 고양이 싸움에 휘말려 다칠까 봐 아예 나가지 못하게 했다. 그녀는 최고의 방어 무기인 발톱을 잃어버렸다. 새들이 아니라 우리 집 소파가 만신창이가 될까 봐 매주 깎아 주었기 때문이다. 내가 고양이 문을 닫은 건 그녀가 죽을병에 걸렸을 때였는데, 그때도 나가겠다고 울지 않았다. 사구아는 우리가 마련해 준 투명한 창문 상자에 누워 지내면서도 만족했고, 그렇게 8년을 더 살았다. 우리는 사구아가 좋아하는 「야생의 왕국」이라는 텔레비전 프로그램을 틀어 주었다. 화면 속에서 호저를 발견한 사자가 낮게 기어가면 사구아도 몸을 낮췄다. 사자가 호저를 죽이려고 뛰어들자 그녀도 펄쩍 뛰었다. 그리고 사자가 사방에 가시에 찔려 고통스럽게 울부짖자 그녀는 놀라서 도망쳤다. 고양이 주인들은 고양이에게 새가 나오는 비디오를 틀어 줘야 한다. 피비린내가 나지 않게 추격의 스릴을 즐길 수 있도록 말이다.

MAY 4, 2019.

"FAGIN"

SQUIRREL
Puzzle solver, hard worker, undeterred

It's not just raptors, wind turbines, cars, window strikes, poisoned rodents and hunters that kill birds.
Squirrels, rats, blue jays, crows, cowbirds and others eat eggs and nestlings

#1 ROGUE = OUTDOOR CATS

"Miss Havisham"

RAT
Sneaky. Lives in ivy undergrowth. Raids nests & feeders. Evidence of black droppings.

2019년 5월 4일

"페이긴"

새들을 죽이는 것이 맹금류나 풍력 발전용 터빈, 자동차, 비행 중 창문 충돌, 독약을 먹고 죽은 설치류, 사냥꾼만은 아니다. 청설모, 쥐, 파랑어치, 까마귀, 아메리카흑조도 새의 알이나 둥지의 새끼를 잡아먹는다.

청설모
퍼즐 해결사, 지치지 않는 부지런한 일꾼.

"미스 하비샴"*

악당 1순위 =
길고양이

쥐
교활함. 담쟁이덩굴 밑에 산다. 둥지와 모이통을 습격. 검은 똥을 증거로 남김.

* 찰스 디킨스의 소설 『위대한 유산』에 나오는 등장인물 – 옮긴이.

나는 매일 새들을 보고 새들도 나를 본다. 모든 새가 다 제각각이다. 모두 자기만의 개성이 있다. 집 밖을 배회하는 어느 고양이의 주인이 자기 집 뒷마당에 새가 찾아와 자기를 지켜본다는 것을 알게 되면 기분이 어떨까? 같은 새가 매일매일 자기를 쳐다보고 있는 걸 알고 나면 기분이 어떨까? 그러다가 어느 날 자기 집 고양이가 그 새를 살아 있는 인형처럼 가지고 놀고 또 괴롭히는 것을 보면 어떤 기분일까? 아마 그들도 그 고양이가 입에 깃털 다발을 물고 오는 것이 더는 감사하지 않을 것이다. 지금이라도 저 사람들이 새를 죽을 만큼 사랑하게 되어 그 존재에 기뻐하고 그들의 불필요한 죽음에 슬퍼하게 되길 진심으로 바란다.

2019년 5월 6일

　새들이 미련할 정도로 배를 채우고, 그러고도 모자라 부리에 먹이를 물고 가는 걸 볼 때마다 나는 둥지에서 기다리는 새끼를 먹이거나 알을 품고 있는 암새에게 가져다주는 거라고 생각한다. 며칠째 참나무관박새 한 마리가 미니 수엣볼을 한 사발씩 들고 마을 쪽으로 가는 것을 보았다. 수엣볼은 수엣콘처럼 동물의 지방, 곤충, 땅콩, 잡곡 등이 들어 있어서 새끼들에게 먹일 완벽한 포장 음식이다. 수엣볼은 작은 부리로도 들고 가기 쉽고 힘들게 조각으로 나눌 필요가 없다. 그리고 아주 부드러워서 새끼의 섬세한 모이주머니에도 부담을 주지 않는다.
　나는 새들에게 고정된 먹이 습관이 있어서 모이통이 딴 데로 옮겨지거나 뒤바뀌거나 다른 먹이가 채워지는 등 평소와 조금이라도 달라지면 당황한다는 것을 예전부터 알고 있었다. 이 사실을 다시 한번 테스트하려고 나는 관박새가 제일 좋아하는 모이통에 있던 수엣볼을 밀웜으로 바꿔보았다(경험 많은 탐조인들로부터 새들은 모두 살아 있는 밀웜을 좋아한다는 말을 들었다).
　밀웜은 "웜worm"이라고 부르기는 해도 땅속에서 터널을 파고 돌아다니는 환형동물과는 다르다. 밀웜은 딱정벌레의 유충으로 그대로 두면 번데기로 변하고 마침내 먹을 수 없는 검은색 딱정벌레가 된다. 나는 와일드 버즈 언리미티드에서 밀웜 1,000마리를 샀다. 이 벌레는 길이가 약 2.5센티미터이고 주황색의 다소 뻣뻣

참나무관박새 부모,
밀웜 노다지를 발견하다.

2019년 5월 6일

한 외골격으로 덮여 있고 갈모 같은 작은 다리가 있다. 옆집의 아홉 살짜리 남자아이는 밀웜을 보여 주면 좋아라 맨손으로 한 움큼씩 집어 든다. 나는 니트릴 장갑을 끼고 원래 수엣볼을 담았던 그릇에다가 밀웜을 두었다.

관박새는 밀웜이 든 그릇을 빤히 보았다. 그리고 철장 주변을 돌며 수엣볼을 찾아다녔다. 그러고는 돌아와서 한 번 더 그릇을 보고 다른 모이통으로 날아갔다. 거기에도 수엣볼은 없었다. 새는 지금까지 자기가 생계를 의지했던 그릇으로 돌아와 꿈틀대는 먹이를 바라보았다. 조심스럽게 밀웜 한 마리를 들어 올렸다가 이 이상한 벌레가 몸을 비틀자 바로 떨어뜨렸다. 관박새는 잠시 멈칫하더니 다시 꿈틀이 한 마리를 들어 발 아래에 두고는 그게 해바라기씨인 것처럼 거침없이 발을 내리쳤다. 밀웜의 숨이 완전히 끊어지자 관박새는 입에 물고 근처 참나무에 가져갔다. 그런데 암새와 새끼들이 갓 도축된 이 고기를 보고 환장한 게 틀림없다. 그때부터 한 시간 동안 새가 쉴 새 없이 돌아왔고 죽이는 시간도 아까워 산 채로 둥지에 실어 날랐기 때문이다. 30초에 한 번씩 돌아온 적도 있었다. 그걸 보고 문득 대식가인 새끼들을 위해 암수가 번갈아 가면서 포장 음식을 싸가는 게 아닐까 하는 생각까지 들었다. 새는 한 번에 네 마리에서 여섯 마리를 삼키고 또 서너 마리는 부리에 물고 돌아갔다. 둥지에 새끼가 몇 마리나 있는지는 알 수 없지만 밀웜 소비량으로 보아 최소 네 마리는 될 것 같았다.

베른트 하인리히는 새끼 새가 먹는 먹이의 양을 아주 잘 가늠

한다. 어느 날 그는 둥지에서 떨어져 죽은 수액빨이딱따구리 새끼를 발견했다. 새의 위에는 몸무게의 절반이나 되는 개미가 들어 있었다. 먹이가 많을수록 둥지의 새끼가 모두 살아남을 가능성이 커진다. 둥지 바깥으로 떨어지지 않는다면 말이다.

    이제 나에게 임무가 주어졌다. 밀웜을 사는 데 돈을 아끼지 말라. 장갑을 낀 손에서 꿈틀대는 기괴한 느낌은 알아서 극복하라. 밀웜이 번데기나 딱정벌레로 변태하지 않게 하려고 냉장고에 넣을 때는 최소한의 미안한 마음을 가져라. 먹이를 보채던 아기 새의 얼굴이 엄마, 아빠가 가져오는 음식을 보고 흥분으로 바뀌는 모습을 상상하라. 밀웜을 대 줘서 고맙다는 말은 기대하지 말라.

참나무관박새

2019년 5월 16일

나는 새들에게 조종당하고 있다. 지금껏 우리 마당에 오는 새들에게 살아 있는 밀웜을, 이 꿈틀거리는 딱정벌레 유충을 하루에 700~800마리씩 먹여 왔다. 따져 봤더니 한 달에 250달러어치쯤 된다. 매주 이 벌레들을 용기에 담아 냉장고에 넣는 데만도 최소한 시간이 걸린다. 우리 집을 둘러싼 나무에 새들이 몇 가족이나 살까? 참나무관박새 새끼는 부모와 생김새가 비슷하지만 "아기 입술", 그러니까 발로 페달을 밟으면 쩍 하고 열리는 휴지통만큼이나 입이 크게 벌어지게 하는 육질의 분홍 또는 노랑의 테두리가 있다고 들었다. 관박새는 영역을 유지하며 텃세를 부리는 새다. 그렇다면 참나무 한 그루에 둥지를 짓는 암수가 한 쌍 이상일 수 있을까? 우리 집에는 참나무 다섯 그루, 추가로 다른 작은 나무들이 있다. 이웃에도 모두 참나무가 있고 일부는 우리 집 마당에 걸쳐 있다. 갈색등쇠박새 같은 다른 종과도 나무를 나눠 쓸까?

관박새 세 마리가 동시에 왔다. 한 마리가 모이통에 들어가면 나머지 둘은 장대 꼭대기에 앉아 차례를 기다렸다. 둘이라면 어미와 아비라고 볼 수 있는데, 어른만 세 마리? 어쩌면 어른 둘에 아이 하나이거나, 어른 하나에 아이 둘일지도 모르겠다. 아이라면 노란색 아기 입술은 어디로 간 거지? 쌍안경으로 보아도 보이지 않았다. 어떤 조합이든 저 셋은 명금류를 쫓아내는 덤불어치와 경쟁해야 한다. 덤불어치는 명금류를 내쫓고, 까마귀는 덤불어치를 내

배고픈 새들의 아침 합창 2019년 5월 16일

뷰익굴뚝새

애기동고비

참나무관박새

새들은 저녁에, 아침에, 점심에, 밤에, 새벽에, 황혼에, 비가 오기 전에, 또 비가 온 다음에 노래한다.

갈색등쇠박새

우리집 참나무에 새가 총 몇 마리나 있을까? 같은 새가 두 번, 세 번 돌아와서 먹는 걸까? 아니면 차례를 기다리는 새들이 많은 걸까?

쫓고, 나는 서열의 사다리 꼭대기에 서서 까마귀를 내쫓는다. 청설모는 보보가 담당한다. 보보는 우리 집 요크셔테리어인데, 내가 사비를 들여 고용한 설치류 담당 순찰 요원이다. 청설모는 울타리 밖으로 쫓겨났다가 보보가 집에 들어갈 때까지 기다린다. 이것이 모두 생명이라 부르는 절반짜리 원의 일부이다. 여기에서 잡아먹히는 이는 없다.

    나는 문을 열고 나왔을 때 세상이 온통 고요한 아침을 사랑한다. 이때 내가 휘파람을 불자마자 새들이 기다렸다는 듯이 일제히 소리를 낸다. 아름다운 노랫소리가 아닌 시끄러운 울음소리다. 이 가지, 저 가지 뛰어다니는 새들을 잎의 움직임으로 찾을 수 있다. 저 소리는 관박새, 동고비, 쇠박새, 뷰익굴뚝새가 다양하게 조합되어 나오는 것이다. 저 새들은 나의 존재를 위험으로 신호할까? 아니면 진귀한 밀웜의 수호성인으로 인식할까? 지금 저기 울타리 위에 앉아 있는 애기동고비를 보고 하는 말이다. 성질이 급한 한 놈은 가까운 모이통에 내려와 옆에 매달린 채 밀웜을 나눠 주고 있는 나를 유심히 본다. 새들이 더 몰려와 앙상한 나뭇가지에 매단 크리스마스 장식처럼 흩어진다. 이들은 무리에게 식사 시간이라고 외친다. 그리고 나한테는 빨리 먹이를 주고 가 버리라고 소리친다. 이렇게 오늘도 요란하게 하루를 시작한다.

2019년 6월 16일

상투메추라기 암수 한 쌍이 작업실 쪽 현관으로 날아와서는 마치 새집 장만하러 돌아다니는 커플처럼 능청스럽게 구석구석 돌아보았다. '해는 잘 드는 것 같고. 근데 은신처가 좀 시원찮네. 이쪽에 관목 하나, 저쪽에 바위 하나 있으면 딱 좋겠는데 말이야.' 둘은 곧 자리를 잡더니 땅에 떨어진 씨앗들을 사납게 쪼아 댔다. 그러다가 1.8킬로그램짜리 우리 집 보보 — 평소에는 잠복한 들쥐를, 지금은 통통한 메추라기를 보고 잔뜩 경계한 — 가 유리문 옆에 서서 크게 짖어 대는 바람에 참나무 가지 위로 훌쩍 올라가 버렸는데, 전혀 힘을 기울이지 않는 우아한 비행에 나는 깊이 감명받았다. 둔해 보이는 육중한 몸이 헬륨 풍선처럼 어찌나 가뿐히 올라가던지. 작별 인사라도 하듯 정수리의 작은 깃발을 흔들면서 말이다.

 가지 위에 올라간 암컷이 깃털을 고르고 있다. 이 암새는 등과 가슴 전체가 사랑스러운 갈색으로 번쩍였다. 배는 멀리서 보면 코코넛 부스러기 같은 흰색 삼각형 무늬로 덮여 있다. 쌍안경으로 자세히 보니 그 흰색 깃털들은 파인애플 껍질처럼 정확히 각을 맞춰 겹쳐 있었다. 색이 더 화려한 수컷은 참나무잎 뒤에 있다. 나는 현관 쪽 파티오에 모이를 많이 던져 놨다. 하지만 저들은 내가 자리를 뜰 때까지 10분, 그 이상도 기다릴 것이다. 바위처럼 움직이지 않는 데는 선수니까. 그러다가 경계심을 풀고 먹이를 향해 과감하게 다가간다. 이제 바위처럼 꼼짝하지 않는 것은 내 쪽이다.

상투메추라기

2019년 6월 16일

대나무 생울타리 안에 주로 머물고 먹이를 먹으러 날아오는 일이 많지 않다. 웬일로 암수 한 쌍이 현관 입구에 와서는 땅에 떨어진 씨앗을 먹었다.

경비견 보보가 짖는 소리에 참나무 위로 올라갔다. 암컷이 깃털을 다듬는다.

수컷이 날아오자 암컷도 따라왔다.

떨어진 모이

2019년 6월 19일

땅거미가 질 무렵, 살찐 쥐 한 마리가 옆집의 무성한 담쟁이 덤불 밑에서 기어 나오더니 울타리 구멍을 비집고 들어갔다. 나는 그 쥐가 파티오를 가로질러 달려가는 모습을 바짝 긴장해서 보았다. 크기가 작은 두 마리가 파티오의 맞은편 끝 아스파라거스 세타시우스 화분 가까이에서 대기하고 있었다. 작은 두 마리는 청소년, 뚱뚱한 쪽은 엄마인데 아마 도둑질과 속임수라는 필수 기술을 가르치며 시범을 보이는 중일 것이다. 내 목적은 쥐를 죽이지 않으면서 그들이 파티오로 들어오지 못하게 하는 것이다.

저번에 해바라기씨와 수엣을 매운맛 버전으로 바꿨을 때 청설모들은 한 번 물더니 다시는 모이통 가까이 오지 않았다. 그러나 쥐들은 여전히 새들의 먹이를 가로챘다. 오늘 나는 장치를 두 단계로 업그레이드했다. 첫째, 모이에 맵기로 유명한 고스트 페퍼 가루를 추가로 뿌렸다. 이 가루는 지구에서 가장 매운 고추를 (구급차를 부르지 않고) 먹는 게임쇼 참가자들이 도전하는 무시무시한 양념이다. 여기에 더하여 나는 쥐들의 침입을 막는 골드버그 장치를 발명했다. 먼저, 바닥이 없는 철장 먹이통에 매달린 사각형 그릇에 초초초 매운맛 수엣을 넣었다. 그리고 높이 90센티미터짜리 속이 빈 도자기 화분 위에 올려놓았다. 화분은 위쪽으로 갈수록 너비가 넓어져서 옆면이 기울어져 있고 미끄러운 재질이다. 그래서 화분을 타고 꼭대기까지 올라가기는 힘들다. 용케 끝까지 올라가더라도 수엣에 닿으려면 공중에 매달린 파란색 그릇을 향해 몸을 기울여야 하는데 그러면 그릇이 흔들리면서 쥐는 균형을 잃고 깊이를 알 수 없는 어둠 속으로 추락한다. 거기에서도 어찌어찌 애를 쓰면 내부의 거친 벽을 타고 위로 올라올 수도 있겠지만 새것 혐오증neophobic이 있는 쥐는 아래의 끝없는 심연을 내려다보며 감히 다시 올 생각은 하지 않을 것이다. 실제로 모든 쥐에게 새것 혐오증이 있다. 쥐들이 최신 쥐덫을 잘 피하는 이유도 그래서다.

검은눈방울새 한 마리가 다른 모이통 꼭대기에 앉아 쥐의 행동을 유심히 지켜보았다. 새들도 구경의 재미를 아나? 쥐는 화분 위에 있는 모이통을 올려다보았다. 애초에 미끄러운 옆면으로 기어 올라갈 생각이 없는 것 같았다. 대신에, 그 자리에서 펄쩍 뛰어올랐다. '이 정도쯤이야. 앗, 이런 젠장!' 그러더니 철장의 격자를 붙잡은 채 놓쳐 버린 모이통을 하염없이 쳐다보았다. 몇 분이 지났다. 내가 막 승리를 선언하려는 찰나, 어떻게 한 건지 쥐가 순식간에 점프하더니 커다란 수엣 조각 하나를 움켜쥐고 다시 땅바닥에 내려왔다. 그릇이 미친 듯이 흔들렸다. 어미 쥐는 아이들이 보는 앞에서 수엣을 정신없이 먹었다. 하지만 옳지, 드디어 올 것이 왔구나. 쥐는 갑자기 감전이라도 된 것처럼 위로 솟구치더니 이어서 돌담을 타고 미친 듯이 내달렸다. 그건 흡사 일식집에 처음 간 손님이 초밥에 와사비 덩어리를 버터처럼 듬뿍 올려 먹고는 의자에서 펄쩍 뛰면서 캑캑거리고 직원에게 소화기를 갖다 달라고 하는 모습과 같았다. 추가로 뿌린 고춧가루가 제 역할을 한 것이다. 난

6·19·19

The Night Stalker: BLACK RAT

Comes to feeders at dusk

8 inches not including tail

I always know it's there. The dogs go crazy.

All the food is in cages that it can't enter.

It can't reach the food. The seed droppings are chili coated. But it does not give up.

poops alot! Diseases!

Live and let live? There is a rat catcher in the neighborhood. It leaves feces the size of our dogs' poops. Is it the fox?

한밤의 사냥꾼: 곰쥐

2019년 6월 19일

해가 질 무렵
모이통에 온다.

꼬리를 제외한
몸길이 약 20센티미터

그들이 오면 바로 알 수 있다.
개들이 난리를 치니까. 새
모이는 쥐들이 들어가지
못하는 철장 안에
있다. 쥐는 먹이에
닿을 수 없다. 바닥에
떨어진 씨에는 매운
고춧가루가 묻어 있다.
하지만 이놈들은 절대
포기하지 않는다.
다 살 게 마련인 거지.

동네에 쥐를 잡고 돌아다니는
동물이 있다는데, 우리 집
개가 싼 똥만 한 똥을
남긴다. 여우인가?

똥을 <u>많이</u> 싼다!
<u>전염병!</u>

이로써 쥐의 습격은 실패로 끝났다고 생각했다. 그런데 웬걸, 몇 초 후 어미 쥐가 돌아와서는 남기고 갔던 불타는 수엣을 다시 먹기 시작했다. 그때 내가 부리나케 달려가 쫓아냈지만 쥐는 그 와중에도 용케 수엣을 챙겨 갔다. 어린 쥐들은 아마 여기에서 귀중한 삶의 지혜를 배웠을 것이다. 절대 포기하지 말 것. 세상에 적응하지 못할 것은 없다. 그것이 쓰레기 매립지의 썩어 가는 음식물이든, 어느 소설가의 사랑스러운 정원에 100메가헤르츠짜리 칠리 수엣이 매달린 복잡한 모이통이든 말이다. 쥐들은 유해조수 퇴치 전문 회사의 훌륭한 기획자이다. 그들은 잠시 주춤할지언정 절대 포기하지 않는다. 쥐덫의 발명은 계속되어야 한다.

　쥐도 하나의 생명체이니 동정해야 마땅하지만 그래도 여전히 싫다. 집에서 키우는 애완용 쥐와는 다르다. 저 쥐들은 렙토스피라증(렙토스피라균에 감염되어 발생하는 급성 열성 질환으로 와일씨병, 추수염, 논농부병이라고도 한다. 인수 공통 전염병이며 특히 설치류에 의해 전파된다 — 옮긴이)과 기생충을 퍼트려서 개들을 아프게 한다. 그리고 지나간 자리에 꼭 똥을 남겨 자기의 동선을 알려 준다. 몰래 침입한 밤손님처럼 종종걸음으로 빨빨거리고 다닌다. 태어난 지 9주가 되면 바로 번식을 시작하고 1년에 일곱 번씩 새끼를 낳는다. 이 마지막 TMI는 공포 영화의 시작을 알리지만 다행히 야생에서 쥐의 수명은 1년 정도에 불과하다. 비위생적이고 열악한 생활 환경 때문이겠지. 아무튼 어떻게 하면 쥐가 마당에 들어오는 것을 막을 수 있을까? 독극물은 절대 사용할 수 없다. 언젠가 우리 집 통로를 가로질러 힘겹게 기어가는 쥐를 보았다. 누군가 독을 먹인 것이다. 몸을 흉측하게 비틀고 가쁜 숨을 쉬느라 가슴을 들썩였다. 그때 정원사가 삽을 들고 와서 영원히 고통에서 벗어나게 해 주었다. 독을 쓰면 매나 올빼미 같은 다른 동물이 중독된 쥐를 먹고 죽을 수도 있다. 나는 끈끈이 덫 같은 잔인한 방법도 쓰고 싶지 않다. 그래서 산 채로 잡았다가 놓아 주는 덫을 시도한 적이 있는데, 어째 청설모만 걸려들어 당황했었다. 나중에 들었는데, 쥐를 잡아서 굴이나 다른 쥐가 없는 낯선 지형에 풀어 주면 숨을 곳이 없고 배가 고파서 천천히 죽는다고 했다. 어쨌든 내가 우리 집에서 할 수 있는 방법이라면, 하루가 끝날 무렵 파티오, 베란다, 현관에 먹다 남긴 모이들을 쓸어 담아 밤에 쥐가 와서 먹지 못하게 하는 게 전부다. 그래서 나는 매일 마당을 쓸고, 쓸고, 또 쓴다. 새들은 정말 지저분하다. 마당을 쓸면서 나는 쿠퍼매, 붉은어깨말똥가리, 큰뿔부엉이처럼 우리 집에 은밀하게 찾아오는 방문자들이 제발 쥐에게 관심을 가져 주길 염원한다. 아니면 가끔 한밤중에 산책하다 우리 집 마당에 들어오는 멋진 여우는 어떨까? 쥐들에게도 누군가를 위한 생명의 양식이라는 고귀한 역할이 있다. 순리대로 흘러가게 두자꾸나.

2019년 6월 30일

하루에 새를 보는 시간이 글을 쓰는 시간보다 많다. 누군들 배길 재간이 있을까? 작업실 밖을 보면 비행을 시작한 어린 덤불어치 네 마리가 생존 기술을 배우고 있다. 모이를 먹으려고 자리를 잡을 때마다 제대로 균형을 잡지 못해 우스꽝스럽다.

욕실 창문과 마주 보는 카멜리아 덤불의 가는 가지 위에 어린 덤불어치 한 마리가 내려앉았다. 가지가 무게를 이기지 못해 아래로 휘었다. 그러자 새는 균형을 잃었고 결국 퍼덕거리면서 날아갔다. 다른 한 마리는 양치식물 잎으로 날아갔는데 그 위에 앉자마자 그대로 잎이 아래로 주저앉았다. 세 번째 새는 나무로 된 기둥 꼭대기의 둥근 면에 앉았는데 제대로 서지 못해 금속 난간을 타고 미끄러져 내려왔다. 두 마리가 쫓고 쫓기다가 덤불 속으로 돌진하더니 잎이 달린 가지에 날개가 뒤엉켰다. 또 한 새는 모이통을 걸어둔 스탠드 위에서 뒤뚱대다가 아래로 빠르게 미끄러져서 모이통과 충돌할 뻔하다가 간신히 뛰어올라 위험을 모면했다. 또 다른 새는 용케 자리를 잡고 앉아 모이통 입구로 몸을 기울이며 씨 하나를 잡는 데 성공하는 듯했으나 곧 균형을 잃고 넘어지며 씨도 놓쳤다. 새는 아래를 내려다보며 씨가 어디로 떨어졌는지 찾았지만, 그 씨는 모이통 아래에 진을 치고 있던 다른 덤불어치가 냉큼 먹어 버렸다.

어제는 팬에 죽은 밀웜을 담아 작업실 현관 계단 아래에 두었다. 안타깝지만 날이 너무 더워서 죽고 말았다. 시판하는 말린 밀웜은 생김새가 산 밀웜을 그대로 닮았지만, 이것들은 검게 변했고 냄새도 고약했다. 명금류들은 절대 먹지 않을 것이다. 그러나 어린 덤불어치들은 팬에 모여들어 다투기 시작했다. 한 놈이 죽은 밀웜을 가져가자 다른 한 마리가 날아와서는 날개를 퍼덕이고 깍깍 소리를 지르며 드라마에서나 볼 법한 장면을 연출했다. 대개 그런 전략은 성공한다. 하지만 어린 덤불어치는 제 몫을 지키는 것보다 공격하는 것을 더 잘하는 것 같다. 한 마리가 뒤에서 몰래 다가와 부리를 확 쪼았다. 당한 새가 깍깍거리며 상대를 쫓아냈다.

또 다른 경쟁자가 근처에 안착했다. 우는비둘기였는데 이내 성난 고양이처럼 몸을 부풀리더니 깃털로 작은 머리를 에워쌌다. 이 비둘기는 평화의 대사로도, 사랑과 결혼의 상징으로도 보이지 않았다. 우는비둘기로 분장한 힐크 같을까? 이 새는 덤불어치늘이 가는 곳을 따라다니며 계속해서 사악한 눈길을 보냈다. 덤불어치들은 날개 밑에 잭나이프를 숨긴 불한당처럼 앞으로 조금씩 다가갔다. 갑자기 우는비둘기가 큰 발톱으로 덤불어치를 향해 공중 발차기를 시도했다. 마침내 깃털이 차분하게 가라앉고 우는비둘기는 죽은 밀웜의 승자가 되었다. 패배자들은 승자가 전리품을 먹어 치우는 모습을 옆에서 부러운 듯 지켜봐야 했다.

이런 더위에 밀웜은 새들이 먹는 속도보다 더 빨리 죽는다. 오늘도 죽은 밀웜 한 무더기를 팬에 담아 두었다. 역시나 어린 덤불어치들이 모여들었다. 새로운 어치 한 마리가 팬 옆에 내려앉더니

어린 덤불어치들의 밥상 쟁탈전

2019년 6월 30일

명령조로 까악거렸다. 이 어치는 성조였다. 어린 어치들이 덤불로 사사삭 흩어졌다가 슬며시 돌아와 근처에서 서성거리며 사랑하는 밀웜이 어른 새의 뱃속에 들어가는 것을 애타게 지켜보았다. 아마 이 새는 얼마 전까지만 해도 저 어린 새들을 애지중지하던 부모였을 것이다. 새는 가까이 오는 어린 새들을 위협했다. 한 새가 60센티미터쯤 떨어져서 있다가 입을 쩍쩍 벌리면서 아기 새 소리를 냈다. '엄마, 저예요. 밥 좀 주세요!' 하지만 어른 새는 못 들은 척했다. 살아남으려면 이제 스스로 먹이를 찾을 줄 알아야 한다.

어른 어치가 떠나자 용감한 어린 어치 한 마리가 비어 버린 팬 위의 참나무 가지로 날아올랐다. 나는 이 새가 나무를 두드리는 소리를 들었는데, 딱따구리만큼 빠르지는 않았지만 리듬이 일정했다. 이내 도토리 하나가 팬 근처에 떨어지는 바람에 어치 한 마리가 화들짝 놀랐다. 다음 도토리는 가까운 덤불에 안착했다. 어떤 도토리는 팬의 한가운데에 정통으로 떨어졌다. 도토리가 몇 개 더 떨어진 후 영리한 어린 어치는 아래로 내려와 자랑스럽게 자신의 작품을 조사했다. 나는 이 새가 미숙해서 원래는 숨겼어야 하는 도토리를 떨어뜨린 것인지, 아니면 형제들을 놀라게 하려고 일부러 팬에 떨어뜨린 건지 알 수 없었다. 만약 계획된 행동이었다면 앞으로 이 새를 이길 자는 없을 것이다. 자, 어치 대장님, 살아 있는 밀웜이 소인의 집에 있사옵니다.

2019년 8월 3일

마당에 새로운 새가 온 줄 알았다. 몸을 웅크리고 있는데 아무래도 움직이지 못하는 것 같았다. 머리에 줄무늬가 있고, 가슴과 배에도 줄이 가 있었다. 쌍안경으로 보니 분홍색 아기 입술이 눈에 띈다. 새끼 새가 확실하다. 하지만 도통 종을 모르겠다. 예전에 이 새를 그리던 손이 느껴졌다. 엄지손가락처럼 생긴 머리의 각도, 원뿔 모양의 부리. 분명 여러 번 그렸었는데 어떤 새였지? 이윽고 검은눈방울새 성조 한 마리가 60센티미터 떨어진 곳에 내려앉았다. 길고 검은 머리로 보아 수컷이었다. 암컷은 색이 더 연하다. 아하, 알겠다. 문제의 새는 둥지에서 막 나온 검은눈방울새 새끼다. 이 새가 마침내 부모의 생김새를 완전히 따라잡을 때까지 얼마나 많이 변신할까? 그러나 적어도 검은눈방울새의 체형은 이미 갖추고 있었다. 수백 번이나 그려서 잘 안다.

    검은눈방울새 아비는 파티오에서 씨앗을 쪼았다. 새끼 새는 아비를 지켜보다가 쪼는 흉내를 내기는 했는데 씨앗이 없는 땅이었다. 새는 앞으로 조금 이동했고, 이번에는 씨앗을 잡았다. 이 모습을 보고 아비 검은눈방울새가 후드득 하고 날아올라갔는데, 아무래도 제 새끼가 알아야 할 것을 알게 되어 흡족한 눈치였다. 아니, 김칫국은 아직 일러! 새끼 새는 아직 모르고 있다. 부리에 씨앗을 문 채 완벽한 정지 상태로 파티오에 앉아 있다. 둥지에서처럼 고개를 뒤로 젖히고는 있는데 물고 있는 씨앗을 먹으려면 부리를 열어

8·3·19

BABY BIRDS

color of baby junco is more taupe, like that of a pine siskin

while learning how to forage, it still beseeches adults for food

STREAKY BREAST — SEEN IN OTHER JUVENILE SPECIES

so fat it seems impossible they could ever fly!

아기 새들

2019년 8월 3일

먹이 찾는 법을 배우는 동안에도 여전히 어른에게 먹이를 달라고 조른다.

아기 검은눈방울새의 몸 색깔은 미국검은머리방울새처럼 회갈색에 더 가깝다.

가슴의 줄무늬 - 다른 어린 종에서도 보인다.

너무 통통해서 날지도 못할 것 같다!

야 한다는 것을 모르고 있다. 씨앗을 먹는 행동도 날 때부터 자동으로 아는 게 아니라 학습해야 하는 기술인가 보다. 굶어 죽기 전에 배워야 할 텐데. 어린 새는 계속해서 부리에 씨앗을 문 채 머리를 휘젓고 있다. 걱정이다. 어디 새끼 새를 도울 방법이 없을까. "대자연의 과정에 함부로 끼어들지 말 것"이라고 사람들은 말한다. 어쨌든 나는 끼어들지 않았다. 아비가 밀웜을 물고 돌아왔으니까.

2019년 10월 13일

언제부턴가 계절을 보는 관점이 지구의 자전을 따르지 않는다. 봄, 여름, 가을, 겨울은 봄의 철새 이동, 번식철, 새끼의 생장기, 가을의 철새 이동으로 바뀌었다. 이 타임라인은 우리 집 뒷마당 새들에만 적용된다. 9월 중순에 한 달 예정으로 여행을 떠나면서 나는 가을 철새가 돌아오는 시작을 놓치겠거니 예상했다.

한 달이 거의 다 되어 집에 돌아와 처음 파티오에 나갔을 때, 어디선가 세 음짜리 애처로운 노래가 들렸다. 그리고 거의 동시에 아름다운 노랑정수리북미멧새 한 마리가 울타리에 내려앉는 것을 보았다. 이어서 또 한 마리, 또 한 마리, 또 한 마리가 앉았다. 정말 가을 철새들이 도착한 것이다. 다음으로 흰정수리북미멧새와 흰목참새가 올 것이다. 손님들이 오고 있어요! 모이통을 단장하고 먹이를 더 준비해야 한다.

노랑정수리북미멧새는 앞마당과 뒷마당, 현관, 베란다, 내 욕실 창턱에 있다. 각 지점마다 한 번에 네댓 마리씩 눈에 띈다. 그들은 잎이 무성한 참나무 가지에 앉아 있거나, 덤불 아래의 흙을 긁거나, 욕실 창문 옆 카멜리아 덤불 가지 위를 뛰어다닌다. 울타리에, 돌담에, 파티오 가구에, 수반(水盤. 새들의 목욕통)에 있다. 우산 꼭대기에, 모이통 꼭대기에, 바비큐 그릴 위에 앉아 있다. 다 세어 보면 적어도 20~25마리는 될 것이다. 먹이 경쟁이 한창인 벌새들도 많이 있다. 꿀물이 넉넉한데도 싸움과 추격은 사라지지 않는

OCT 13, 2019

They're back!
GOLDEN CROWNED SPARROW to winter in my yard!

ALASKA

I returned home and immediately saw one on the fence. They remain still for a long time unlike the flitty oak titmouse and chickadee. The Blue Angels roared by and this one was unperturbed. I've been gone a month so I don't know when they came.

PLAINTIVE THREE NOTE SONG

I forgot they will also eat from feeder. But mostly they are ground feeders. Will see if they like worms.

I hear them singing in the bamboo hedge. Sounds like & looks like I have at least five.

Were these birds here last year? They seem familiar with the feeding areas.

2019년 10월 13일

알래스카

그들이
돌아왔어요!
노랑정수리북미멧새가
겨울을 나러 우리 집에 왔어요!

여행에서 돌아오자마자
한 마리를 울타리에서 봤다. 예민한
참나무관박새나 쇠박새와 달리 한참
머물렀다. 블루 엔젤스(미합중국 해군 소속 곡예
비행팀 - 옮긴이)가 시끄럽게 날아가도 동요하지
않았다. 한 달 동안 집을 비웠기 때문에 저 새들이
언제 알래스카에서 돌아왔는지 모른다.

애처로운
세 음짜리
곡

나는 그들이 모이통에서 식사할
거라는 사실도 잊고 있었다. 하지만
대개는 땅에서 먹는다. 이 친구들이
밀웜을 좋아할지 봐야겠다.

대나무
생울타리에서
노래하는 소리가
들린다. 최소한 다섯
마리는 있는 것처럼
보이고 + 들린다.

작년에 왔던 그 새들일까? 우리 집 모이터에 익숙해 보이기는 하다.

다. 경쟁은 새들의 삶에서 필수적인 일부이다. 당장 먹을 게 넘쳐 나도 말이다. '저 변덕스러운 인간이 또 갑자기 나태해져서 한 달 동안 코빼기도 안 비출지 누가 알겠어?' 그러니 모든 음식을 사수해야 한다.

    질문: 작년에 왔던 새가 돌아온 걸까? 욕실 창턱에 반복해서 찾아오는 노랑정수리북미멧새 한 마리가 있는데 어떤 생각을 하고 있을까? 내가 매일 아침 같은 창턱에 씨앗을 놓는 줄 아는 걸까? 그 새는 가끔 내 눈을 바라본다. 나라는 존재를 음식과 연관 짓고 있다. 그리고 위험한 존재가 아니라는 것도. 그런 게 아니라면 내가 욕실 조명을 켤 때마다 올 이유가 없지. 아하, 모이를 줄 때가 되었구나. 알려 줘서 고마워, 노랑머리야. 네 기억력이 나보다 훨씬 낫구나. 나를 즐겁게 하려는 것이 아니라, 하루를 살아 내야 할 네 필요가 너를 이곳에 오게 하는 거겠지만.

노랑정수리북미멧새

2019년 10월 20일

새들이 주는 즐거움에 흠뻑 빠졌다. 가을 철새가 점점 더 많이 돌아오고 있다. 쇠황금방울새가 가장 눈에 띈다. 이 새는 단체로 방문한다. 애나스벌새에 버금갈 만큼 작은 새들이다. 쇠황금방울새는 여럿이 함께 식사하는데, 씨 한 개당 멀쩡한 씨 서넛은 바닥에 떨어뜨리면서 요란하게 먹는다. 모이통에는 여섯 개의 입구가 있는데 열두 마리가 몰려들어 서로 부리를 맞대고 어떨 때는 발까지 치켜들면서 싸운다. 다툼은 새가 많지 않아도 일어난다. 자신이 원하는 모이통 입구를 다른 새가 차지했을 때다. 비어 있는 다른 입구도 있지만, 그건 그 새가 원하는 것이 아니다. '난 꼭 여기를, 그것도 지금 당장 가져야겠단 말이다!'

식사를 마치고 주위를 쑥대밭으로 만든 쇠황금방울새들이 일제히 떠나고 나면 다음 주자들이 이어받는다. 땅에 떨어진 먹이를 먹고 사는 새들은 쇠황금방울새가 초토화한 잔해를 사랑한다. 큰멧참새와 은둔지빠귀도 메뉴를 확인하러 온다. 이들도 대개 흙을 쪼거나 발로 차면서 돌아다닌다. 우리 마당에 와서는 바닥에 떨어진 것들도 먹고 나무나 덤불에 달린 열매와 종자도 먹는다.

쇠황금방울새와 노랑정수리북미멧새 무리와 달리 은둔지빠귀와 큰멧참새는 홀로, 혹은 둘이서 온다. 한 번에 한 마리 이상 본 적이 거의 없다. 매일 봐도 반갑다. 보통 쌍안경으로 확인하지만 맨눈으로 전체적인 윤곽이나 자세만 봐도 알아볼 만큼 익숙하다.

은둔지빠귀는 섬세하고 가는 다리로 높이 선다. 날개는 느슨하게 늘어뜨리고 총알을 닮은 부리는 끝부분이 각이 져서 특권층의 우월함이 느껴진다. 몸은 사랑스러운 회갈색인데 내가 갖고 있는 색연필 중에는 없다. 대신 궁둥이와 꼬리의 적갈색을 색칠할 색연필은 많다. 가슴의 진하고 짧은 선은 은밀하게 새겨진 모스 부호 같다. 눈은 크고 살짝 기울어졌고, 주위를 두 개의 흰색 초승달 무늬가 두르고 있다. 그래서 은둔지빠귀는 사랑스러우면서도 어딘가 좀 아둔해 보인다.

식탁 의자에 앉아서 새들을 볼 때 나는 파티오를 가로질러 뛸 때의 낮은 자세와 주기적으로 날개를 퍼덕이는 모습으로 큰멧참새를 구분한다. 고작 1초 동안 유지되는 동작이지만 이런 식의 날갯짓을 빈번하게 하기 때문에 이 새는 쉽게 동요되고, 혈기 왕성하고, 언제든 싸움을 벌일 것처럼 보인다. 실제로도 주변에 모이가 있으면 종종 다툼이 일어난다. 수천 번까지는 아니더라도 수백 번씩 새들을 그리다 보니 새의 머리에도 여러 각도가 있다는 것을 알 수 있다. 예를 들어 어떤 새는 부리에서 눈 위로 각도가 솟구쳐 올라가다가 정수리에서 평평해지고, 다시 뒤통수에서부터 경사를 따라 내려오다가 목과 어깨로 이어진다. 하지만 큰멧참새는 그냥 처음부터 전체가 둥근 머리를 갖고 있는 것 같다. 결국 나는 만화 같은 새를 그리게 되는데 내가 본 것이 아닌 그럴 거라고 생각되는 생김새를 그리기 때문이다. 이 새의 머리도 당연히 완전히 둥글지는 않다. 은둔지빠귀처럼 큰멧참새의 주된 몸 색깔도 내 색

돌아온 가을 철새들

2019년 10월 20일

쇠황금방울새:
- 무리 지어서 온다.
- 무리 지어서 떠난다.
- 식탐이 있음.
- 지저분하게 먹는다.
- 검은눈방울새가 대신 청소함.

그들이 돌아왔다!

은둔지빠귀:
거의 볼 일이 없는 새인데 웬일로 모이를 먹으러 욕실 창문에 왔다. 휘어진 부리, 둥글고 예쁜 눈, 부드러운 회갈색 깃털색으로 알아볼 수 있음.

아름다움 그 자체.

큰멧참새:
모이를 먹으러 창턱에 왔다. 줄무늬가 진하고 아래쪽 부리가 노랗다.

연필 상자에는 없다. 그래서 초콜릿색에 약간의 빨간색과 버건디, 또는 보라 등등 이것저것 섞어서 쓴다. 큰멧참새 중에서도 슬레이트 갈색인 놈들이 있다. 그럴 때는 짙은 갈색과 따뜻한 회색을 섞거나 회색을 바탕에 깐 다음 따뜻한 갈색을 추가한다. 나는 갈색과 회색 계열 색상을 많이 시도한다. 새들의 깃털은 절대 한 가지 색으로 표현할 수 없다. 여기에는 빛에 반사된 색까지 포함해야 한다. 내 실력으로는 새의 깃털이 지닌 진정한 아름다움과 강렬한 색을 다 표현할 수 없다. 큰멧참새의 가슴에는 하얗고 짙은 V자 무늬가 있다. 부리는 아래턱이 노랗게 얼룩졌다.

　나는 새들을 계속해서 그리면서 이런 필드 마크(field mark. 외견상 종을 구분할 수 있는 특징 ─ 옮긴이)들을 찾아왔다. 그리고 다른 사람이 보는 데서 어떤 새의 이름을 맞히면 괜히 혼자서 뿌듯하다. 물론 제대로 알지도 못하면서 잘난 척하는 사람으로 보이고 싶지는 않다. 전문가가 되려면 아직 멀었다. 나는 아직 초심자라 수시로 틀리고, 수시로 놀라고, 수시로 당황한다. 나는 새들의 세계에서 어떤 게 평범한 건지 잘 모르겠다. 하지만 노련한 탐조가들이 쇠황금방울새를 두고 너무 흔하고 개체 수도 많아서 "쓰레기 새"라고 부른다는 얘기를 들었다. 또 사람들이 집참새더러 흰점찌르레기 같은 침입종이라며 "폐물 새"라고 부르는 것도 보았다. 그들의 반감을 십분 이해한다. 외래 침입종은 토종 새들의 서식지와 자원을 빼앗곤 하니까. 하지만 불편한 마음이 드는 것도 어쩔 수 없다. 이런 식의 수식어들은 중국인을 두고 하는 인종차별적 발언과 비슷한 면이 있다.

　나는 아직 초보 탐조가라 어떤 새를 보아도 좋다. 늘상 보이는 새라도 상관없다. 그들이 우리 집에 와서 좋다. 그게 몇 분이든, 하루든, 매일이든, 몇 주든, 몇 달이든 우리 집 마당을 선택해 주었다는 것이 좋다. 특히 관박새와 쇠박새처럼 1년 내내 매일 오는 새들을 사랑한다. 지금의 경이로운 마음을 잃고 싶지 않다.

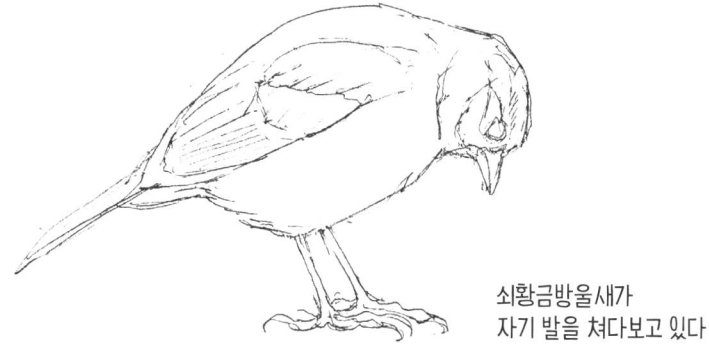

쇠황금방울새가
자기 발을 쳐다보고 있다

2019년 10월 21일

듣자마자 가슴이 철렁해지는 쿵 소리. 마음이 아프다. 은둔지빠귀 한 마리가 충돌 방지 스티커 두 장이 떨어진 창문에 부딪히고 말았다. 내가 이 집에 사는 6년 반 동안 여섯 번째 보는 사망 사건이다. 사건이 일어날 때마다 다시는 새들이 창문에 부딪히는 일이 없게 하리라 굳게 결심하지만 쉽지는 않았다. 우리 집은 거실과 식사 공간을 포함한 생활공간의 3면이 거의 유리로 되어 있기 때문이다. 새를 좋아하기 전부터 나는 나무 위의 정자 같은 집을 짓고 싶었고, 그렇게 했다. 그래서 가끔 우리 집 마당에 처음 오는 새들이 유리가 없는 줄로 착각해서 그대로 들이받는다. 다행인 건 새들이 한쪽 창에만 부딪힌다는 것이고, 안 다행인 건 그게 내가 매일 새를 관찰하는 창문이라는 것이다. 식탁이 있는 쪽 파티오.

    사고를 예방하려고 흉측한 검은색 거미줄로 된 핼러윈 장식을 창에 둘렀다. 그러나 새들은 여전히 창문에 부딪혔다. 그래도 그렇게 세게 들이받지는 않았다. 쿵 대신에 툭 소리가 나는 정도. 대부분은 곧장 다시 날아간다. 나는 나뭇잎 모양의 UV 스티커를 붙였다. 그래도 여전히 가끔 부딪히는 소리가 들렸다. 그래서 UV 스티커를 더 많이 붙였다. 새들이 사람의 얼굴을 보면 피할 것 같아 핼러윈 마스크도 구해다가 붙였다. 1년에 한 번꼴의 사망 사고는 절대 많은 게 아니라고 말하는 사람이 있었다. 하루에도 몇 마리씩 자기 집 창문에 새가 충돌해 죽는다는 게시글도 읽었다. 하지만 나한테는 단 한 마리의 죽음도 너무 많다. 그것은 비극이고 나는 죄책감에 몸이 다 아플 지경이다.

일전에 베른트 하인리히에게 이런 충돌 사건에 관해 이야기했다. 그는 메인주 깊은 숲속에 오두막을 짓고 사는데, 아메리카솔새의 일종이자 철새인 가마새가 오두막 창문에 가끔 부딪친다고 했다. 속도를 높이면서 저공비행을 하기 때문에 창에 머리가 부딪치면 치명적일 수밖에 없단다. 하지만 그는 자기가 발견한 죽은 동물을 통해 청소 동물의 행동을 연구한다. 그게 큰까마귀든, 구더기든. 그래서 나도 이번 사고를 배움의 기회로 삼아 보기로 했다. 죽은 은둔지빠귀를 살짝 들어 보았다. 아직 따뜻하고 말랑했다. 머리 부위의 복잡한 깃털을 들여다보면서 부위마다 무늬가 어떻게 다양한지 조사했다. 가슴에 있던 반점들도 이제 보니 무작위적으로 난 게 아니라 패턴을 따르고 있었다. 이런 섬세하고 세세한 부분들을 통해 이 새를 더 많이 알게 되었고, 그래서 더 슬펐다. 나는 이 새의 주검을 보이는 대로 그렸다. 눈은 감고 있고 발은 뻣뻣해졌고, 한쪽 날개의 깃털이 펼쳐진 채로. 죽어서도 아름다운 새였다.

차마 새를 쓰레기통에 버릴 수가 없었다. 그대로 바깥에 그냥 두어 포식자들이 먹게 둘까도 고민했다. 다행히 캘리포니아 과학원 조류 및 포유류 부서 큐레이터 잭 덤바쳐Jack Dumbacher가 선뜻 다음 주에 와서 사체를 가져가겠다고 했다. 죽은 새를 키친타월로 조심스럽게 감싸서 플라스틱 용기 안에 넣었다. 3,000마리의 살아 있는 밀웜이 있는 냉장고의 냉동칸에 이젠 죽은 은둔지빠귀가 있

은둔지빠귀의 죽음

2019년 10월 21일

조류 충돌 방지 장식이 떨어진 창문에 새가 부딪혀 죽었다. 캘리포니아 과학원 잭 덤바쳐에 따르면 6년 반 동안 있었던 여섯 번의 사망자는 모두 지빠귀류였고 그중에 셋이 은둔지빠귀였다. 그들은 다른 새들보다 더 빨리 나는 게 분명하다.

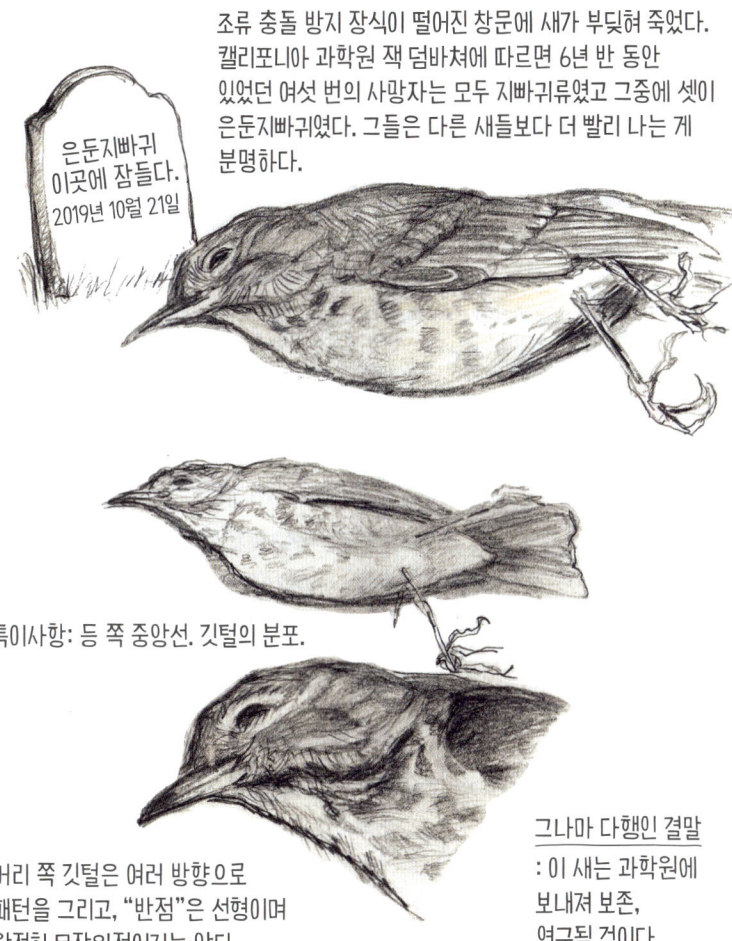

은둔지빠귀 이곳에 잠들다. 2019년 10월 21일

특이사항: 등 쪽 중앙선. 깃털의 분포.

머리 쪽 깃털은 여러 방향으로 패턴을 그리고, "반점"은 선형이며 완전히 무작위적이지는 않다.

그나마 다행인 결말
: 이 새는 과학원에 보내져 보존, 연구될 것이다.

다. 나는 이해심이 아주 많은 남자와 결혼했다. 이 은둔지빠귀는 잭 덤바쳐가 가져갈 때까지 냉동고에서 쉴 것이다. 캘리포니아 과학원에 가면 최근에 코넬대학교에서 온 대학원생이 새의 가죽을 벗기고 내부를 휴지로 채운 다음 발견된 날짜와 장소를 표시할 것이다. 그리고 영원히 그들의 과학 컬렉션 일부가 될 것이다. 새의 몸은 의도하지 않았던 더 고귀한 목적으로 사용될 테고, 그나마 그것이 위로가 된다.

2019년 10월 29일

> 은둔지빠귀가 뒷마당을 방문하는 일은 거의 없고, 일반적으로 모이통을 찾아오지도 않는다.
> - 코넬대학교 조류 연구소

종종 우리 집 뒷마당에 찾아오는 은둔지빠귀 한 마리가 두 시간 반이나 머물면서 모이통 세 군데에 침입을 시도했다. 내가 사진을 찍는데도 전혀 수줍어하지 않고 오히려 나를 똑바로 쳐다봐서 내 고정관념을 깼다. 다른 새들이 모이가 있는 철장으로 들어가는 것을 지켜보더니 자기도 야심차게 시도했지만 격자 안으로 들어갈 방법을 쉽게 알아내지 못했다. 몸길이가 비슷하고 몸 둘레는 오히려 조금 더 큰 노랑정수리북미멧새는 쉽게 들고 나는데도, 이 새는 다리가 너무 길어서 그런지 한 번에 들어가지 못했다. 내가 보기에 은둔지빠귀의 난관은 평소의 자세와 관련이 있는 것 같았다. 평소 이 새는 덤불어치처럼 거의 수직으로 서 있기 때문에 작은 공간에 들어가기 위해 웅크리는 법을 몰랐다.

나는 은둔지빠귀가 시도하는 다양한 전략을 보며 즐거웠다. 먼저 한 모이통의 꼭대기에 올라앉더니 철장 안을 내려다보았다. 그리고 주위를 맴돌며 모든 각도에서 들여다보았다. 그러더니 빨간색 작은 유리구슬이 달린 벌새의 그네로 점프했다. 처음에는 균형을 잡지 못해 떨어졌지만, 서너 번쯤 시도한 후에는 안정적으로

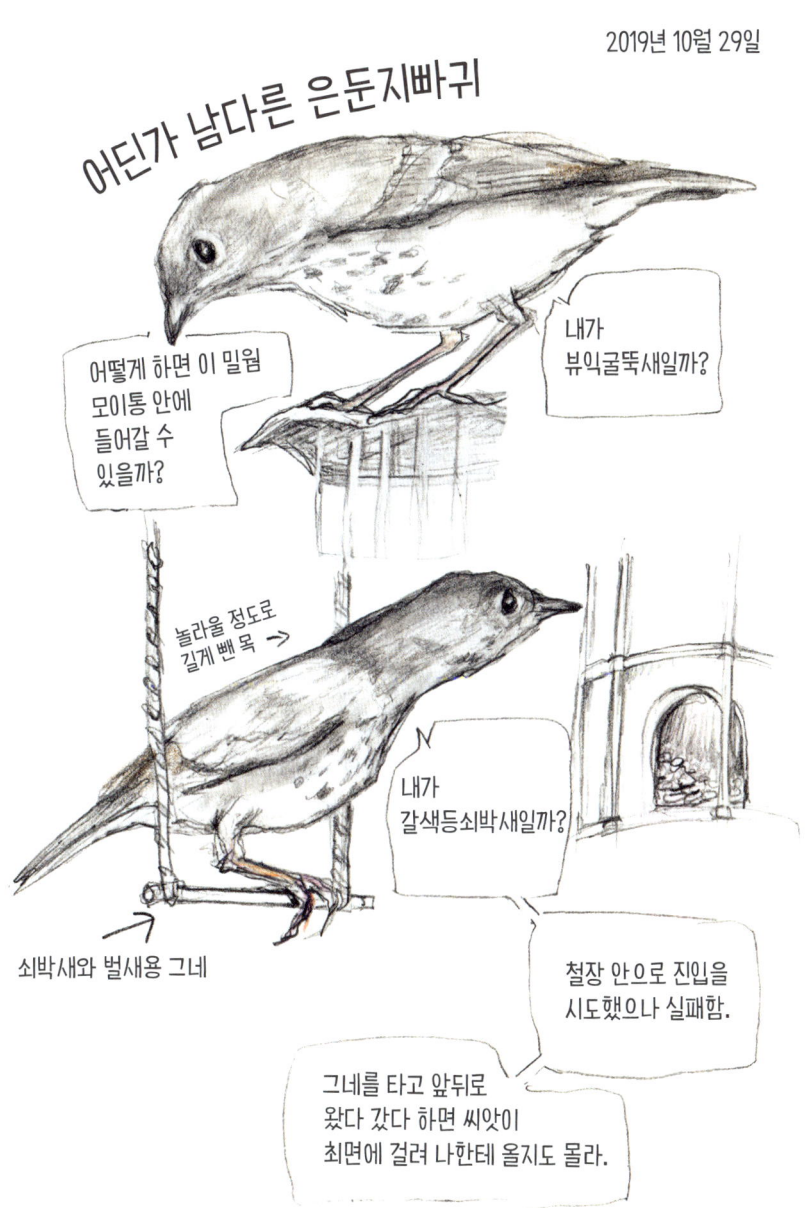

자리 잡았다. 그네 옆에 모이통이 하나 있었다. 새가 격자 너머 철장 속 씨앗들을 향해 목을 길게 뻗었다. 그러다가 갑자기 머리 위에 있는 빨간색 유리구슬에 관심을 보였다. 아무래도 그 구슬을 자기가 좋아하는 열매로 착각한 모양이다. 다음에 새는 청설모 방지 모이통 위에 올라가려고 했는데, 그러려면 먼저 작은 홰에 균형을 잡고 앉아야 했다. 하지만 홰에 앉는 것이 영 어색했고 결국 모이통 옆쪽으로 착지하다가 떨어졌다.

나는 살아 있는 밀웜을 모이통 바로 밑에 있던 꽃밭의 흙 위에 두었다. 노랑정수리북미멧새, 캘리포니아토히, 얼룩무늬토히, 검은눈방울새처럼 평소 땅 위에서 식사하는 새들이 보고 정신없이 달려들었다. 그러나 이 은둔지빠귀는 오직 위쪽의 모이통에만 관심이 꽂혔다. 결연하기까지 한 집중력이었다.

어떻게 하면 원래 땅에서 모이를 먹는 새가 홰에 앉아서 먹이를 먹을 수 있을까? 왜 이 새는 평소에 하지 않던, 그리고 수월하지도 않은 일을 하려고 저렇게까지 끈질기게 시도할까? 왜 땅바닥에 널린 해바라기씨와 밀웜을 두고 굳이 더 험난한 길을 택했을까? 아직 어리고 경험이 없어서? 철새라서 낯설지만 좀 더 투자 가치가 있는 먹이원에 관심을 보이는 걸까? 한 새의 생존 가능성에서 호기심과 끈기가 차지하는 비중이 얼마나 될까?

오늘로 은둔지빠귀에 대한 생각이 달라졌다. 이 새는 수줍지 않고, 은둔하며 숨어다니지도 않는다. 이 새는 독보적인 이단아이다.

2019년 11월 9일

철새들이 더 많이 돌아오고 있다. 파티오, 베란다, 작업실 쪽 현관, 욕실 창문의 반대편에 각각 모이통을 추가했다. 쓰촨식 해바라기 씨, 빈달루 수엣 미니볼, 농장에서 양식한 밀웜, 채식주의자용 꿀물, 매운맛 수엣, 견과류와 벌레, 열반의 나이저, 프랑스에서 수입한 야생 조류용 모이, 알래스카산 생수까지. 모두 내가 광기에 빠졌다는 증거다.

 밀웜 그릇은 매일, 모이통은 며칠에 한 번씩 채운다. 요새는 매주 5,000마리의 살아 있는 밀웜을 주문하고 한 시간 넘게 소분 작업을 한다. 장갑은 기본이고, 탈피한 외골격 부스러기가 날릴 때 흡입하지 않으려고 마스크까지 쓴다. 지금까지 이 일을 꽤 여러 번 했는데도 손에서 밀웜이 꿈틀대는 느낌은 여전히 오싹하다. 벌레들이 제 운명을 알아서 도망치려는 것 같다. 벌새 꿀물통은 며칠에 한 번씩 소독하고(날이 더울 때는 더 자주) 신선한 꿀물을 채워 넣는다. 꿀물통 일곱 개를 청소하는 데 꼬박 한 시간이 걸린다. 벌새는 꿀물통이 사라질 때마다 동요하고, 꿀물통이 있던 장소로 강박적으로 돌아온다.

 내가 제일 좋아하는 먹이 주기 방식은 욕실 창문의 창턱에 모이를 두는 것이다. 그러면 땅에서 모이를 먹는 각종 새들이 모여들어 한 편의 드라마가 펼쳐진다. 오페라 무대의 커튼 뒤에서 걸어 나오는 등장인물들처럼 카멜리아 덤불에서 새들이 나타난다.

Nov 9, 2019

DUSK SPECIALS

SPICY SUET
Just like the stuff mom used to throw up for you. Includes seeds, insects, and nasty mealworms.

☆ MIGRATORY STAR AWARD ☆

NUTS & CHEWS & BUGS
Winner of the 2018 Scrub Jay Award for Best Loot. Bugs, fat, seed, graines and lots of cayenne seasoning.

NYJER NIRVANA
If you're a busy finch and have no time to catch, order some of our G.M.O. thistle. A crowd pleaser.

GRAINES POUR OISEAUX SAUVAGES
If you're feeling sauvage, come have a beakful of millet.

"ALASKAN TASTE" ~~WATER~~ "DUNK 'N DRUNK."
Why go all way north for melted ice cap? We have floods of water!

황혼의 특별 만찬

2019년 11월 9일

매운맛 수엣
엄마가 토해 줬던 바로 그 맛. 씨앗, 곤충, 밀웜이 모두 골고루 들어 있어 영양 만점.
★철새들이 뽑은 고향의 맛★

견과류와 벌레
최고의 전리품에 주는 2018년 덤불어치상 수상 제품. 벌레, 동물의 지방, 씨앗, 곡물에 고추 양념이 듬뿍.

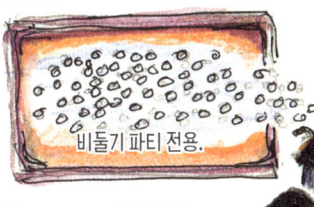

열반의 나이저
사냥할 시간이 없는 바쁜 핀치라면 이 유전자 조작 식물의 씨를 주문해 보세요.

프랑스산 야생 조류용 모이
야생의 맛이 그리운가요?
이 수수를 드셔보세요.

비둘기 파티 전용.

"알래스카의 맛" 생수
"부어라, 마셔라." 빙하수를 찾아 북극까지 갈 필요가 없어요. 이곳에서 즐기세요.

목욕과 음용 모두 가능.

메추라기 무리, 검은눈방울새 한 쌍. 전에 한 번도 보지 못한 새도 한 마리 있다. 그리고 오늘은 흰정수리북미멧새까지 왔다. 올해 들어 처음 본다. 마당에 오는 새들 중에서 줄무늬가 가장 하얗고, 부리는 가장 노랗다. 이 새 한 마리만으로도 깃털 달린 방문객들에게 들어가는 모이값과 시간이 아깝지 않다.

2019년 11월 11일

내게 마당에 찾아오는 새들을 개별적으로 아느냐고 묻는 사람이 많다. 아니, 난 새들을 일일이 구별하지 못한다. 다리가 한 짝 없거나 꼬리가 사라진 것처럼 특별한 특징이 있는 개체가 아닌 이상 확신할 수 없다. 그러나 그런 질문을 듣고 보니 "왜 지금까지 새 한 마리, 한 마리에게 이름을 붙이고 인사할 생각을 못 했지?" 하는 생각이 들었다. '안녕, 베티 뷰익굴뚝새!' 원래 나는 새들에게 이름을 지어 줄 생각이 없었다. 집에서 반려동물을 키울 때처럼 규칙적으로 먹이를 주면서도 이 새들이 엄연한 야생의 동물임을 잊지 않는다. 그들은 내게 속한 것들이 아니다.

하지만 너무 많은 새들이 오니까, 도대체 매일 종별로 몇 마리씩 오는지 알고 싶어졌다. 뒷문 현관에서 본 참나무관박새 세 마리가, 파티오에서 본 세 마리와 같은지 다른지 어떻게 알 수 있을까? 암수의 몸 깃털이 서로 다른 새면 적어도 성별은 구분할 수 있다. 또 행동으로 구별할 수 있는 새도 있다. 창턱에 모이를 두었을 때 제일 먼저 오는 새는 짙은 색깔의 검은눈방울새 수컷이거나 번식기가 아닌 노랑정수리북미멧새이다. 사실 어떤 새는 내 얼굴을 보자마자 오기도 한다. 이제부터 매일 아침 맨 처음 창턱에 오는 새들이 같은 새인지 눈여겨봐야겠다. 하지만 다른 새들이 우르르 몰려오면 결국 감각의 과부하로 끝나겠지. 새들의 개체를 크기로 구분할 수는 없다. 더 큰 놈이 더 날씬한 놈과 같은 개체일 수도 있다. 쇠박새의 경우는 개체를 구분하기가 더 어려운데, 이 새들은 아주 빨리 돌아다니고, 왔다가 금방 가고, 마릿수도 어지간히 많기 때문이다. 그러나 검은눈방울새는 자주 오기도 하거니와, 모이통이나 욕실 창턱에 45~60초 정도로 오래 머물기 때문에 관찰할 시간이 넉넉한 편이다. 나는 검은눈방울새를 견본으로 개체 식별법을 고안해 보았다. 적어도 이 기준으로 어떤 놈이 암컷이고 수컷인지는 구분할 수 있을 것이다. 내가 개발한 방식은 색깔에 따른 것이다. 검은눈방울새는 몸의 구조가 단순하고, 몸의 부위에 따라 색깔이 다르다. 검은눈방울새는 이 기준에서 특히 이상적이다. 나는 크기가 조금 다른 검은눈방울새들의 윤곽을 그렸다. 그런 다음 분홍색, 복숭아색, 갈색, 회색, 검은색 등 여러 색깔이 나열된 컬러 팔레트를 만들었다. 그리고 머리, 가슴, 날개, 목덜미와 어깨, 꼬리, 옆구리까지 색깔을 확인할 여섯 개 구역을 정했다. 나는 머리깃의 길이도 적기로 했다. 머리깃이 목에서 멈추는지 가슴까지 연장되는지는 수컷과 암컷을 구분하는 좋은 기준이다. 이렇게 만반의 준비를 다 했으니 새를 보면 즉석에서 색깔만 확인해 견본을 빠르게 색칠할 수 있을 거라고 생각했다.

그러나 막상 시도해 보니 이 방식은 체계가 없고 현실적이지도 못했다. 나는 그렇게 빨리 색칠할 수가 없었다. 머리의 길이, 배의 색깔은 아예 잊어버렸다. 내가 과학자가 안 된 게 천만다행이지. 어쩌면 그냥 짙은 수컷 성체, 옅은 수컷 성체, 그을은 암컷 성체 등 시블리의 방식대로 간단하게 속기로 묘사하고, 거기에 어린 새나 처음 겨울을 나는 새들에 대한 변이를 몇 가지 추가하는 게 낫겠다. 그러나 지금은 모든 검은눈방울새가 길고 검은 머리의 수컷 같다. 각 새를 좀 더 게슈탈트적으로 보는 데 집중해야겠다. 그러나 새들은 서로를 그렇게 보지 않는다. 그건 내가 동양인을 나와 똑같은 사람으로 보지 않는 것과 같다. 특정 부위의 크기나 색을 구별하는 게 중요한데, 각각 먹이, 영역, 암컷에 대한 우세함 등에 관련된 형질일 수 있기 때문이다. 색깔이 더 짙은 개체가 암컷이나 어린 수컷을 쫓아낼까? 만약 두 수컷이 경쟁하고 있다면 둘 중에서 좀 더 우세한 수컷의 특징이라고 다른 수컷들이 인지하는 색의 차이가 있을까? 발의 크기, 또는 가슴에 털이 더 많은 것, 아니면 내가 구분할 수 없는 다른 어떤 형질로 우세함을 나타낼까? 새들은 서로에게서 무엇을 보는 걸까?

보면 볼수록 각 새의 색상을 구체적으로 아는 게 중요한 것 같다. 내가 관찰했던 어떤 검은눈방울새들은 같은 자리에서 고작 15~20센티미터 간격을 두고 먹이를 먹었다. 그들의 색깔이 비슷한가? 수컷과 암컷이 둘 다 같은 무리에 있을까? 어린 수컷일수록 색이 더 연한가? 양말 서랍을 정리하면서 짝이 없는 양말 한 짝을 찾는 기분이다.

노랑정수리북미멧새 사이에서 우열의 역학도 좀 더 파 보기로 했다. 암수의 깃털이 같다고는 하지만 수컷이 더 클지도 모른다. 그런 정보는 도움이 되지 못한다. 노랑정수리북미멧새 무리에도 다양한 크기가 있다. 내가 예전에 적었던 것처럼, 형태를 달라 보

Nov 11, 2019

HOW MANY ARE IN THE JUNCO CLAN?

Determining by color variation

1, 2, 3, 4, 5, 6, 7, 8, 9, 10, 11, 12, 13, 14, 15, 16, 15, 16, 17, 18, 19

HEAD COLOR EXTENDS TO BREAST

STOPS AT THROAT

검은눈방울새 무리에 총 몇 마리나 있을까?

색깔의 차이로 개체를 구분하는 법.

2019년 11월 11일

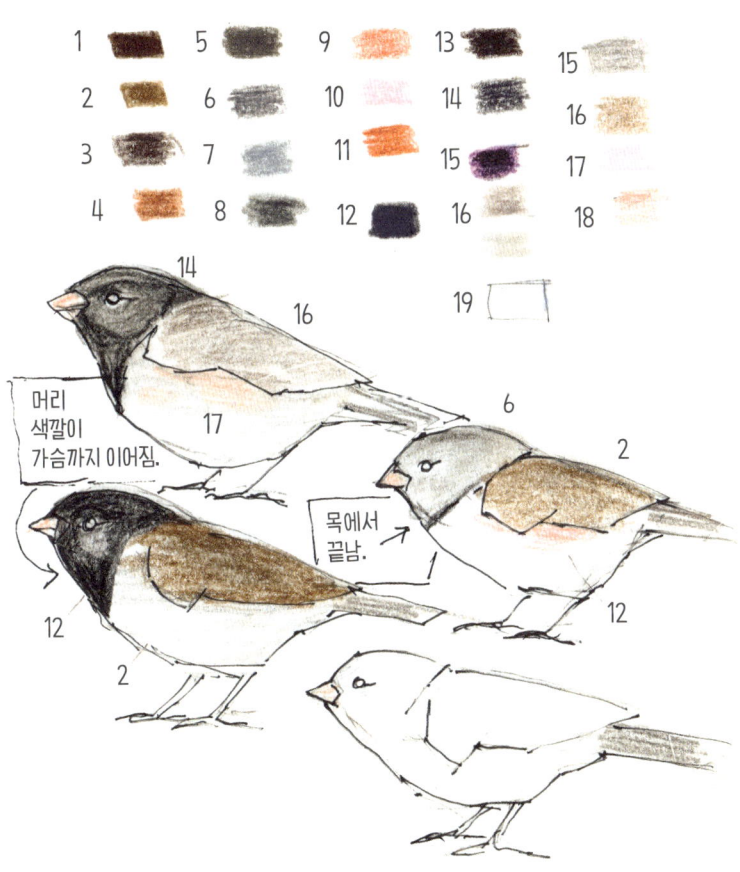

이게 하는 요인이 작용하는지도 모른다. 그러나 크기에는 단순히 성별 이상의 변이가 있는 것 같다. 머리 색깔이 가장 강렬한 놈들 — 정수리 측면의 줄무늬(눈썹)가 가장 두꺼운 검은색이고, 정수리도 가장 밝은 색인 — 은 좀 더 힘이 세 보이는 경향이 있다. 번식깃 색깔의 차이도 있다. 번식기의 새는 갈색 눈썹에 정수리의 노란색이 많지 않은 새들보다 나이가 더 많다. 지배권과 깃털은 시간이 지나면서 바뀌는 게 당연하지 않을까. 그렇다면 두 새가 나이는 같지만 눈썹의 검은색이나 정수리의 노란색이 서로 크게 다른 경우도 있을까?

어떤 행동이 힘 있는 자의 행동인지 어떻게 알까? 한 새가 다른 새를 창턱에서 추격하고 있다. 그러나 내 존재는 새들이 창턱에 남아 있는 이유가 될 수도 있다. 어떤 새들은 나를 익숙하게 생각하니까. 그들은 창문에서 나를 보더라도 잘 도망치지 않는다. 낮은 계급의 새일수록 내가 근처에 있을 때 창턱에 남아 씨앗을 먹는다고 생각해도 좋을 것 같다. 반면에 힘이 있는 새는 가까운 나뭇가지에 앉아 내가 자리를 떠나길 씩씩대며 기다릴지도 모른다. 그래야 다른 새들 앞에서 자기의 존재를 드러낼 수 있을 테니까.

내가 새를 개체별로 구분할 만큼 잘 아는 날이 올까? 내가 새들을 하나하나 인지하지 못하는 게 백인이 모든 동양인은 똑같이 생겼다고 생각하는 것과 비슷할까? 새들은 한 지역에 있는 동종의 개체를 각각 따로 인지할까? 그들의 눈에는 인간의 눈에 보이지 않는 미묘한 차이가 보이는 걸까? 그들은 어른이 된 자기의 새끼나 한배에서 태어난 형제자매를 알아볼까? 작년의 짝을 알아볼까? 나를 알아볼까? 그들에게 다른 새나 인간을 기억해야 할 필요가 있는지부터 먼저 물어야 할지도 모르겠다.

2019년 11월 14일

평소처럼 시작한 하루였다. 즐거운 식사 시간이 되자 욕실 창문 옆 카멜리아 덤불은 멧새, 쇠박새, 황금방울새, 그리고 늘 나타나는 노랑정수리북미멧새로 북적거렸다. 나는 창문 가까이 서서 새 한 마리를 지켜보았다. 특유의 노란 부리 때문에 아직 어린 흰정수리북미멧새라고 생각했다. 나는 이 새를 잘 알았는데 1년 전에 이 새의 세밀화를 그리면서 색깔을 연구했기 때문이다. 미성숙한 새의 색깔은 어른의 것과는 달랐다. 나는 처음에 똑같은 새가 몇 시간 전에 노랑정수리북미멧새 대여섯 마리와 함께 뒷문 현관 입구를 쑥대밭으로 만들면서 식사하는 것을 보았다. 지금은 창문에서 45센티미터 정도 떨어진 새 모이통 스탠드 옆 나뭇가지에 앉아 있다. 다 자란 어른 흰정수리북미멧새의 검은 눈썹과 흰색 정수리 대신에 이 어린 새는 적갈색 눈썹, 그리고 회갈색 정수리와 얼굴이 특징이다. 난 이 새의 미성숙한 버전을 그리는 것이 더 좋다. 대담한 성조의 색채보다 내 눈에는 그게 더 이뻐 보이기 때문이다.

    창문 가까이 있는 새를 더 자세히 살펴보았다. 실제로 얼굴은 회갈색보다 회색에 가까웠다. 그럼 노래참새인가? 하지만 그 가능성은 즉시 제외했다. 이 새의 얼굴은 노래참새와 달리 회색, 흰색, 적갈색으로 영역의 경계가 그어지지 않았다. 또한 노래참새의 부리는 노란색이 아니라 회색이고, 가슴도 이 새처럼 깨끗하지 않고 줄무늬가 있다. 이 의문의 새가 내 쪽으로 몸을 돌렸다. 그때 나는 깨끗한 가슴에 있는 전형적인 검은 반점을 보았다. 갑자기 머리가 아득해졌다. 그건 미국나무참새의 특징인데? 하지만 어떻게 그럴 수 있지? 그건 내 뒷마당은 둘째치고 애초에 미 서부 해안에서 볼 수 있는 새가 아니다. 나는 새를 10초쯤 바라보았다. 기억 속에 새길 필드 마크를 머릿속에서 크게 암송한 다음, 급하게 옆방으로 달려가 카메라를 가져왔다. 사진이 없으면 누구도 내가 본 것을 믿지 않을 테니까. 하지만 욕실로 돌아왔을 때 새는 가 버렸다. 나는 우리 집에서 절대 보아서는 안 되는 새를 보았다는 결론을 내리기까지의 추론 과정을 재빨리 되새겼다.

내가 미국나무참새의 생김새를 명확하게 아는 데는 이유가 있다. 작년에 뉴욕에 있을 때, 센트럴 파크에서 이 새를 바로 알아볼 수 있기를 바라는 마음으로 자세히 그린 적이 있기 때문이다. 그림을 그리면서 나는 많은 사진을 들여다보고, 이주 경로에 대한 보고서도 읽었다. 하지만 끝내 그 새를 보지 못하고 돌아왔는데, 그때까지 새가 미처 보스턴 이남으로 이주하지 않았기 때문이다. 창문에서 그 새를 보고 나서 나는 작년에 그렸던 세밀화를 찾아보았다. 내가 노란색 부리라고 인지했던 것이 실제로는 윗부리 회색, 아랫부리 노란색의 두 가지 색깔이었다. 그러나 내가 적은 다른 특징들은 모두 이 새와 일치했다. 미 동부 해안에서는 아주 흔한 새이지만, 내가 생각한 새가 맞다면, 캘리포니아에서는 극히 드문, 방랑객이어야 한다. 나는 eBird 앱을 열고 누군가 이 새를 이곳에서 보고한 적이 있는지를 검색했다. 한 건도 없었다. 이 새를 보

미스터리 새

2019년 11월 14일

어린 흰정수리북미멧새일까?

욕실 창문 옆 덤불이 참새들로 득시글거렸다.

나는 노란 부리와 적갈색 정수리를 보았다. 아하! 미성숙한 흰정수리북미멧새구나! 전에 많이 본 적이 있지.

노래참새인가?

하지만 뺨이 노래참새처럼 좀 더 청회색을 띠었다. 그런데 부리는 회색이었고 좀 더 명확한 패턴이 보였다. 이 미스터리 새의 가슴에 줄무늬가 있는지는 확인할 수 없었다.

두 가지 색의 부리

대박 순간!

미국나무참새

그러다가 새가 나를 향해 몸을 돌렸고 나는 가슴의 반점을 보았다. 미국나무참새다. 희귀한 나그네다!

앉다고 신고할까 말까 한참을 고민했다. 신고하면 바로 관리자가 알아볼 테니까. 아니나 달라 바로 연락이 왔다. 나는 사진이 없다고 말하면서 내 보고가 무시되길 바랐다. 그런데 놀랍게도 관리자는 그 짧은 순간 내가 후보들을 따져 보며 필드 마크를 그린 스케치가 사진보다 더 낫다고 했다. 또 다행히 그 사람도 포인트 레예스에서 미국나무참새를 본 적이 있었지만 아직 보고하지는 않았다는 것을 알게 되었다. 그가 본 미국나무참새는 노랑정수리북미멧새 무리에 섞여 있었는데 그래서 그 새가 우리 집 마당에 날아왔고 노랑정수리북미멧새 무리와 함께였다는 내 주장을 더 믿게 되었다. 이 소식이 알려지자 온 동네 하드코어 탐조가들이 이 스타 부랑자를 찾으러 포인트 레예스까지 떼지어 몰려들었다. 그러나 새는 다시 모습을 드러내지 않았다. 내 마당의 새가 같은 새였을까? 관리자는 그럴 가능성이 크다고 생각했다. 한 마리를 보는 것도 희귀한 일인데 한 마리 이상 보는 것은 더 희귀한 일일 테니까. 2년 전만 해도 나는 그 새를 전혀 알아보지 못했을 것이다. 얼마나 많은 이들의 뜰에 이 귀한 새가 방문했지만 일개 작은 갈색 새라며 무시되었을까?

 질문: 이 방랑객은 무슨 사연으로 이곳 북부 캘리포니아까지 오게 되었을까? 어쩌다가 우리 집의 나무와 덤불이 있는 마당에 있었을까. 원래 이 새는 포인트 라예스처럼 넓은 공간과 관목을 선호하는 새인데 말이다. 나무참새라는 이름에도 불구하고 나무에서 자주 발견되는 새가 아니다. 이 새가 사실은 어린 새인데 엉

뚱한 참새 무리에 합류했다가 그 무리가 남쪽으로 이주할 때 얼떨결에 함께 온 것일까? 이 새는 앞으로도 계속 그들과 어울릴까? 다른 참새들이 이 새를 계속 무리에 허락할까? 다른 참새들은 이 새가 자기네 종이 아니라는 것을 인지할까? 이 새가 무리의 훼방꾼이라면 이 새에게 복종할까? 이 새는 북부 캘리포니아에 계속 남아 여기저기에서 사람들의 눈에 띌까? 그렇지 않으면 어디론가 떠날까? 내년까지 머무르다가 다시 여름을 보내러 북쪽으로 돌아갈 때 노랑정수리북미멧새들을 따라 알래스카나 북부 캐나다까지 쫓아갈까? 그곳에도 미국나무참새가 살고 있기는 할까? 아니면 혼란에 빠져 지내다가 숨이 끊어질 것인가? 내가 이 많은 질문에 하나라도 답을 아는 날이 오긴 할까?

지금으로서는 어떤 일이 일어났는지 상상할 수밖에 없다. 내게는 아주 능숙한 일이다. 잃어버린 영혼에 대한 이야기는 소설의 단골 소재니까.

2019년 11월 22일

창턱에서 큰멧참새를 보았는데 내가 있는 데도 5분 넘게 꼼짝하지 않고 앉아 있었다. 원래도 겁이 많은 새는 아니지만 이렇게 오래 앉아 있는 것은 드문 일이다. 창문 가까이 가서 아래를 내려다보았는데 오른쪽 발이 엉망진창이었다. 껌이라도 들러붙었는지 발가락 절반이 주먹을 쥔 채로 용접된 것 같았다. 왼쪽 발도 비슷했지만 오른쪽만큼 상태가 나쁘지는 않았다. 나뭇진이나 고무액 같은 끈적한 물질을 밟은 걸까? 아니면 혹시 북쪽의 화재 현장에서 날아왔을까? 거기에서 뜨거운 나뭇가지나 잉걸불이 남아 있는 흙에 내려앉았다가 상처를 입은 후 이곳까지 온 것일까? 사실 이건 더 나쁜 상황을 생각하고 싶지 않아서 억지로 생각해 낸 이유에 불과하다. 실제로는 전염성 조류 수두 때문일 가능성이 컸다.

　큰멧참새는 불편함의 원인을 찾으려는 듯, 발을 내려다보고 있었다. 몸이 부풀어 올라 괴로워 보였다. 통증이 있는 걸까? 그나마 모이를 열심히 먹는 것은 다행이었다. 땅으로 훌쩍 뛰어 내려왔는데, 서 있을 때처럼 걸음걸이도 좀 서툴렀다. 엉덩이가 더러운 걸 보고 걸을 때 바닥에 엉덩이를 질질 끌고 다닌 게 아닌가 싶었다. 이 새는 홰에 앉아서 먹는 새가 아니라 땅에서 돌아다니며 먹이를 쪼는 새이기 때문에 이런 몸 상태는 불리하다. 평소 큰멧참새는 낙엽 더미를 돌아다니며 발로 땅을 파서 곤충을 찾는다. 땅 위의 식물에 몸을 숨기고, 땅바닥이나 지상까지 솟아오른 나무뿌리 사이에 둥지를 짓는다. 땅이 젖었거나 비를 피하기 위해 나뭇가지에 앉아야 할 때는 어떻게 하지? 나뭇가지에서 잠이나 제대로 잘 수 있을까? 구부릴 수 없는 불구의 발로는 잠시도 공중의 홰에 앉아 있을 수 없다. 하지만 내 말에 반박이라도 하듯이 새는 날아올라 카멜리아 덤불 근처의 가지에 올라앉았다. 1분 뒤에는 창턱으로 돌아왔고 그런 식으로 덤불과 창턱 사이를 적어도 세 번 왔다 갔다 했다. 즉, 내가 오늘 그쪽을 지나가다가 우연히 보게 된 것만 세 번이라는 뜻이다. 실제로는 열두 번도 넘게 왕복했을지도 모른다.

만약 정말 조류 수두에 걸린 거라면 모이통을 치우고 이 새를 비롯해 새들이 오지 못하게 해야 한다. 지금 마당에는 적어도 큰멧참새 두 마리가 더 있고, 다른 새들도 다양하게 창턱으로 와서 모이를 먹는다. 새들이 수두에 걸린다고 해서 꼭 죽는 것은 아니지만, 그래도 전염성 질병이니 위험하다. 몇 주가 지나면 낫겠지만 만약 얼굴에 병변이 생겨서 보거나 먹는 데 지장이 생기면 새는 굶어 죽거나 맹금류에게 쉽게 사냥당할 것이다. 그러나 감염이 아니라 예컨대 화재 현장 같은 곳에서 다친 상처라면, 내가 모이를 주지 않으면 진짜 필요한 먹이원을 빼앗기는 셈이다.

나는 그 큰멧참새를 잡아서 야생동물 재활센터에 데려가려고 했다. 그러나 아직 나 정도는 거뜬히 피할 수 있었다. 나는 당분간 모이를 내놓지 않겠다는 아주 과감하고 중대한 결정을 내렸다. 전염을 방지하기 위해 창턱에 2퍼센트짜리 과산화수소를 뿌렸다. 만약 그 큰멧참새가 소독약으로 축축해진 창턱에 내려앉는다면 소

Nov 22, 2019

The Sad Story of the Fat Bird

Whenever I see a puffed up bird, I know I am seeing a bird who may be sick or injured.

GUM OR ? AVIAN POX

FOX SPARROW

DISTORTED FOOT/FEET

He came and sat on the sill eating seeds, unable to walk. He shuffled and hopped.

At one point, he looked down at his foot. Was it painful? Was he wondering what was on his foot?

GROWTH ON BOTH FEET

Dirt on back end.

He can still fly and even perch. But in thinking he drags himself on his bottom or belly — He has dirt clinging at the back. He depends on easy food and goes to the sill often.

어느 살찐 새의 슬픈 진실

2019년 11월 22일

몸이 부풀어 오른 새를 보면 대개 아프거나 다친 새이다.

큰멧참새

껍일까 조류 수두일까?

비틀린 발

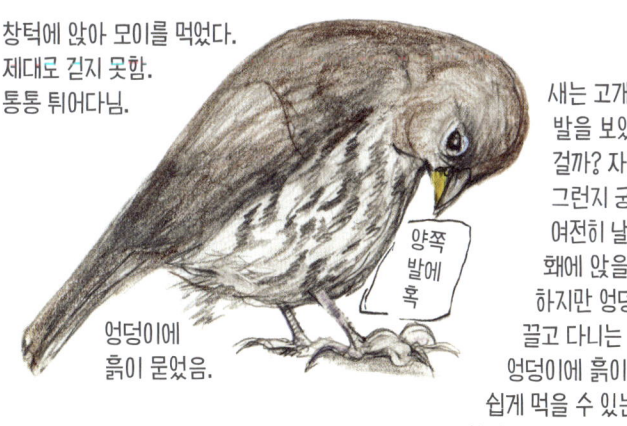

창턱에 앉아 모이를 먹었다.
제대로 걷지 못함.
통통 튀어다님.

엉덩이에 흙이 묻었음.

양쪽 발에 혹

새는 고개를 숙여 자기 발을 보았다. 아픈 걸까? 자기 발이 왜 그런지 궁금한 걸까? 여전히 날기도 하고 홰에 앉을 수도 있다. 하지만 엉덩이나 배를 끌고 다니는 것 같다. 엉덩이에 흙이 묻어 있다. 쉽게 먹을 수 있는 먹이를 찾아 창턱에 자주 온다.

독제가 도움이 될 것이다.

  새들이 무엇을 견딜 수 있는지를 알면 정말 놀랍다. 그러지 못하는 것은 비극이다. 나는 이 새가 놀라운 새이기를 바라고 있다.

2019년 11월 28일

오전 11시 30분, 모이통 앞에서 명금류들이 문전성시를 이루고 있다. 질 좋은 곤충을 싼값에 득템하려고 정신없이 몰려드는 블랙프라이데이 쇼핑객들이다. 오후 3시 30분에도 상황은 비슷했다. 파티오는 열다섯 마리 이상의 노랑정수리북미멧새로 북적거렸고, 그 외에도 갈색등쇠박새, 애기동고비, 검은눈방울새, 은둔지빠귀 한 마리, 큰멧참새 한 마리, 흰목참새 한 마리, 타운센드솔새 네 마리, 쇠황금방울새 여러 마리, 참나무관박새 두 마리, 솜털딱따구리 한 마리, 애나스벌새 여러 마리(수새 세 마리, 암새 한 마리), 그리고 희귀한 미국나무발발이들까지 잔뜩 모여들었다. 어떤 새들은 파티오를 가로질러 뛰어다니며 관목으로 돌진했다가 다시 튀어나와 높은 화분 위를 달렸다. 다들 아드레날린이 넘쳐흘렀다. 보보가 계단을 뛰어오르며 "여러분, 저 왔어요!"하고 방송하듯 짖어 대자 십여 마리가 일제히 관목에서 날아올랐다. 하지만 언제나처럼 새들은 돌아왔다. 땅에 묶인 1.8킬로그램짜리 개에 대한 두려움은 오래가지 않았다. 그러나 새들이 사방으로 흩어지며 보보에게 스릴을 주는 장면이 장관이기는 하다.

우리 집 마당에 정기적으로 들르는 새들에게 감사한다. 특히 오늘 같은 날 많이 모여 준 것에 더욱 감사한다. 밀웜과 수엣을 더 풍족하게 내놓았다. 추수감사절을 기념하는 감사의 만찬이다.

THANKSGIVING GUESTS
THANKS TO THE BIRDS WHO CAME TO MY BACKYARD IN 2019

DOWNY WOODPECKER

WOODPECKERS AND BROWN CREEPER REMIND ME OF ROACHES AS THEY SCURRY ACROSS TREE TRUNKS. THIS DOWNY WAS ON A MASSIVE LIMB THAT GIVE CLUE TO HOW SMALL IT IS, 6"-8". IT ATE IN BARE SPOTS BETWEEN LICHEN. WHAT ARE THE RED TREE VEINS? CAPILLARY SYSTEM? DISEASE?

WHEN ONE DARK-EYED JUNCO COMES, THREE SOON FOLLOW

추수감사절 손님들

2019년 추수감사절에 우리 집 뒷마당을 찾아주신 모든 새에게 감사를 전합니다.

딱따구리와 미국나무발발이가 나무줄기를 빠르게 뛰어다닐 때는 꼭 바퀴벌레 같다. 커다란 나뭇가지에 있는 미국나무발발이를 보면 그 작은 크기를 가늠할 수 있다(15~20센티미터). 새는 지의류 사이의 맨살 부위에서 먹이를 먹는다. 나무의 붉은 핏줄이 뭘까? 모세혈관 시스템? 아니면 나무 질병?

솜털딱따구리

검은눈방울새 한 마리가 오면 곧 세 마리가 뒤따라온다.

2019년 12월 4일

새들에게 막 관심을 가지기 시작했을 무렵, 페이스북 어느 조류 그룹에 들어가 참새들에게 줄 모이통에 어떤 걸 넣으면 좋을지 물은 적이 있다. 한 전문가가 이렇게 퉁명스럽게 대답했다. "참새는 바닥에서 먹이를 쪼아 먹는 새들이라 공중에 매단 모이통에서 먹지 않습니다." 그러면서 새에 대한 기본 안내서를 구입해 기초부터 배우라고 했다(상식적인 것은 묻지 말라는 뜻). 그때 나는 완전히 초보였기 때문에 바보가 된 기분이었다. 내가 잘 모르는 주제에 대해 잘난 전문가가 까칠하게 대답할 때마다 그랬다. 다행히 새를 사랑하는 사람들 대부분은 나 같은 초보자에게 친절하다. 실제로 내가 개인적으로 만났던 모든 탐조가와 자연 일지를 쓰는 사람들이 나 같은 초보자에게 지나칠 정도로 친절하고 참을성 있게 대해 주었다. 그들은 새에 대한 사랑을 다른 이들에게 주입하는 걸 좋아했다.

하지만 까칠한 전문가의 말이 맞다. 참새는 바닥에서 먹이를 먹는 새다. 흙을 파고 땅에 있는 먹이를 찾아 쪼아 먹는다. 그러나 문득 땅에서만 밥을 먹던 새들이 점진적 학습을 통해 공중에 매달린 철장 모이통 사용법을 배울 수 있을지도 모른다는 생각이 들었다. 나는 격자로 된 30 × 30cm 크기의 정육면체 철장형 모이통을 만들어서 땅에 두었다. 참새들은 폐쇄된 공간에 들어간다는 두려움만 극복하면 쉽게 접근한다. 철장형 모이통을 준비하라. 그들은 반드시 올 것이다. 특히 미끼가 살아 있는 밀웜이라면. 시간이 지나고 나는 이 철장을 공중에 매달되, 바닥에 플라스틱 받침을 추가해 참새들이 땅에서처럼 걸어 다닐 수 있게 했다. 새들은 주저하지 않고 바로 새 모이통으로 들어갔다. 그리고 다시 얼마의 시간이 흘러 나는 평평한 받침대마저 치워 버렸다. 하지만 새들은 계속해서 철장으로 들어왔고 철장이나 그릇 가장자리에 올라앉는 법까지도 배웠다. 그리고 마침내 마트에서 산, 홰가 있는 모이통에 앉아서도 먹기 시작했다. 새로운 행동을 학습한 것이다. 그들은 동기부여를 통해 환경에 적응했다. 세상에 타고난 무능은 없다. 그들이 홰에 앉아서 먹지 못하게 막는 생리학적 장애는 없었다. 땅딸막한 캘리포니아토히와 은밀하게 활동하는 큰멧참새까지, 평소 바닥에서만 식사하던 많은 참새류가 이것을 배웠다. 큰멧참새는 철장 안에 있는 다른 참새들을 괴롭혔다.

　반대는 어떨까? 잘 지켜보니 공중에 매단 모이통에 앉아서 먹이를 먹던 새들도 절대 바닥에 내려가 먹는 일은 없었다. 핀치, 관박새, 쇠박새, 동고비 등이 모두 그랬다. 왜 그럴까? 땅에서 먹는 새들과 공중의 모이통에서 먹는 새들이 모두 같은 참새목에 속하는 종들이고, 다른 새들과는 발가락 세 개는 앞에, 한 개는 뒤에 있는 발의 구조로 구분된다(나는 저 발가락을 수천 번도 넘게 그렸는데 여전히 새들이 나뭇가지나 막대에 앉아 있는 모습을 제대로 그리기가 어렵다. 땅에 서 있을 때 발을 그리기가 훨씬 쉽다). 만약 저 작은 명금류들도 비슷한 발을 장착했다면, 공중 모이통의 새들이 내가 땅에 뿌

DEC 4, 2019

GROUND FEEDERS IN MY YARD ALSO PERCH BUT PERCHERS DON'T GROUND FEED. HOW EASY IS IT TO LEARN EITHER?

DARK-EYED JUNCO IS A GROUND FEEDER BUT PERCHES ON MY FEEDERS. NO "FANCY" PERCHING

I'LL TRY ANYTHING TO GET FOOD BUT THE PERCHES ARE TOO SMALL

HOOKED 1ST TOE TO BAR

— WHAT IS OTHER TOE DOING?
— HANGS LOOSELY

GRASPS 2ND BAR

I'M MOTIVATED BY WORMS!

BAND-TAILED PIGEON

OAK TITMOUSE USES ALL FOUR TOES TO GRASP ONTO BARS AND THIN BRANCHES. HE IS A BORN PERCHER AND APPEARS TO ME TO BE SHOWING OFF ACROBATIC UPSIDE DOWN OR EVEN SIDEWAYS PERCHING. HE LANDS ON SLIPPERY BARS, BUT ALSO FEEDS ON THE SILL

OTHER SMALL BIRDS HAVE VERSATILE PERCHING SKILLS, e.g. NUTHATCHES THAT HANG UPSIDE DOWN OR SIDEWAYS, AND CHICKA-DEES THAT GO BACK & FORTH FROM TREE TO PERCH OFTEN

2019년 12월 4일

원래 땅에서 먹이를 먹는 새들도 우리 집 마당에서는 홰에 앉아 먹을 때가 있다. 하지만 홰에 앉아서 먹는 놈들이 땅바닥에서 먹지는 않는다. 각 방식을 배우는 게 얼마나 어려울까?

검은눈방울새는 땅에서 먹는 새이지만 우리 집 모이통에 올라 앉을 때가 있다. 단 멋진 자세는 아니다.

먹이를 얻을 수만 있다면 못 할 일이 없지만 홰가 너무 작군.

첫 번째 발가락이 봉에 고리를 건다.

- 다른 발가락들은 뭘 하지?
- 발가락을 펴다시피 하고 있다.

- 두 번째 발가락이 봉을 붙잡는다.

밀웜을 먹으려면 해내야만 해!

참나무관박새는 네 발가락을 모두 사용해서 봉이나 가는 나뭇가지를 붙잡는다. 이 새는 원래 홰에 앉는 새이고, 나는 이 새들이 공중곡예사처럼 거꾸로 매달리거나 옆으로 앉아 있는 것도 본 적이 있다. 미끄러운 봉에도 문제 없이 내려앉는 반면에 창턱에서도 모이를 먹는다.

다른 작은 새들은 홰에 앉는 재주가 출중하다. 동고비는 거꾸로 매달리거나 심지어 옆으로도 앉아 있다. 쇠박새는 나무에서 홰까지 자주 왔다 갔다 한다.

린 같은 먹이를 먹지 못하게 막는 어떤 다른 이유라도 있는 걸까? 그저 아래로 뛰어 내려오기만 하면 되는 것 아닌가? 관박새와 쇠박새는 높이 있는 나뭇가지 위에서만큼 평지에서도 씨앗을 쉽게 붙잡을 수 있을 것이다. 정녕 안 될까? 저번처럼 점진적인 학습 과정을 유도할 수는 없을까? 이를테면 모이통이 있는 받침대를 땅에 완전히 닿을 때까지 점점 아래로 내리다가 마침내 완전히 제거하면 평지에서 먹는 최후의 짧은 도약을 해낼 수 있지 않을까? 아니, 당장 땅에 있는 것만 제외하고 모든 모이통을 싹 다 치워 버리면 어떨까?

한번은 참나무관박새가 밀웜 너댓 마리를 부리에 꽉 물고 둥지에 가져가는 것을 보았다. 그러나 이륙 준비를 하는 순간 한두 마리가 부리에서 빠져나와 땅에 떨어졌다. 그 새는 떨어진 밀웜이 어디에 있는지 내려다보고 확인했다. '오, 이런 낭패로군' 하는 표정을 짓더니 그냥 두고 둥지로 날아가 버렸다. 나는 검은눈방울새에게서도 비슷한 경우 — 밀웜을 잔뜩 붙잡았다가 한두 개씩 떨어뜨리는 것 — 를 보았다. 그러나 평소 땅에서 먹이를 먹는 이 새는 다시 내려가서 집어 들고 왔다.

어쩌면 공중 모이통에서 먹이를 먹는 새들이 바닥을 꺼리는 이유가 자기 보호 본능과도 관련이 있을 것 같다. 저 새들은 노출된 땅이라는 공간에 대한 경계심을 타고났는지도 모르겠다. 또는 발 크기가 상대적으로 작거나 약해서 지면에서는 포식자와 마주쳤을 때 이륙할 추진력을 쉽게 얻지 못할 수도 있다. 그것도 아니면 땅에서는 빨리 뛰지 못하는 것이거나. 땅에서 먹이를 먹는 새들이 모이통에 안착할 명당을 차지하려고 울타리 위를 따라 능숙하게 내달리는 모습을 본 적이 많다. 실제로 그들은 뛰는 것처럼 보이지만, 사실 인간이나 큰까마귀가 움직일 때처럼 발을 번갈아 사용하는 게 아니라 깡충깡충 뛰는 것이다. 다만 지면 가까이에서 아주 폭발적인 속도로 움직이기 때문에 매끄럽게 달리는 것처럼 보일 뿐이다. 반대로 관박새나 동고비가 울타리에 착지한 후에 하는 다음 동작은 모이통이 달린 스탠드로 날아가는 것이고, 그런 다음 특정 모이통으로 간다. 비록 참새류는 관박새나 동고비보다 몸집이 더 크지만, 크기가 작다는 것이 어떤 새가 땅에서 먹지 않는 이유가 될 수는 없다. 뷰익굴뚝새는 관박새보다 작지만 모이통 홰에 앉아 있고, 땅에서 먹고, 파티오를 가로질러 빠르게 통통 뛴다.

    내가 왜 이런 질문들에 집착하는 걸까? 어쩌면 저 까칠한 전문가의 말이 틀렸다고 증명하고 싶은 비뚤어진 욕망 때문일지도.

2019년 12월 9일

밖에 나가 새를 찾을 때면 「월리를 찾아라」 게임을 하는 것 같다. 새들이 움직이거나 나뭇가지가 흔들리면 찾기가 더 쉽다. 예전에는 깨끗한 배경에서 새를 찾아 대강 스케치를 하고 세부적인 내용은 사진을 참조했다. 그러다보니 배경 없이 새만 그리게 되었다. 그러나 자연 일지를 쓰면서 새의 주변 환경과 상황, 즉 맥락을 포함하는 게 중요하다는 것을 느낀다. 맥락은 새들이 무엇을, 그리고 왜 하는지에 관해 많은 것을 이야기해준다.

행동의 "이유"가 중요하다. 전체적인 맥락 속에서 행동을 보면 새를 더 잘 이해할 수 있다. 물론 말은 쉽다. 하지만 맥락을 그림으로 나타내기는 쉽지 않다. 카멜리아 덤불, 새가 숨어 있는 잎 사이의 공간, 주변의 다른 종들, 새와 잎의 크기 차이, 날씨, 온도, 하루 중 시간 등 모든 것이 그 새가 당시에 하고 있던 행위에 영향을 준다. 덤불을 얼마나 많이 그려야 할까? 오전 10시에 새들이 붐비는 장면은 오후 3시에 새들이 몰려들었을 때보다 훨씬 덜 활동적이다. 그때는 새들이 해가 지기 전에 식사를 하려고 나오는 시간이다. 연필로 그린 스케치로는 당시 일어나는 일을 다 보여 줄 수 없다.

나는 욕실 창문을 내다보며 양치질할 때 카멜리아 덤불 속의 각종 새를 보는 느낌을 표현해 보기로 했다. 새와 나뭇잎의 세부 묘사를 생략하고, 연필로 단색 톤의 배경을 만든 다음 작은 지우개를 사용해 덤불에서 색을 지워 내는 방식으로 나뭇잎과 새의 윤곽을 나타냈다. 새가 있는 지점은 어딘가 다른데, 그게 바로 새가 있는 곳을 알리는 단서이다.

사람들은 새의 그림을 보고 ― 내 그림이든 다른 사람의 그림이든 ― "오듀본Audubon보다 낫네요"라고 칭찬하면서도 (존 제임스 오듀본이 인종차별 노예 소유주라는 점을 제외하면) 그가 단순히 새의 깃털을 그린 것 이상을 했다는 것을 깨닫지 못한다. 그는 아메리카 대륙의 모든 새를 그리는 위업을 달성했다. 심지어 새들을 따라다니며 서식지와 특징적인 행동까지 모두 포착했다. 흰부리딱따구리의 경우, 틈바구니에 숨은 곤충을 잡아먹으려고 죽은 나무 껍데기를 뜯어 내는 모습을 그렸다. 한 쌍의 우는비둘기는 카멜리아 덤불의 부드러운 흰색 꽃 사이에서 구애한다. 반면에 내 그림 속 새들은 어느 나무든 될 수 있는 보편적인 나뭇가지 위에서 어떤 식물인지 구분할 수 없는 똑같이 생긴 나뭇잎 안에 있다. 나는 아직 갈 길이 멀다. 그렇다고 단순히 나뭇가지나 잎을 더 잘 그리고 싶다는 것은 아니다. 이 세상에서 새와 그 새가 사는 장소에 대한 지식까지 함께 그리고 싶은 것이지.

검은눈방울새

검은눈방울새를 찾아라!

2019년 12월 9일

실제 내 눈에 보이는 모습

가끔은 새를 예쁘게 그리려다 보니 맥락을 무시하고 새만 그릴 때가 있다. 하지만 현실에서 새를 찾는다는 것은 대체로 이 그림과 같다.

2019년 12월 21일

실시간 중계 중! 창턱 대전이 시작되었다. 참가 선수는 검은눈방울새, 쇠황금방울새, 큰멧참새, 흰목참새, 타운센드솔새, 노랑정수리북미멧새, 그리고 오늘의 가장 놀라운 도전자는 은둔지빠귀이다. 이 새는 은둔하던 습성을 벗어던지고 뒷마당 파티오와 욕실 창턱에 정기적으로 방문한다. 오늘의 승자는 내가 창턱에 쌓아 둔 해바라기씨를 독차지하게 될 것이다.

대결이 시작되었다. 검은눈방울새가 모이통 스탠드에서 훌쩍 뛰어 내려오더니 태연히 씨앗 하나를 먹었다. 노랑정수리북미멧새가 깜짝 놀랄 점프 실력으로 측면에서 발차기 공격을 시도했고 놀란 검은눈방울새가 황급히 날아갔다. 덤불에 숨어 있던 또 다른 노랑정수리북미멧새가 첫 번째 노랑정수리북미멧새 뒤로 조용히 착지하더니 공격을 시도하려는 듯 조심스럽게 몇 번 총총 뛰어 갔다. 그러나 큰멧참새의 갑작스러운 하강으로 공격이 무산되고 노랑정수리북미멧새 두 마리가 모두 쫓겨났다. 하지만 1초 만에 돌아와 다시 근처에 내려앉았고 큰멧참새는 카멜리아 덤불로 도망쳐 버렸다. 노랑정수리북미멧새는 여기저기 뛰어다니며 씨앗을 먹었는데, 눈썹을 치켜세우고 정수리 볏은 곤두세운 채 자신만만해 보였다. 은둔지빠귀가 요란하게 등장하면서 얼굴을 부딪힐 뻔한 바람에 노랑정수리북미멧새가 날아올랐지만 역시 1초 만에 다시 돌아왔다. 날씬한 은둔지빠귀는 예의 가느다란 다리로 위풍도

당당히 서 있었고, 부리를 하늘로 길게 치켜들면서 제법 오만한 자세를 취했다. 새는 날개를 펄럭였다. 그 동작이 동요의 표출일까, 아니면 경쟁자를 향한 방어, 또는 공격의 신호일까? 최후의 결전이 일어나기 직전이다. 노랑정수리북미멧새가 몸을 낮추고 목을 늘린 수평의 자세를 취하자 마치 바닷속 어뢰처럼 보였다. 새는 날개를 퍼덕이며 앞으로 돌진했다. 은둔지빠귀가 경고의 울음소리를 냈다. 어쩌면 경계의 신호일지도 모른다. 그러더니 등을 노랑정수리북미멧새에게 돌리고 섰는데 도무지 이해할 수 없는 몸짓이었다. 이것이 조류식 우세함의 표현일까, 아니면 복종의 표현일까? 시선을 피함으로써 참새에게 그곳에 머물러도 좋다고 양보하는 암묵적 허락일까? 은둔지빠귀는 씨앗을 몇 개 먹었다. 상대의 얼굴에 꼬리를 보인 의도가 무엇이었든 상대의 신임을 얻지 못했다. 노랑정수리북미멧새는 그를 선반 쪽으로 밀어내고 승리를 맛보았다. 하지만 창턱의 씨앗 더미를 차지한 것도 고작 몇 초, 상투메추라기 수컷이 창턱으로 성큼 다가오자 노랑정수리북미멧새는 상황을 지켜보며 반대쪽 끝으로 슬금슬금 이동했다. 그리고 1초 뒤, 메추라기씨의 아내와 아이들로 이루어진 가족 전체가 우르르 몰려왔다. 노랑정수리북미멧새는 머릿수에 밀려났다. 식사 전쟁은 열두 마리 메추라기 가족 간의 내전으로 이어졌다. 새들이 창턱을 쪼아 댈 때마다 머리깃과 몸깃이 마치 실력 있는 타이피스트의 손처럼 위아래로 까딱거렸다. 땡! 끝! 3분 만에 씨앗은 게 눈 감추듯 사라져 버렸다.

창턱 대전: 종간 대결 2019년 12월 21일

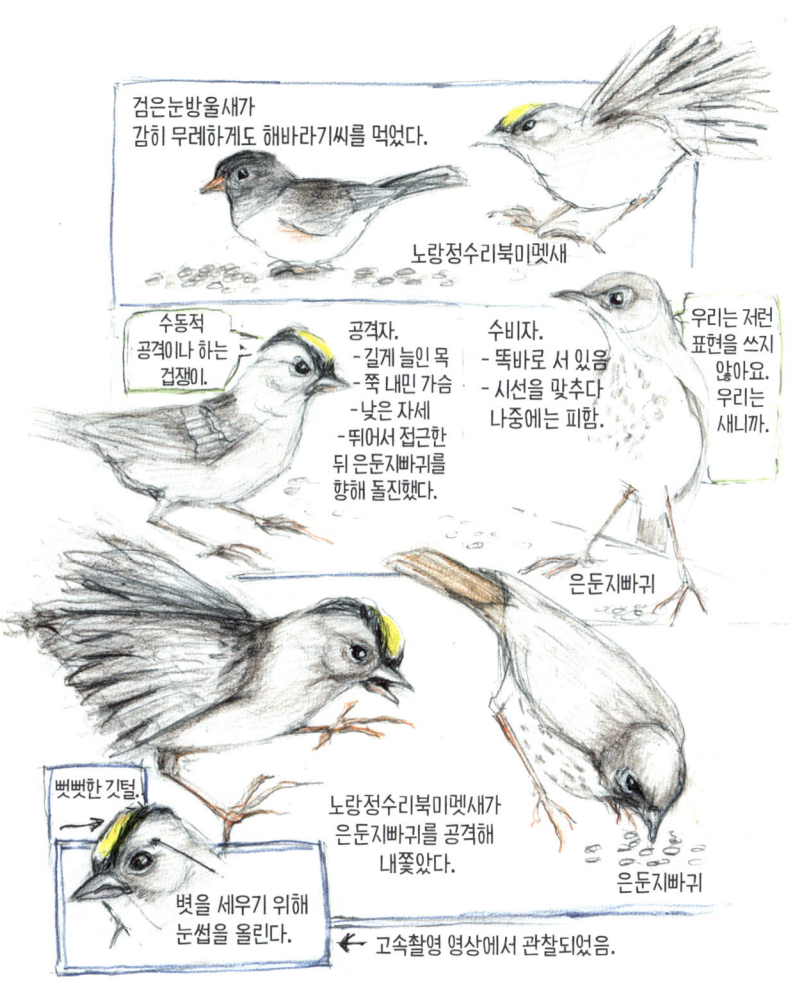

압도적인 승리였다. 창턱 대전의 새로운 챔피언은 메추라기 가족이다. 승자가 떠난 뒤, 나는 남은 패자들을 위해 씨앗을 좀 더 내놓았다.

노랑정수리북미멧새

검은눈방울새

쇠황금방울새

띠무늬꼬리비둘기

캘리포니아토히

미국까마귀

검은눈방울새

2020년 1월 1일

작년 한 해 우리 집에서 가끔씩 리듬감 넘치는 타이핑 소리가 들리곤 했다. 내 자연 일지 멘토인 피오나가 찾아왔을 때 물었더니 소리를 듣고 바로 붉은관상모솔새라고 했다. 소리의 방향으로 따져 보건대 참나무 꼭대기 근처에 있는 게 분명하다고. 그곳은 이 새들이 전형적으로 출몰하는 장소라고도 알려 주었다. 마침내 이 작고 노란 새를 수엣 먹이통에서 보게 되었는데, 잠시도 가만히 있질 않고 총알처럼 날아갔다가 다시 먹이 그릇이 있는 참나무 그늘로 돌아오곤 했다. 새는 온종일 내 호기심을 자극했고 결국 그렇게 혼을 쏙 빼놓고 사라져 버렸다.

12월 28일, 소살리토에서 열린 크리스마스 버드카운트(Christmas Bird Count. 크리스마스에 탐조인들이 모여 그날 관찰된 새를 기록하는 행사 ― 옮긴이)에서 나는 피오나, 피오나의 엄마 베스, 우리 팀 리더이자 친구인 밥 앳우드Bob Atwood와 함께 있었다. 포트 베이커 주변에서 새를 관찰한 후 우리는 목록에 새를 더 추가할 수 있기를 기원하며 우리 집에서 점심을 먹기로 했다. 정문에 들어서자마자 왼쪽 작은 나무에서 퍼덕거리는 움직임이 보였다. 붉은관상모솔새, 그리고 은둔지빠귀가 열매를 먹고 있었다. 두 새는 닿을락 말락 한 열매를 향해 발끝을 들어 몸을 세웠다. 내 몸에서 아드레날린이 솟구쳤다. 상모솔새가 손을 뻗으면 닿을 거리에 있다니! 나는 처음으로 이 새를 자세히 보았다. 알 수 없는 이유로 새는 오래 머물러 주었고 덕분에 나는 그 크고 완벽하게 둥근 눈을 마음껏 감상할 수 있었다. 까만 눈이 흰색 테두리와 어우러져 살아 있는 만화 캐릭터처럼 보였다. 당연히 저 두 새는 우리의 크리스마스 버드카운트에 추가되었다.

그날 이후로 붉은관상모솔새는 우리 집 모이통에 매일 출근했다. 앞으로 새로운 새들이 더 올 것 같은 느낌이 든다. 나는 새들이 억지로 우리 집에 오게 할 수 없다. 그래서 그들이 스스로 이곳을 찾을 때면 지구에 닥칠 위험에 대한 두려움을 상쇄할 만큼의 희망이 솟아오른다.

2020년 1월 1일

작년 한 해 나는 이 새가 타자를 치듯 탁! 탁! 탁! 거리는 소리를 들었다. 새는 나무에서 바스락거리며 뛰어다녔다. 그러다가 12월 28일, 마침내 새가 모이통으로 납시었다.

"탁! 탁! 탁!"

붉은관상모솔새

노란색 "부츠"

머리의 붉은 관은 보지 못했다.

수엣을 좋아하는 것 같다!

나뭇가지 사이로 쉬지 않고 뛰어다닌다.

2020년 1월 7일

생물학자인 친구 루시아 제이컵스Lucia Jacobs는 요새 "먹이가 풍부한" 청설모에 관해 연구 중이다. "먹이가 풍부하다"는 것은 당장 먹을 수 있는 것보다 더 많은 먹이가 있는 환경을 말한다. 보통 청설모 한 마리가 1년에 1,000점이 넘는 먹이를 각기 다른 장소에 숨긴다. 물론 그 먹이를 회수하려면 숨긴 장소를 기억해야 한다. 나는 과학자는 아니지만 청설모의 기억력이 비상하다는 건 안다. 이 동물은 일단 모이통을 침입하는 방법을 알게 되면 간식을 거저 얻을 수 있는 그 장소를 잊는 법이 없다.

루시아는 덤불어치의 기억력에도 관심이 있다. 덤불어치는 청설모와 비등한 암기력의 소유자이다. 나는 이미 캘리포니아덤불어치가 엄청나게 많은 도토리를 저장한다는 사실을 읽어서 알고 있다. 한 출처에 따르면 1년에 3,500개에서 6,000개나 된다고 한다(그 많은 걸 누가 다 셌을까?). 왜 덤불어치는 도토리를 수천 개씩이나 숨겨야 할까? 그리고 왜 도토리를 모으는 대신 우리 집 모이통에 침입하느라 그렇게 오래 공을 들이는 걸까? 어쩌면 이 새들이 우리 집 친환경 옥상에 도토리를 심지 않고 모이통에서 시간을 허비하는 걸 감사해야 할지도 모른다. 100년 뒤, 무너진 집 지붕 위에서 자라는 참나무 숲을 상상하고 싶지는 않으니까.

나는 덤불어치가 도토리를 떼어 내느라 참나무 잔가지를 부리로 톡톡톡 치면서 씨름하는 모습을 보았다. 이제 먹이를 충분히 확보했으니 삶의 여유를 챙겨야겠다거나, 적어도 잠깐은 수집을 멈춰야겠다는 생각은 한 번도 하지 않았을까? 이건 식량을 저장하는 모든 새에게 드는 의문이다. 이들은 공급이 계속되는 한 무한정 비축하는 걸까? 그러지 않을 이유도 없다. 인간은 믿을 수 없는 존재니까. '에이미가 언제 뉴욕이나 중국으로 돌아갈지 몰라. 청설모나 다른 새들이 창고를 털지도 모르고. 폭풍이 날려 버릴 가능성도 염두에 두어야지. 그렇다면 기회가 있을 때마다 새 모이통에서도 좀 훔쳐 두는 게 낫겠다.'

지금은 겨울이다. 노랑정수리북미멧새가 시도 때도 없이 모이통에 와서 식사한다. 이 새들이 왜 이렇게 식탐이 많은지 알아내는 데 시간이 좀 걸렸다. 이 새도 타운센드솔새나 큰멧참새처럼 수천 킬로미터 떨어진 곳에서 날아온 철새다. 이곳에 도착할 즈음이면 아사하기 직전이다. 그리고 여기 머무는 동안 털갈이를 하고 근사한 깃털로 몸을 장식할 에너지도 필요하다. 또 봄에 북쪽의 집에 돌아갈 때를 대비해서도 열량을 비축해야 한다. 하지만 몸무게를 너무 많이 늘릴 수도 없다. 그러면 몸이 둔해져서 비행 속도가 느려질 테니까.

이곳에 1년 내내 살면서 둥지를 트는 작은 명금류들은 요새 새끼를 먹이는 봄철만큼 자주 오지 않는다. 그러나 어쨌든 계속해서 나무로 먹이를 실어 나른다. 주로 알약 크기의 작은 수엣볼로, 그들의 작은 부리로도 쉽게 집어서 물고 갈 수 있다. 이 새들은 나무 구멍에 일부를 저장하는 게 분명하다. 저장 강박증으로 의심되는

먹이 행동:
비번식기의 참나무관박새

2020년 1월 7일

요새 참나무관박새가 왜 이렇게 뜸할까? 세 마리뿐이다. 새끼들을 먹이고 있었는데. 혹시 대부분 죽었나? 아니면 떠났나?

작년에는 밀웜을 가장 많이 먹는 새들이었다. 한 번에 네 마리씩이나 들고 다니면서. 이제는 씨앗을 나무로 가져가서 먹는다. 몇 번밖에 오지 않는다.

관박새 수컷이 자기 영역에 다른 수컷이 오지 못하게 막는 걸까?

검은눈방울새. 밀웜을 관박새만큼 많이 먹는다. 검은눈방울새는 수가 많다. 이 새는 무리 지어 사는 사회적 새이고 참나무관박새는 세력권을 유지하는 새인지도 모르겠다. 여럿이 있을 때 더 안전하다는 게 사실일까?

VORACIOUS MIGRANTS

THEY ARRIVED HUNGRY AND NEVER STOPPED EATING.

TOWNSEND'S WARBLER

REMAINS ON SUET UNTIL BIGGER BIRD CHASES IT AWAY

SUET LOVER

I DON'T KNOW WHY IT TOOK ME SO LONG TO REALIZE THE MIGRANTS EAT THE MOST AT ONE SITTING. THEY ARE STOCKING UP ON FAT, I'M GUESSING, TO PREPARE TO MIGRATE BACK NORTH THOUSANDS OF MILES AWAY. THAT'S WHERE THEY NEST. WILL MY FEEDERS MEAN MORE WILL SURVIVE THE LONG JOURNEY?

철새의 식탐

허기진 채로 도착해 쉬지 않고 먹는다.

타운센드솔새.
더 큰 새가 쫓아낼 때까지
수엣 그릇을 떠나지 않는다.

수엣 애호가

철새들이 과하다 싶게 많이 먹는 이유를 깨닫기까지 왜 그렇게 오래 걸렸을까? 그들은 둥지를 지을 북쪽 지방까지 수천 킬로미터를 이동할 준비를 하느라 지방을 축적하는 것 같다. 우리 집 모이 덕분에 새들이 긴 여정에서 살아남을 확률이 더 높아지는 걸까?

새는 쇠박새, 관박새, 동고비처럼 나무구멍에 둥지를 짓는 종이다. 저 새들이 구멍 하나에 식량을 얼마나 많이 채워 넣을까? 한 구멍에 수엣볼이 가득 차면 다른 구멍을 찾아서 또 채울까? 저렇게 기름진 음식은 비를 맞고 열기에 노출되면 금세 상할 텐데. 혹시 내가 비싼 돈을 들여 참나무 구멍에 곰팡이 핀 수엣을 채우고 있는 건 아닐까? 어쩌면 동고비의 나무구멍 집은 내가 오래 집을 비웠을 때 우리 집 냉장고와 비슷한 상태일지도 모른다. '웩, 토할 것 같아. 저 초록색 끈적한 것들이 뭐지?'

2020년 1월 14일

　새들이 겁에 질려 난리가 났다. 쇠박새가 경보를 울리고 다른 새들도 공포의 합창에 합세했다. 나는 무슨 일인지 보려고 유리문으로 달려갔다. 쇠황금방울새 100여 마리를 포함해 몇 초 만에 새들이 우르르 날아올랐다. 다들 나무 난간으로 몰려들었다. 그때까지 나는 우리 집에 쇠황금방울새가 기껏해야 열두 마리쯤 오는 줄 알았다.

　공포의 원인을 알게 되었다. 수리매 한 마리가 쇠황금방울새들이 있었던 참나무로 내려온 것이다. 그 매는 쿠퍼매보다 크기가 컸다. 몸이 진한 갈색인 걸 보고 붉은꼬리매나 붉은어깨매일 거라고 생각했다. 사실 둘 다 몸집이 커서 10그램도 안 되는 쇠박새나 황금방울새 따위는 쳐다보지도 않는다. 새들도 자기가 저 맹금류의 식사 메뉴는 아닐 거라는 걸 아는 것 같았다. 수리매가 나무에서 돌아다니는데도 몇몇 명금류들은 돌아와서 근처에 앉아 재잘댔다. 저 수리매는 간에 기별도 안 가는 작은 새들을 잡아먹지 않을 것이다. 그리고 진짜 치명적인 적인 줄무늬새매는 멀찍이 앉아 아직 사냥을 시도할 생각이 없어 보인다. 이런 상황을 다 꿰고 있는 작은 새들이 얼마나 영리한가.

　10분쯤 쉬더니 수리매는 가지가 앙상한 나무로 날아갔다. 나무의 위치가 먼 것을 보고 일부 새가 다시 모이통으로 내려왔다. 나는 쌍안경으로 수리매를 보고 사진도 찍었다. 그 새는 대체로 아래를 보고 있었는데 아마 쥐를 찾아 담쟁이덩굴을 훑고 있었을 것

매의 방문

2020년 1월 14일

어떤 매일까? 붉은꼬리매일까, 붉은어깨매일까?

이다. 나는 1.8킬로그램짜리 우리 집 요키(요크셔테리어), 보보를 집 안으로 들여보냈다. 수리매가 들고 날기에 보보는 무겁지만, 붉은꼬리매라면 발톱으로 착지하면서 작은 개에게 큰 상처를 입힐 수 있다. 물론 큰뿔부엉이라면 보보 정도 낚아채 가는 데 전혀 문제가 없다. 나는 반려견 요키가 그런 일을 당한 사람을 알고 있다. 우리 집에서도 참나무에 땅거미가 질 무렵, 큰뿔부엉이의 소리를 들었다. 직접 본 적은 없지만 그래도 밤에 개들을 내보낼 때는 주의한다. 개에게 몸통에 스파이크가 달린 코요테 조끼를 입히고 나도 항상 옆에서 떠나지 않는다. 물결 모양의 은색 스파이크가 달린 옷을 입은 개는 금속 호저 같아 보인다. 부엉이에게는 이 개들보다 들쥐가 훨씬 더 나은 끼니가 될 것이다.

 그날 밤늦게 내가 찍은 사진과 조류 도감의 사진을 비교한 끝에 나는 오늘의 방문객이 붉은어깨매라고 결론 내렸다. 이 새의 필드 마크는 줄무늬가 있는 옅은 갈색의 머리, 적갈색 어깨, 적갈색 가슴을 가로지르는 가는 흰색 띠이다. 이 새는 몸집이 붉은꼬리매의 절반도 되지 않는다. 경험 없는 다른 탐조인처럼 나는 특히 야외에서는 크기로만 새를 구분하기가 힘들다. 나는 흥분하면 크기를 과장하는 편이다. 그렇다고 매를 수리로, 칠면조독수리를 콘도르로 보는 수준은 아니다.

 우리 집에 붉은어깨매가 와서 행복하다. 아름다운 동물이다. 우리 집 개들을 다치게 하지 않을 테고, 작은 새들도 무서워하지 않는다. 떨고 있는 건 오직 쥐들뿐.

2020년 3월 9일

세상은 코로나19 때문에 봉쇄되었고 우리는 모두 집에 머물러야 했다. 식료품점, 문손잡이, 주위 사람들까지, 주변을 둘러싼 모든 것이 잠재적 질병 그리고 죽음의 매개체였다. 그러나 새는 아니다. 새들은 치유의 연고, 그리고 위안이다.

나는 집에만 있어도 그럭저럭 괜찮았다. 마당이 있는 집에 살아서 감사할 따름이다. 이곳의 새들은 산란철 대비로 너무 바빠서 인간 세상에 문제가 생긴 것을 알아채지 못한다. 오늘도 갖은 새들의 노래가 들려온다. 특히 수새들이 자신의 뛰어난 유전자를 홍보하느라 열심이다. 예전에는 참나무관박새가 목구멍을 긁으면서 야단치는 듯한 울음소리 하나만 낸다고 생각했다. 그러나 봄이 오면서 저 새들도 구애의 곡들을 추가했는데, 멜로디가 있는 참 아름다운 노래였다. 그중 한 곡이 유난히 두드러진다. 연상 암기술을 사용하는 탐조인들은 이 노래를 이렇게 묘사한다. "피터! 피터! 피터!" 이 가사의 뜻이 무엇일까? "헤이, 아가씨들, 와서 나 좀 봐 줘요. 나는야 거친 밀웜 사냥꾼. 당신과 우리 애들을 지키고 먹여 살릴 남자. 똥 청소도 걱정 말아요."

나는 짝을 찾고 있는 게 분명한 참나무관박새를 발견했다. 둥지 재료를 모으고 다니는 걸로 보아 암새였다. 관박새는 암컷만 둥지를 짓기 때문이다. 관박새는 평생을 한 짝과 함께한다. 그래서 나는 저 암새와 그 짝이 작년에 우리 집 마당에 둥지를 틀었던 참

NESTING SEASON has started, as did **THE SHUTDOWN**

MARCH 9, 2020

An Oak Titmouse sat on the twig ball of llama's fur that Kathy G. gave me. She plucked some wool out and seemed almost to be eating it — testing its durability & ability to handle dampness? Satisfied she pulled out wool FIFTEEN TIMES then flew up to a branch in the oak tree. She must be almost done building her nest since lining it would take place at the end.

팬데믹 봉쇄의 시작, 번식철의 시작

2020년 3월 9일

참나무관박새 한 마리가 캐시가 준 알파카 공 위에 앉아 있다. 이 암새가 알파카 털을 뽑길래 먹으려는 줄 알았는데 자세히 보니 털의 강도와 습기 처리 능력을 시험하는 것 같았다. 품질에 만족했는지 <u>열다섯 번이나</u> 뜯어서는 입에 물고 참나무 가지로 올라갔다. 털로 둥지 안을 덧댄다는 건 둥지 공사가 거의 끝났다는 뜻이다.

나무관박새 중의 하나일지 궁금했다. 오늘 이 암새는 우리 집 전담 수의사 캐시가 선물한 공 모양 잔가지 모이통에 찾아왔다. 관박새 암컷이 그 공을 채운 알파카 털을 조금 뜯어냈다. 부리로 털을 물고 두 발을 사용해 몇 번이고 길게 앞뒤로 잡아당겼다 놨다 하길래 털을 먹으려는 줄 알았다. 계속 지켜보니 아무래도 털의 강도, 폭신함, 축축함을 견디는 능력 등을 테스트하는 것 같았다. 결국 재료가 마음에 들었는지 열다섯 번쯤 뜯어서는 자기 몸집만큼이나 큰 솜뭉치를 만들었다. 그렇게 입에 물고 하늘로 날아갔는데 그 모습이 마치 작은 구름이 두둥실 떠오르는 것 같았다. 내 시선도 새를 따라 참나무 큰 가지로 갔고, 거기에서 새는 무성한 잎 속으로 사라졌다. 아마 암새는 둥지를 틀 깊은 구멍을 찾았을 것이다. 들고 간 솜뭉치는 관박새가 둥지 안을 덧댈 때 사용하는 마감재다. 그러니까 저 새가 알파카 털을 구해 갔다는 것은 둥지가 거의 완성되었다는 뜻이다. 이제 암새는 산란할 준비가 되었다. 알을 낳고 나면 2주 동안 품을 것이다. 그리고 새끼가 알에서 깨면 이 어미 새와 그 짝은 새끼들에게 먹일 음식을 조달하느라 바쁘겠지. 내가 제공한 수엣볼과 밀웜도 그 일부가 될 것이다. 모든 것이 순탄하게 진행되면 그때부터 한 달 뒤 이 관박새가 새끼들을 데리고 우리 집 밀웜 모이통으로 오는 것을 보게 되리라.

 코로나19로 인한 봉쇄가 4월까지 계속될 거라는 소문이 돈다. 많은 것이 변할 테지만 언젠가는 이 역병도 사그라들 것이다. 다행히 그때까지 지루할 일은 없을 것 같다.

2020년 5월 12일

오늘 솜털 달린 참나무관박새 새끼 네 마리가 마당에 왔다. 지금까지 부지런히 새끼들에게 밀웜을 먹여 온 부모의 노력 — 그리고 나의 노력 — 이 결실을 보았다는 멋진 신호이다. 불과 3일 전만 해도 새끼는 온전히 부모에게 먹이를 의존했다. 그러나 오늘은 이 네 마리 새끼 새가 밀웜이 있는 철장에 들어가려고 애쓰고 있다. 물론 그러면서도 여전히 엄마, 아빠를 따라다니며 먹이를 달라고 조른다. 어미인지 아비인지 모르겠지만 아무튼 어른 한 마리가 새끼들을 철장으로 안내한 다음 새들이 보는 앞에서 밀웜을 꺼내 왔다. 새끼들은 밀웜을 보고 안절부절못했다. 누가 맨 처음 밀웜을 먹게 될까? 하지만 어미(또는 아비)는 아무에게도 밀웜을 주지 않고 날아가 버렸다. 남겨진 새끼들은 모이통 곳곳에 앉아서 울었다. 부모가 사랑의 결단을 내렸다고나 할까.

그날 오후, 새끼 한 마리가 밀웜 그릇이 있는 철장에 앉아 아래를 내려다보았다. 하지만 들어가려고 하다가 그만두었다. 철장의 구부러진 팔을 따라 속수무책으로 미끄러진 것도 여러 번이다. 결국 부모가 돌아와 새끼들을 먹이려고 밀웜통에 다섯 번을 다녀왔다. 새끼가 앉은 자리에서 밀웜 네 마리를 먹는다고 치면 부모는 네 마리를 먹이기 위해 도대체 하루에 몇 번을 왕복해야 하는 거지? 부모가 날아가 버리자 새끼들은 한 1분쯤 주저했다. 두려운 것 같았다. 그러더니 부모를 따라 날아갔다. 앞으로 며칠만 지나면

Parent brings five mealworms. Is baby grateful?

Godmother Amy will try to make food easy to find.

75% OF BABIES DIE BEFORE ADULTHOOD

In another few days, this fledge will have to fend for itself. Many young birds starve.

부모가 밀웜
다섯 마리를
가져왔다.
새끼 새가
고마워할까?

새들의 대모인 에이미가
먹이 구하는 걸
도와줄 거야.
새끼 새의
75퍼센트가
어른이 되기 전에
죽는다.

며칠 뒤면 이 어린 새들은 직접 먹이를
찾아야 한다. 많은 새가 굶어 죽겠지.

알아서들 먹이를 찾아 먹겠지 했다.

아니나 달라 요새 관박새 새끼는 우리 집에 와서 온종일 먹는다. 밀웜, 미니 수엣볼, 해바라기씨 등 가리지 않는다. 그들의 모이주머니는 언제나 그득하다. 아마 부모가 먹이를 주었을 때도 그랬겠지. 그들에게는 먹이원을 비롯해 모든 것이 새롭다. 나는 새끼 새들이 먹을 수 있는 것과 없는 것을 가리는 모습을 지켜봤다. 둥지에서 갓 나온 한 새는 부리에서 밀웜이 꿈틀거리자 충격을 받은 것 같았다. 화들짝 놀라더니 밀웜을 공중에 내던졌고, 땅에 떨어지는 것까지 지켜보았다. 인간 아기가 높은 아기 의자에 앉아서 음식으로 장난치는 것처럼. 그러더니 그릇에서 밀웜 한 마리를 또 꺼냈다.

둥지를 떠나 처음 3주는 새들에게 가장 위험천만한 시기라고 했다. 이제 막 날갯짓을 시작한 새끼는 첫 2주 동안 부모한테서 제대로 배우지 못하면 배를 곯거나 다른 짐승의 먹잇감이 되기 십상이다. 75퍼센트는 성인이 될 때까지 살아남지 못하고, 그중 40퍼센트는 첫 3주 안에 죽는다. 혼자서도 살아남으려면 나무껍질을 들추거나 심지어 날면서도 곤충을 잡을 줄 알아야 한다. 나는 새들이 나무에서 연습하는 것을 보았다. 내가 주는 밀웜은 이 취약한 학습기에 새들이 굶어 죽을 확률을 낮춘다. 나는 모이통과 물그릇이 쿠퍼매와 줄무늬새매가 앉아 있는 자리에서 보이지 않게 파티오 파라솔의 위치를 바꾸었다. 그리고 어린 관박새들에게 우화를 들려주었다. 어느 어린 새가 사방이 훤히 노출된 곳에 앉아 엄마가 돌아올 때까지 20분 동안 울부짖었지만, 결국 그 소리를 들은 것은 굶주린 매였다는 줄거리였다. 나는 이야기를 마치며 새들에게 내 마음을 아프게 하지 않아 줬으면 좋겠다고 타일렀다.

2020년 5월 16일

오늘 아침 우리 집 마당에는 마치 버려진 폐가처럼 아무도 오지 않았다. 새들도 팬데믹 봉쇄에 들어갔나? 텅 빈 마당은 사악한 기운이 감돌며 으스스하기까지 했다. 판석을 따라 뛰어다니던 사랑스러운 새들 대신에 쥐 세 마리가 바위틈을 확인하고 있다. 나는 공중에 매달린 모이통의 빈 그릇에 둥근 모양의 부드러운 수엣을 채워 넣었다. 한 시간 후, 명금류가 몇 마리가 돌아왔고, 이어서 참나무관박새 한 쌍, 갈색등쇠박새, 애기동고비, 검은눈방울새, 캘리포니아토히, 얼룩무늬토히, 뷰익굴뚝새까지 몇몇이 더 왔다. 새들이 모이통과 나무 사이를 더 자주 왕래하는 걸 보니 아무래도 새끼를 먹이는 것 같다. 작년 일지를 들춰보니 2019년 5월 14일에 새들이 하루에 총 500~1,000마리의 밀웜을 먹었다. 지금 여기에 밀웜은 없지만 수엣은 많았다. 새들이 부리로 수엣을 조각내는 수고를 덜어 주려고 내가 대신 손으로 으깨어 두었다. 다들 이 방식을 더 좋아하는 것 같다. 새들은 모이주머니가 빵빵해질 때까지 수엣 조각을 채우고 또 부리로 한 덩어리를 더 집어 든 다음 내가 모르는 어딘가에 있는 둥지로 가져갔다.

남편 루가 나를 24킬로미터 떨어진 와일드 버즈 언리미티드에 태워다 줬다. 살아 있는 밀웜을 사러 왔다. 상점에서 다른 고객들을 보았는데 다들 마스크를 쓰고 있었다. 우리는 서로 인사하지 않았다. 지금은 평소와 다르니까 괜찮다. 이 중에 누구라도 몸에 가시 돋친 RNA 바이러스를 지니고 있을 수 있다. 모든 사람이 5주 동안 칩거했고, 그래서 지금은 아주 중요한 시기이다. 강박적인 새 사랑꾼인 나는 당장 필요한 물건들을 카트에 담았고, 그러고 나서도 계속해서 청설모 방지 모이통 신상품, 부엉이 상자, 책, 쌍안경 등 당장 필요하지 않은 물건들까지 둘러보았다. 평소에 구입하던 해바라기씨, 곡물, 수엣에 추가로 나는 명금류에게 다양한 메뉴를 제공하기 위해 홍화씨를 추가했다. 버터 수엣볼의 양을 늘렸고 밀웜도 5,000마리를 샀는데 아마 일주일도 버티기 어려울 것이다. 하지만 냉장고에는 더 이상 자리가 없다. 물론 냉장고를 한 대 더 사서 차고에 두어도 된다. 사실 나는 직접 밀웜 농장을 운영해 볼까도 고민했었다. 그러나 어느 쪽이든 시간이 많이 들고 좀 과한 측면이 있다. 아무튼 아까 옆집 아홉 살짜리 남자애한테 밀웜을 기르면서 소소한 용돈벌이를 해 보겠냐며 나름 솔깃한 제안을 했다. 장비는 내가 다 마련할 것이고, 고객도 이미 확보되었다. 게다가 밀웜이 자라는 모습을 보면 재밌을 거라고도 덧붙였다. 그는 살아 있는 과학을 배우게 될 것이다. 하지만 아이 엄마는 허락하지 않았다.

갈색등쇠박새
2020년 5월 16일

2020년 5월 22일

　더운 날이다. 우리는 탄소 발자국을 고려해서 냉방장치가 없는 집을 지었다. 더위를 식히려고 마주보는 양쪽 벽의 접이식 유리문을 완전히 열었더니 집이 오픈 파빌리온처럼 되어 버렸다. 새들은 얼마든지 들락날락할 수 있지만, 팬데믹 작업실이 된 식탁에 앉아 있는 내 모습을 보고 주춤하길 바랐다.

　새끼 관박새 네 마리 중 하나가 리더가 되었다. 며칠 전, 이 새가 모이통 스탠드 꼭대기에 제일 먼저 도착해 목을 긁는 듯한 치카-치카 소리로 형제자매를 부르더니 이어서 꾸짖는 소리까지 내는 것을 보았다. 다른 새들이 지켜보는 가운데 리더가 비행 자세를 하고 앞쪽으로 몸을 기울였다. 그중 하나가 리더를 따라 몸을 기울이다가 다시 움츠렸다. 리더가 훌쩍 뛰어올랐다. '봤지? 쉽잖아. 죽지 않는다고!' 이윽고 다른 새들도 한 번에 한 마리씩 따라 했다. 이 리더는 다른 새가 먹이를 두고 도전하면 빠른 울음소리로 화를 냈다.

　지금은 새끼 관박새들이 모이통, 파티오 가구들, 마당 울타리에서 마치 놀이터 정글짐의 꼬마들처럼 놀고 있다. 참나무에서 울타리로, 모이통 스탠드의 구부러진 고리로, 파티오 의자 등받이 위로, 스탠드에 매달린 작은 그네로, 이 높이에서 다음 높이로 날아오르는 연습 중이다. 모두 모이통까지 가기 전에 거치는 일종의 중간 다리이다. 내가 저 새를 리더로 짐작한 건 자신감 때문이다. 이 새는 중간에 멈추는 지점이 많지 않고, 계산한 대로 날아가

아기 새 탐험 일지

2020년 5월 22일

모이통 철장의 봉을 정확하게 붙잡는다. 이 새가 계속 리더 자리를 유지할까? 이렇게 우열이 가려지는 걸까? 이 새가 다른 새들보다 더 똑똑하거나 힘이 셀까? 이 새가 둥지를 가장 먼저 떠난 새일까? 이 새가 가장 용감한 새인 걸까? 새에게 용기란?

밀웜은 관박새 새끼들이 제일 좋아하는 음식이라 한 번에 네 마리씩 국수 가닥 흡입하듯 빨아들인다. 이 새들이 철장 모이통을 떠날 때는 보통 한 마리씩 입에 물고 나와 나무로 간다. 황혼의 간식이다. 처음으로 해바라기씨를 시도했을 때는 자꾸 씨를 떨어뜨리는 게 아무래도 맛이 없어서 뱉는 것 같았다. 씨앗의 질감은 살아 있는 벌레나 부모가 삼켰다가 토해서 먹여 준 것보다는 거칠고 딱딱할 수밖에 없을 테니까.

관박새 한 마리가 부리에 해바라기씨 하나를 물고 있더니 부모가 먹이를 먹여 줄 때처럼 고개를 뒤로 젖히고 그대로 있다가 결국 씨앗을 놓쳐 버렸다. 씨를 먹으려면 부리를 벌려야 한다는 걸 모르는 게 분명했다. 그러다가 근처에 있던 쇠박새가 씨앗을 두 발 사이에 두고 부리로 쪼아 먹기 좋게 쪼개는 것을 보고는 이내 씨앗을 집어 들고 떨어뜨린 다음 쇠박새를 그대로 따라 했다.

나는 어린 새가 다른 종의 행동을 모방하여 배우는 것을 보고 적잖이 놀랐다. 그 관박새 새끼는 캘리포니아토히처럼 몸집이 큰 새가 화분으로 뛰어 들어가 먹이를 찾아 쪼고 돌아다니는 것을 보았다. 관박새는 그 행동을 흉내 냈고 그러다가 화분에서 크고 검은 씨 하나를 발견했는데, 아무래도 덤불어치가 떨어뜨린 것 같았다. 새가 그것을 집어 들기는 했는데 부리를 크게 벌려도 입에 다 들어가지 않았다. 삼키는 건 어림도 없는 일이다. 씨를 다리 사이에 두고 쪼아도 봤으나 껍질을 열 수 없었다. 결국 새는 먹지 못할 씨를 버리고 수엣이 담긴 그릇으로 가서는 쉽게 부수어 먹었다. 수엣은 밀웜 그릇이 비어 있을 때 이 새가 다음으로 찾아가는 먹이가 될 것이다.

나, 에이미 역시 새들의 교육과정 중 하나다. 어린 새들은 언제나 나를 뒷마당의 일부로 보았다. 그들에게 나는 평소 커다란 유리문 옆에 앉아 있다가 가끔씩만 밖에 나오는, 날지 못하는 짐승이다. 그들은 나를 밀웜과 연결해 내 모습이 보이면 모이통을 채우기 전부터 시끄럽게 치카-치카 소리를 낸다. 관박새 형제자매들은 1미터쯤 떨어진 울타리 꼭대기에 앉아서 기다린다. 갈색등쇠박새, 뷰익굴뚝새, 애기동고비도 울타리 뒤의 가는 나무에 자리를 잡고 있다. 처음에 새들은 내가 떠나길 기다렸다가 바로 뛰어 내려와 철장 안으로 들어갔다. 그러나 이제 몇몇은 내 존재에 익숙해져서 내가 그릇을 채우고 있는 중에도 들어온다.

오늘은 탁자에 앉아 있는데 어린 관박새 한 마리가 거실에 들어왔다. 반대쪽으로 끝까지 곧장 날아갔는데 다행히 창문에 크게 부딪히지 않았다. 창밖으로 나가지 못하고 창틀로 내려왔는데, 스트레스를 받았는지 볏은 축 처지고, 입을 벌리고, 꽁지깃은 펼친 채 기운이 없어 보였다. 종이 타월로 감싸서 밖으로 데려가는 내내 얌전히 있더니 종이 타월을 여는 순간 날아가 버렸다. 그리고 몇 초 뒤 다시 모이통으로 돌아와 나를 쳐다보면서 씨를 먹었다. '너, 참 용감한 새구나.' 나는 입 모양으로 새에게 말해 주었다.

    저 관박새 사총사가 앞으로도 계속 파티오 모이통에 함께 찾아올까? 오늘 자기 형제의 실수를 보며 집 안에는 절대 들어가지 말아야겠다는 좋은 교훈을 얻었을까? 저 새들은 알껍데기가 세상의 전부였을 때 부모가 불러주던 사랑스러운 '피터-피터-피터' 노래를 언제쯤 다 배울 수 있을까?

2020년 5월 31일

큰까마귀가 다른 큰까마귀들과 공중 곡예를 하고 논다. 갈매기는 자기들끼리 돌아가면서 파도타기를 한다. 까마귀는 꽁꽁 언 지붕에서 미끄럼을 탄다. 우리 집 마당에서 명금류는 스탠드에 매달린 작은 철제 그네를 탄다.

검은눈방울새가 그네에 매달린 것을 보았는데, 처음에는 노는 건 줄 몰랐다. 간혹 밀웜이 든 철장에 몸을 날리기 전에 도움닫기로 그네를 사용하는 새들이 있기 때문이다. 그네에 앉아 밀웜 그릇의 자기 차례를 기다리는 새도 있고. 그러나 좀 더 자세히 관찰해 보니 새들이 그네에 착지할 때 나무 가로대가 흔들리도록 일부러 힘주어 내려앉은 다음 의도적으로 가슴을 앞으로 밀어 그네를 움직이는 게 아닌가. 새들은 그네 위에서 이런 동작을 여러 번 반복했다. 한 검은눈방울새 수컷은 그네의 가로대에서 시작해 꼬여 있는 철사를 따라 꼭대기까지 올라갔다. 이 수새는 계속해서 가슴으로 펌프질했지만, 가로대가 아니라서 그네가 움직이지 않았다. 새는 이 새로운 장난감을 포기했다.

어린 관박새는 원래 밀웜이 든 철장에 들어가려고 그네를 사용했다. 처음에는 곧바로 철장 안에 들어가려고 시도했다. 하지만 균형을 잡지 못해 자꾸 몸이 비틀거리자 먼저 그네로 가서 10초 정도 머물며 다음 동작을 계산하고 움직였다. 이제 새들은 직접 철장으로 날아 들어갈 수 있지만 여전히 잠깐이라도 그네를 탄다.

5·31·20

Used by juncos, chickadees, titmice, pygmy nuthatch, and Anna's Hummer.

DARK-EYED JUNCO

Birds just wanna have fun

I was not sure at first if the birds were using the swing as a rest stop. But the more I watched how they deliberately jumped on, the more I was convinced this was play. They moved their bodies to enhance the swing motion.

2020년 5월 31일

검은눈방울새, 쇠박새,
관박새, 애기동고비,
애나스벌새가 그네를
사용한다.

검은눈방울새

'새들도 놀 줄 안다고요.' 처음에는 새들이 그네를 중간 다리로
생각하는 줄 알았다. 그런데 보면 볼수록 새들이 의도적으로 그 위에
올라타서 노는 거라는 확신이 들었다. 몸을 움직여 그네가 더 많이
흔들리게 했다.

애기동고비와 갈색등쇠박새도 그네를 타지만 자주는 아니다. 놀이라고 생각하게 된 것은 새가 그네를 타고 모이통에 갔다가 모이를 먹지 않고 도로 뛰어와 그네 타기를 반복했기 때문이다. 나는 새들이 우연히 자신의 세계를 확장하다가 이런 재미를 발견했을 거라고 생각한다. 어려서 내가 개울물에 들어갔다가 그랬듯이. 재미란 재밌는 것을 발견하는 데서도 오는 법이다.

2020년 6월 13일

나는 까마귀에게 양가감정을 품어 왔다. 분명 이 새들은 영민하기 짝이 없고, 기막힌 문제 해결 능력으로 인간을 놀래킨다. 또 까마귀는 다양하고 재밌는 성격을 지녔다. 그러나 작은 명금류 새들을 겁주고, 기회가 있으면 새 모이는 물론이고 둥지에 있는 알이나 새끼 새까지 싹 다 잡아먹는다. 한데 오늘은 어른 까마귀 한 마리가 새끼 세 마리의 털을 골라 주고 먹이를 먹이는 모습을 보았다. 정말 사랑스러운 풍경이었다. 그 새가 어미인지 아비인지, 나이 든 형제자매인지 모르겠지만 내가 읽은 게 맞다면 셋 다 새끼의 양육에 참여한다. 가족의 가치를 상징하는 까마귀 식 표현에 대해서만큼은 까마귀들을 존경한다.

까마귀 새끼는 몸 크기가 성체의 약 80~100퍼센트라고 한다. 성조는 대개 다리가 더 곧아서 키가 더 커 보이는 것 같다. 새끼는 부리가 어른보다 짧고, 눈이 파랗고, 입 주위가 분홍색이라 쉽게 구분된다. 그리고 부모가 제 깃털을 골라 줄 차례가 되었거나 먹이 순서가 오면 부리를 크게 벌리고 말 안 듣는 애처럼 비명을 지르는데, 문제는 그게 일상이라는 점이다. 어려서 이렇게나 경쟁심이 강하고 요구사항도 많은 새가 나중에 협동적인 가족의 일원이 된다는 것이 놀라울 따름이다. 까마귀들은 어느 시점에 자기가 세상의 중심이 아니라는 것을 배울까?

부모가 깃털을 고르느라 부리가 깃털 아래로 파고들어 갈 때

까마귀네 집
- 어머니의 사랑과 동기간 경쟁

2020년 6월 13일

★ 아버지나 큰 자식들이 먹이를 찾아온다.

아기 까마귀의
그릿 먹기 수업

2020년 6월 13일

자갈 깔린 옥상에 처음 어른 까마귀와 어린 까마귀가 서 있다. 예전에 부모가 새끼에게 그릿 먹는 법을 가르치는 걸 본 적이 있다. 오늘은 새끼 세 마리가 처음 그릿을 시도했는데, 바로 뱉어 버렸다.

새끼들은 목을 길게 빼고 얌전히 있는다. 진드기나 빠진 깃털을 찾는 걸까? 이런 깃털 고르기를 부모가 새끼에게 보이는 까마귀 버전의 애정 표현이라고 생각해도 될까? 인간 세상에서는 부모가 하루에 24시간 아기를 먹이고 씻기고 재우고 보호하고 가르치고 그밖에 아기의 필요를 끊임없이 해결해 주는 것을 사랑이라고 부른다. 그렇게 따지면 까마귀는 물론이고 내가 보는 모든 새는 적어도 사랑에 가까운 행동 범주를 충족시킨다. 하지만 생물학자는 새들의 이런 돌봄 행동이 어디까지나 본능일 뿐, 감정이 섞인 행위는 아니라고 주장할까?

    어른 까마귀가 새끼를 자갈 덮인 차고 지붕으로 데려갔다. 그곳은 우리 집 옥상의 맨 끝부분으로, 어린 새들이 부모한테서 그릿(grit. 모래보다 몇 단계 굵은 돌 조각) 먹는 법을 배우는 일반적인 장소이다. 예전에 나는 새들이 그릿을 먹는 게 배가 고파서라고 생각했다. 그러다가 나중에야 새의 모래주머니에 있는 그릿이 소화를 돕는다는 걸 알게 됐다. '몸에 좋은 거니까 먹어.' 의심하는 새끼 새에게 어른 새가 이렇게 말하겠지? 나는 푸른 눈의 새끼 까마귀 세 마리가 처음 이 보조 소화제를 시도한 장면을 보았다. 부리로 그릿을 조금 집어 입에 넣는 듯하더니 혀가 닿자마자 뱉어 낸 걸 보면 너무 지저분해서 못 먹겠다고 생각한 것 같다. 까마귀는 영리하지만, 디저트를 먹기 전에 채소부터 먹어야 하는 인간 아이들처럼 까마귀 새끼도 그릿 먹는 법을 배워야 한다. 어른이 약속한 디저트는? 에이미네 집 파티오 모이통을 습격하는 것이겠지.

2020년 7월 16일

날이 다시 더워져서 유리문을 양쪽으로 끝까지 다 밀어 두었다. 바깥에서는 땅딸막한 캘리포니아토히 부부 한 쌍이 마치 자기 땅을 둘러보러 나온 땅 주인처럼 온종일 파티오를 가로질러 돌아다녔다. 그들은 땅에 떨어진 밀웜과 해바라기씨를 먹었고, 커다란 테라코타 접시나 거북 대접 안에서 하루에도 여러 번 목욕했다.

토히는 참새류인데, 몸길이가 약 23센티미터로 우리 집 마당에 오는 참새 종 중에서 가장 크다. 참새 중에서 가장 작은 종인 검은눈방울새가 14.5~16.5센티미터 정도니까 꽤 큰 편이다. 저 두 마리 토히 중에 한 놈이 몸의 둘레나 길이가 다른 놈보다 큰 걸 보고 수컷이라고 생각했다. 둘 다 내가 만든 정사각형 밀웜용 철장 위에 서서 아래로 머리를 찔러 넣었다. 도무지 저 격자로는 통과할 수 없을 것 같았는데도 보란 듯이 들어가 다른 작은 새들이 주위에서 기다리는 동안 실컷 배를 채웠다.

토히의 각진 머리를 그리는 게 재밌다. 부리에서 크게 각을 이루면서 튀어나오고 정수리는 곧고 평평하다가 두꺼운 목덜미를 따라 뒤쪽으로 경사지게 내려온다. 존 뮤어 로스의 수업에서 새의 머리는 둥글지 않고 가슴에서 배까지도 그렇지 않다는 것을 배웠다. '뼈의 구조인 각도를 따를 것.' 그리고 정밀 묘사를 하면서 알았는데 토히의 깃털은 균일한 갈색이 아니라 회갈색, 점토색, 적갈색이 풍부하게 조합된 색이었다. 주황색 눈은 두어 개의 깃털 고리

캘리포니아토히:
한 쌍의 부부

2020년 7월 16일

두 발로 점프하고
흙을 뒤로 차
내면서 땅을 팠다.

짝을 지은 암수 한 쌍이 거의 종일
마당에 있었다. 공중에 매달린
모이통 꼭대기에 올라가 안으로
들어갔다. 밀웜을 아래의 화분에
일부러 떨어뜨리더니 폴짝 뛰어
내려가 흙을 차 내고 밀웜을
찾아냈다.

가 둘러싸고 있어서 잠이 부족한 사람의 다크서클과 비슷하다.

탐조가 친구들은 토히가 집에 여유롭게 걸어 들어와 실내를 둘러본 다음 또 느긋하게 걸어 나간다고 했다. 우리 집에서는 유리문이 열린 것을 알고 안을 슬쩍 들여다보기는 했지만 들어오지는 않았다. 어쩌면 안에 개들이 있어서 그랬는지도 모르겠다. 새의 눈높이에서 보면 개들이 꽤 사나워 보이니까. 검은눈방울새가 피치카토(바이올린, 첼로와 같은 현악기의 현을 손끝으로 튕겨서 연주하는 방식 ─ 옮긴이)의 통통걸음으로 움직인다면, 토히는 올챙이배를 내밀고 우아하게 레가토(음과 음 사이가 끊기지 않게 매끄럽게 연주하는 방식 ─ 옮긴이)로 걷는데 나는 그 모습이 참 좋다. 또 눈앞의 맛있는 간식에 닿을 수 없을 때의 애절한 시선도 좋아한다. 갑자기 흥분해서는 이리 뛰고 저리 뛰고 발로 흙을 차면서 벌레와 곤충을 밀어내는 모습을 완전히 사랑한다. 자기가 마치 땅에서 먹이를 먹는 새들의 왕인 양 으스대는 꼴이 사랑스럽다. 토히 수컷이 밀웜용 철장에 들어가더니 일부러 밀웜을 아래의 화분에 떨어뜨렸다. 그러고는 바로 화분으로 내려가 흙을 파는 시늉을 하더니 갑자기 흥분했다. '맙소사, 이럴 수가. 밀웜이 왜 여기에 있지?' 이런 게 조류 버전의 가상 놀이인가? 만약 암컷에게 잘 보이려고 그러는 거라면 다 쇼이고 사기다. 뭐, 그런 뻔한 속임수에도 넘어가는 암컷이 있겠지만. 난 아니다.

2020년 7월 28일

황혼은 애나스벌새들의 마지막 주문이 시작되는 시간이다. 황혼은 암새 두 마리가 한 꿀물통에서 함께 꿀물을 마시는 서비스 타임이다. 황혼은 잿빛 하늘이 점점 더 짙어질 때 수새 두 마리 — 부리가 짧고 털갈이 중이라 깃털이 누더기처럼 보이는 아주 어린 새 — 가 같은 꿀물통을 차지하는 때다. 벌새는 밤이면 일시적 동면에 가까운 휴면 상태가 된다. 이 시간을 버티려면 가능한 한 많이 먹어야 한다. 낮에는 1분당 1,000회 이상 뛰던 벌새의 심장이 밤에는 50회까지 떨어진다는 내용을 읽었다. 낮에 벌새는 작은 곤충이든 꽃꿀이든 15분마다 한 번씩 먹는다. 그렇게 자주 먹지 않으면 낮에도 죽을 수 있다. 또 해가 지기 전에 충분히 먹어 두지 않으면 자다가 조그만 발로 가느다란 나뭇가지를 붙잡고 매달린 채 숨이 끊어지는 경우도 있다.

 피오나 왈, 휴면 상태의 벌새는 건드려도 잠에서 깨지 않는다고 했다. 그렇다면 지나가던 포식자가 한입에 쉽게 집어삼킬 수 있을 것이다. 휴면 상태에서 깨어날 때는 나처럼 15~30분 정도 지나야 제대로 정신을 차리고, 내가 모닝커피를 마시듯 꽃꿀을 마시거나 곤충을 먹어야 한다. 우리 집에는 어느 계절에 오더라도 꿀물통과 꽃이 피는 식물이 있다. 마당 곳곳에 벌새용 꿀물통 다섯 개가 있다. 빨간 뚜껑이 있는 플라스틱 재질인데 실용적이라 청소가 쉽다. 나는 새들의 주요 비행 경로에서 잘 보이지 않는 숨은 장

JULY 28, 2020
ANNA'S HUMMINGBIRD

At dusk, I saw two females drink at the same patio feeder. Later, a male + female. The F. watched

Last call at the bar. This is the magic hour of DUSK, when the hummers must have their fill for the night. They are more willing to drink from the feeder held in my hand. One young hummer (shorter bill, less vibrant coloring) had a hard time reaching the nectar, so I tilted the feeder and he drank happily. Adult males initially tried to chase me from feeder before settling.

애나스벌새

2020년 7월 28일

해가 질 무렵 나는 애나스벌새 암컷 두 마리가 파티오에 있는 같은 꿀물통에서 꿀물을 마시는 것을 보았다. 나중에는 수컷 + 암컷도 있었음.

식당의 마지막 주문 시간. 황혼은 벌새들이 그날 밤을 위해 배를 채워야 하는 마법의 시간이다. 그들은 내가 손에 들고 있는 꿀물통에도 기꺼이 온다. 어린 벌새(부리가 짧고 몸 색깔이 덜 선명함) 한 마리가 꿀물에 부리가 닿지 않아 고생하길래 통을 기울여 주었더니 만족스럽게 마시고 갔다. 수컷 성체들은 꿀물통에 안착하기 전에 먼저 나를 내쫓으려고 했다.

소에 작은 꿀물통들을 두었는데, 벌새는 비밀의 꿀샘을 좋아하기 때문에 보통 더 빨리 바닥난다. 한편 열린 공간에 노출된 큰 꿀물통들은 수컷들의 전쟁터다. 벌새는 우리 집 마당의 그 어떤 새들보다 텃세가 심하다. 요새는 수컷들이 꿀물이 아니라 암컷들을 두고 한창 싸운다.

저번에는 머리가 번쩍거리는 벌새 수컷 두 마리가 추격전을 벌였다. 한 놈이 다른 놈을 내쫓았고, 승자가 꿀물통에 안착했다. 연한 초록색 암새가 그 수새 옆으로 다가왔다. 수컷이 실컷 꿀물을 마시고 있었고, 암컷은 옆에서 그가 꿀물을 들이켜는 모습을 적어도 1분 동안 쳐다만 보고 있었다. 암새는 한 모금도 마시지 않았다. 수새도 굳이 제안하지 않았다. 애나스벌새 사회에서 평등주의 따위는 없다. 암컷이 서서히 일어나 자리를 떠나자 그도 곧 그녀가 깃을 펼치고 그를 받아들일 혼인의 가지로 따라갔다. 암새가 이 수새에게서 무엇을 보았길래 선택했는지 나는 모르겠다. 조만간 그들을 한 쌍의 부부라고 부르게 될 것이다. 부부라고 하니 인간 신혼 부부처럼 늘상 붙어 지낼 것 같지만, 그 화려한 구애와 요란한 결투를 치르고 얻은 여인임에도 4초짜리 임무가 끝나고 나면 수컷은 암새 곁에 머무르지 않는다. 수컷은 둥지 짓기에도 아무런 기여를 하지 않고, 알을 품는 암새에게도 부화한 새끼에게도 먹이 한 번 갖다주는 법 없는 무책임한 아버지이다. 그들은 그저 또다시 다른 암컷을 찾아 자신의 낙하 실력과 추격 기술, 꿀물통을 차지하는 힘을 과시한다.

며칠 전 늦은 오후, 벌새 수컷 한 마리가 내가 손에 들고 있던 꿀물통에 왔다. 부리가 비교적 짧고 깃털이 꾀죄죄한 것으로 보아 아직 어린 새 같았다. 나를 몇 초쯤 의식하더니 곧장 꿀물통에 자리를 잡았다. 휴면에 들어가기 전에 끼니를 먹어야 하는 절실함이 나에 대한 경계심을 억눌렀을 것이다. 마침 그 통에는 꿀물이 얼마 남지 않았었는데, 이 어린 새의 부리는 어른보다 짧기 때문에 바닥까지 닿지 않았다. 나는 통을 기울여 새가 마실 수 있게 해 주었다. 어린 새는 한참을 달게 마시고 갔다. 오늘 저녁에도 나는 손에 꿀물통을 들고 벌새들을 한 번 더 꾀어 보았다. 암새 한 마리가 꿀물통에 왔는데, 자리를 잡자마자 다른 벌새가 오더니 쫓아냈다. 물론 수컷이었다.

만약 내가 좀 더 부지런한 탐소가라면 새벽 6시에 일어나 아침식사로 벌새를 유혹하겠지만, 나는 그냥 내일 저녁에 다시 한 번 마지막 주문을 받아 볼 생각이다. 한 손에는 레드와인이 든 잔을, 다른 손에는 붉은색 꿀물통을 들고서.

2020년 9월 1일

산불로 인한 연기가 새로운 새를 데려왔다. 존 뮤어 로스가 알려준 동정 기술에 따라 나는 내가 본 것을 빠르게 큰 소리로 말했다. "머리는 회색, 가슴은 적갈색, 토히보다 크다. …" 여기까지 했을 때 새가 날아가 버렸다. 하지만 곧 다른 새가 또 왔다. 이 새는 대체로 부드러운 회색이었고, 아주 뚱뚱했다. 쌍안경으로 보니 눈은 짙고 둥글고 주위를 흰색 고리가 둘러쌌고, 날카로운 부리는 아래로 굽어 있었다. 은둔지빠귀? 그렇다고 하기에는 부리가 조금 짧다. 가슴에 짙은 반점 대신 흰색 반점이 있는 것으로 보아 다른 종이라고 판단했다. 다행히 사진을 몇 장 찍을 수 있어서 나중에 보았더니 이 작은 만두 같은 새한테는 위쪽에 푸른 깃털이 있었다. 그렇다면… 멕시코파랑지빠귀 새끼? 나는 마린 헤드랜즈 개활지의 해안 산맥 산마루를 따라 돌출된 바위 위에 이 새의 성체들이 앉아 있는 것을 본 적이 있다. 바로 그런 곳이 파랑지빠귀의 서식지이지, 참나무 네 그루가 있는 우리 집 마당과 다육식물이 자라는 옥상 정원은 이 새를 볼만한 곳이 아니다. 내가 본 두 새 모두 파랑지빠귀와 연결 지을 선명한 파란색과 적갈색 가슴이 없었다. 그러나 그 칙칙한 색상은 이 새의 암컷이나 어린 새와 일치했다. 찾아보니 이제 막 둥지에서 나온 어린 파랑지빠귀는 동종의 다른 새가 함께 있지 않는 한 동정하기가 어렵다고 한다. 우리 집에 있는 조류 도감에는 성조에 가까운 어린 새의 그림만 있지, 갓 날기 시작한 새끼의 그림은 없었다. 자, 누군가에게 부탁합니다. 부화 1일부터 10일까지의 새끼 새를 그린 조류 도감을 제작해 주세요.

　여기서 드는 의문은, 왜 멕시코파랑지빠귀가 우리 집 마당에 왔느냐는 것이다. 북쪽에서 일어난 산불에 영향을 받은 것일까? 8월에 시작된 산불이 번개에 의해, 전선의 스파크 때문에, 또는 사악한 방화범에 의해 연달아 계속되고 있다. 2017년 이후로 캘리포니아주는 계속 불타오르는 중이고 영 멈출 기미가 보이지 않는다. 서던 마린 소방서에서 우리 마을도 대형 산불에 대비해야 한다고 경고했다. 이제 산불은 일어나고 안 일어나고의 문제가 아니라 '언제' 일어나느냐의 문제이다. 헤드랜즈 쪽에서 연기가 더 심각할까? 어쩌면 덜 심할지도 모른다. 내가 사는 소살리토에 안개가 짙을 때도 바나나 벨트는 대개 하늘이 맑으니까. 바나나 벨트 효과가 연기에도 적용될까? 지난 3주 동안 네 종의 새를 이곳에서 처음 본 이유가 산불로 인한 심각한 연기 때문일까? 새들은 이곳에 숨 쉬고 목욕하기 위해 온 게 분명하다. 일부는 털갈이 중이다. 그렇다면 그을음을 씻어 내고 빠진 털을 제거해야만 공기역학적으로 최상의 상태를 유지할 수 있다. 에이미의 스파는 신선한 물로 채워진 테라코타 접시를 제공한다. 나는 새들에게 말한다. 지구온난화로 녹은 빙하수에서 신선한 알래스카 맛을 느껴보시라고. 새로 온 새들이 머뭇거리며 발가락을 물에 담그는 것을 보았다. 이런 행동은 물의 온도보다는 낯선 물의 깊이를 가늠하는 거라고 생각한다. 새들이 목욕통에 들어가면 가슴과 배가 잠기도록 앉아 있

9-1-20

WILDFIRE SMOKE BRINGS NEW VISITORS. First, a thrush of some kind.

WESTERN BLUEBIRD Mom and baby

It sat on the shepherd's hook and looked around, then left. But soon it returned with a dumpling of a bird. The baby fledgling has blue peeking through its creamy taupe feathers. I knew what it was. I see them up in the Headlands, in open terrain.

멕시코파랑지빠귀:
어미와 새끼

2020년 9월 1일

산불의 연기가
새로운 방문객을
데려왔다. 먼저
지빠귀류. 모이통
스탠드에 앉아 주위를 둘러보더니
떠났다. 그러나 만두같이 생긴 새 한 마리와 함께 돌아왔다. 깃털이 자라기 시작한
이 새끼 새는 크림색이 도는 회갈색 깃털 안으로 푸른색이 보였다. 나는 이 새가
누구인지 알았다. 헤드랜즈의 개활지에서 본 적이 있다.

으면서 고개를 숙이고 흔든다. 보통 적어도 1~2분 정도 물속에 머물고 더 오래 있을 때도 있다. 스케치하기 아주 좋은 타이밍이다. 하지만 그만큼 쿠퍼매나 줄무늬새매가 낚아채기도 좋은 위험한 순간이다. 가끔 주변에서 매가 보일 때가 있다. 나는 저들이 목숨을 부지하기 위해 끼니를 먹는 걸 두고 못마땅해하지 않는다. 많은 맹금류가 굶어 죽고 있으니까. 하지만 제발, 방금 나와 눈을 마주친 저 아기 파랑지빠귀는 데려가지 말아 다오.

2020년 10월 12일

새들의 목욕탕에서 결투가 벌어졌다. 상황은 이렇다. 나는 테라코타 접시 여섯 개와 청록색 플라스틱 대접에 2.5~4센티미터쯤 깊이로 물을 채우고 각각 그 안에 돌멩이 한 개를 넣어 이곳에 도착한 철새들이 안전한 수심이라는 것을 바로 알 수 있게 했다. 새로운 방문객들은 욕조 가장자리에 서 있다가 슬쩍 발가락을 담가 바닥을 확인한다. 이곳에 익숙한 단골들은 바로 물로 뛰어든다. 나는 지인들로부터 몇 시간 전에 그들에게 노래를 불러 주던 예쁜 새가 개를 목욕시켜도 될 만큼 깊은 분수에 빠져 죽었다는 슬픈 얘기를 들은 적이 있다. 명금류는 오리와 달라 수영하지 못한다. 내가 새에 대해 아는 게 별로 없던 예전 같았으면 물의 깊이까지 고려하지는 않았을 것이다. 분수의 스타일과 디자인이 훨씬 더 중요했겠지.

나는 쌍안경으로 우리 집에서 가장 크고 현재 새들의 목욕탕으로 가장 인기 폭발인 테라코타 접시를 보았다. 처음은 일상적인 시비로 시작되었다. 적갈색 눈썹의 미성숙한 흰정수리북미멧새가 높이 일어서서는 물에 몸이 흠뻑 젖은 노랑정수리북미멧새를 빤히 보았다. 개방된 장소에서는 겁이 나서 몇 초도 못 버티고 떠나는 새들이 욕조 안에서는 3분씩이나 머물며 경계를 늦춘다는 게 의아했다. 또 다른 흰정수리북미멧새가 왔는데 이놈은 선명한 검은색 눈썹과 눈에 띄는 정수리가 특징인 어른 새였다. 결국 세 마리가 모두 떠났다. 왜 한 마리도 남지 않은 거지? 이윽고 노랑정수리북미멧새 한 마리가 날아와 물을 독차지했고, 막 물속에 뛰어들려던 다른 노랑정수리북미멧새 두 마리를 쫓아냈다. 그러나 은둔지빠귀 한 마리가 대담하게 욕조로 걸어 들어갔다. 노랑정수리북미멧새가 이글거리는 눈으로 노려봤다. 둘 다 물러서지 않았다. 다리가 긴 은둔지빠귀가 욕조에 앉아 있던 노랑정수리북미멧새 위쪽으로 우뚝 서 있었다. 은둔지빠귀는 몸을 낮추며 욕조로 들어가더니 날개를 정신없이 움직이며 첨벙댔다. 이어서 노랑정수리북미멧새도 사납게 날개를 퍼덕였다. 나는 수영장에서 다른 친구들에게 물장구를 심하게 쳐서 끝내 울리고 마는 짓궂은 아이들이 생각났다. 둘이 극적인 화해를 했다고 생각한 순간, 두 새가 또다시 동시에 격렬하게 날개를 퍼덕이기 시작했는데 진이 빠지도록 몇 분이나 계속했다. 뮤지컬 영화「애니여 총을 잡아라Annie Get Your Gun」가 생각났다. "네가 뭘 하든, 내가 너보다 잘해!"

문외한의 눈에는 새들이 사이좋게 함께 목욕하는 걸로 보일 것이다. 오늘의 목욕 장면을 지켜보면서 나는 새들이 욕조 안에서도 서열 우위를 차지하려는 욕구가 강하다고 생각했다. 힘이 센 새가 욕조를 공유할 수 있지만 복종하는 새는 시선을 돌려야 한다. 그런 행동은 내게 누가 약자인지 알려 주는 단서가 된다. 그런 지배와 복종의 미묘한 행동은 어디서든 볼 수 있다. 철새들이 점점 더 많이 돌아와 욕조를 사용하면서 힘센 새가 신참에게 이 구역의 지배자가 누구인지 몸소 알려 주는 기회가 많아졌다.

내가 앉아 있는 곳에서는 새들이 물을 첨벙거리는 것을 볼 수 있다. 이렇게 물방울이 사방으로 날아다니다 보면 하루해가 저물 무렵 욕조의 물은 절반으로 줄어든다. 우리 집 새 목욕탕의 인기는 새들에 대한 내 사랑의 보답인 것 같다.

최후의 결전:
목욕탕 편

2019년 10월 12일

여섯 개의 새 욕조 중에서 노랑정수리북미멧새들이 가장 큰 것을 포함해 절반을 점령했다.

은둔지빠귀가 대담하게 큰 목욕탕에 들어왔다.

노려보기와 물장구가 몇 분이나 계속되었다.

내가 못 본 척하면 열받겠지?

네놈의 꽁지깃을 다 뽑아버릴 테다.

길길이 날뛰는 중

축 처진 날개

온종일 노랑정수리북미멧새들은 다른 새들이 오면 빠르게 돌진하여 내쫓았다. 은둔지빠귀는 아예 등을 돌려 눈을 마주치지 않았다. 복종한다는 뜻일까?

2020년 10월 20일

오늘 밀웜용 철장에서 땅벌 대여섯 마리가 살아 있는 밀웜을 먹는 걸 보고 식겁했다. 벌레들은 햇빛 쪽으로 자라는 콩나물처럼 몸을 위로 뻗으며 꿈틀댔다. 밀웜이 고통을 느낄까? "밀웜에게는 이성이 없다. 고로 통증을 느끼지 못한다" 따위의 데카르트식 논리를 들이대고 싶지는 않다. 이런 거 연구한 사람 누구 없나?

새들은 땅벌이 그릇을 차지한 걸 보더니 슬슬 피했다. 나는 새들을 위해 바닥에 밀웜 그릇을 하나 더 두었다. 땅벌은 높은 곳에서의 식사를 더 선호하는 것 같았다. 잘못해서 새들이 벌에게 쏘일까 봐 걱정이 됐다. 하지만 어디서 읽었는데 새는 깃털이 보호해 준다고 했다. 그럼 나는? 나는 깃털이 없고 피부만 있다. 그래서 내가 나를 보호해야 한다. 나는 머리와 손, 그 밖의 노출된 부위에 페퍼민트 오일을 잔뜩 뿌렸다. 땅벌은 박하 향을 싫어하지만 새들은 그 냄새에 개의치 않는 것 같았다. 예전에는 새들이 냄새를 잘 맡지 못하고 맛도 볼 줄 모른다고 생각했다. 그래서 수엣에 들어 있는 매운 고추에도 개의치 않는 거라고. 반면에 청설모는 그 맛을 너무 혐오해서 이후로 다시는 철장에 방문하지 않았다. 그러나 최근에 나는 실제로 새들에게 후각 수용기와 맛봉오리가 있다는 걸 알게 됐다. 물론 포유류보다는 수가 적은 것 같다. 땅벌도 후각이 뛰어나다. 땅벌은 1.6킬로미터 밖에서도 나들이 나온 사람들이 차린 음식 냄새를 맡는다.

땅벌을 제거해야 할지 말지 고민스러웠다. 다른 벌처럼 땅벌도 수분(受粉) 매개자이고, 세상은 그들이 사라져서 고통받고 있으니까. 우리 집 옥상 정원은 일부러 벌과 나비와 새들을 위해 꾸민 곳이라 수분을 돕는 곤충이 많다. 그래서 결국 나는 땅벌용 덫 두어 개를 구했다. 다행히 이 덫이 꿀벌을 꾀어내지는 않는다고 한다. 개 사료에 설탕을 섞고 물을 부어 거부할 수 없는 수프를 만들었다. 그리고 이 미끼를 넣은 덫을 밀웜용 철장 옆에 걸어 두었다. 곧장 땅벌 몇 마리가 안으로 들어갔다. 그들은 그 안에서 잠시 웅웅거리며 돌아다니다가 옆으로 미끄러져 내려가 수프에 닿자마자 몸이 둥둥 뜨며 몸부림쳤다. 그중 두 마리가 개사료 조각 위로 올라가려고 했지만, 사료는 강 위의 통나무처럼 회전했다. 그걸 보고 있으니 기분이 좋지 않았다. 이들이 살고 싶어서 괴로움의 신호를 보내는 게 분명했다. 불과 몇 센티미터 옆에 떨어진 밀웜 식당에 있던 땅벌들이 정신 나간 듯 우르르 날아들더니 부웅거리며 함정을 에워쌌기 때문이다. 나는 어디선가 땅벌이 서로 얼굴을 알아본다는 얘기를 읽었다. 함정 바깥의 저 벌들도 익사하고 있는 동포들을 알아봤을까? 그들은 구조팀과 소통하고 있었다. 즈즈즈! 즈즈즈! 즈즈즈! 통역: '스텔라, 조금만 더 버텨. 우리가 금방 구해 줄게.' 구조팀은 조심스럽게 바깥에서부터 기어 올라 입구를 향해 다가갔다. 그러더니 마치 귀신이라도 본 것처럼 화들짝 놀라 황급히 날아가 버렸다. 죽어 가던 땅벌이 너라도 어서 도망가서 목숨을 건지라며 경고의 신호를 방출했을까? 그 땅벌들도 개미 군

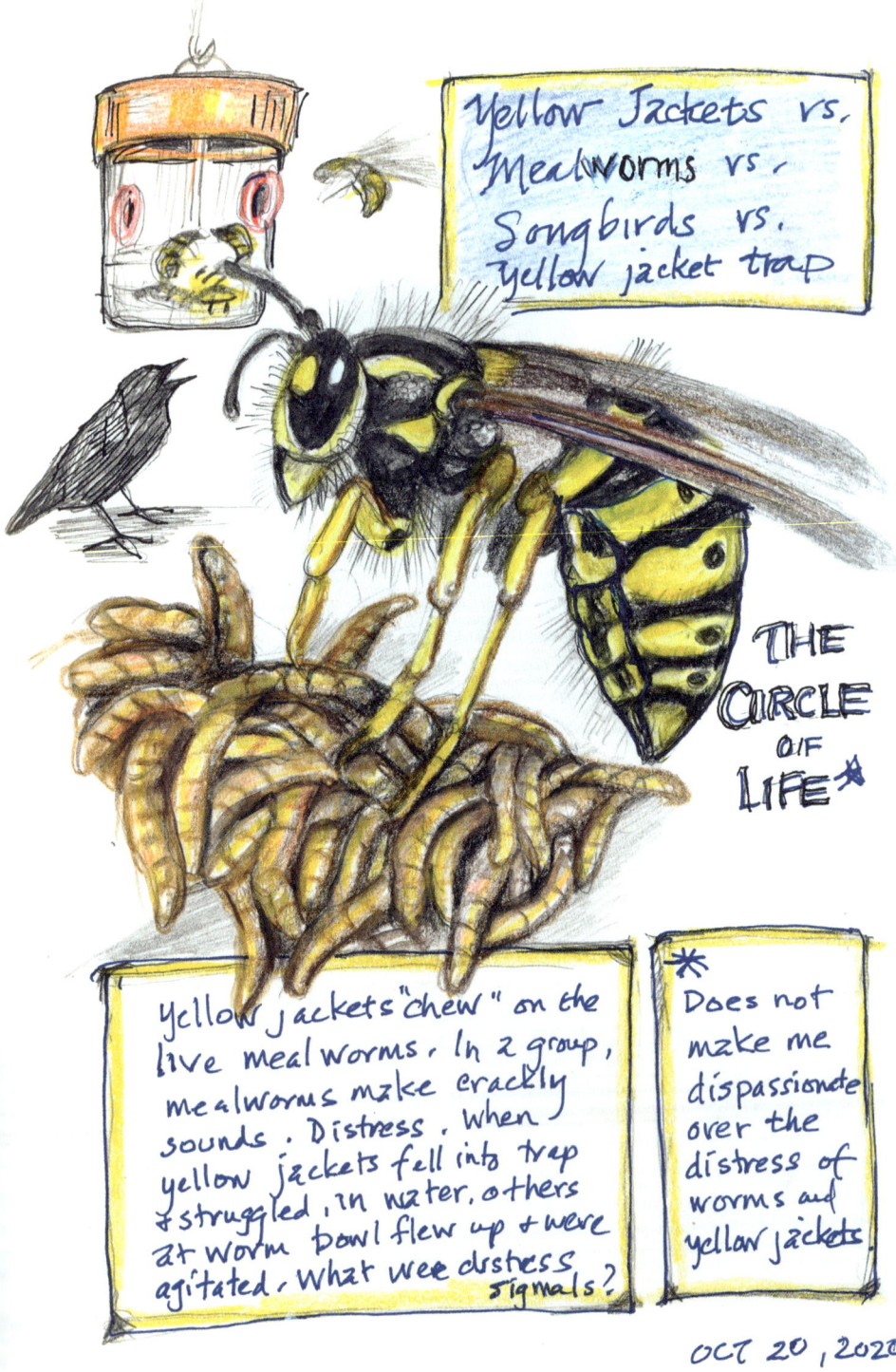

자연의 섭리★

2020년 10월 20일

땅벌 vs. 밀웜 vs. 명금류 vs. 땅벌 함정

땅벌이 살아 있는 밀웜을 "씹어 먹었다." 모여 있던 밀웜들이 탁탁거리는 소리를 냈다. 고통의 신호이다. 땅벌이 함정에 빠져 물속에서 몸부림치자 밀웜을 먹던 다른 땅벌들이 날아왔다. 괴로움의 신호는 무엇이었을까?

★ 그렇다고 해도 밀웜과 땅벌의 고통에 무심해지지는 않는다.

락처럼 이타적으로 행동했을까?

  살아남기 위해 고군분투하는 모든 생명체에게 무심할 수 없다. 그들을 생각하며 고민하는 것은 최소한의 도리라고 생각한다.

2020년 10월 27일

나는 매일 베란다에 있는 두 모이통에 껍데기를 까지 않은 매운맛 해바라기씨를 채운다. 핀치의 일종인 쇠황금방울새들은 씨 대부분을 바닥에 던진 다음에야 겨우 하나를 고른다. 그들은 모이통 걸이에 달린 나이저씨 양말도 절반쯤 비우고, 절반은 남겨 둔다. 고춧가루를 묻힌 씨를 구입하기 전에는 청설모들이 와서 아수라장이 된 바닥을 싹 치워 놓고 갔다. 그러나 이제 청설모는 우리 집 모이통에 독한 기운이 있다고 생각하는지 근처에도 오지 않는다. 이 핀치들이 어지르는 속도는 땅에서 먹이를 먹는 새들조차 쉽사리 따라잡지 못한다. 매일 저녁 내가 그 잔해를 치우지 않으면 쥐들의 몫이 남겨진다. 그리고 영락없이 쥐 두세 마리가 나타난다.

    나는 베른트 하인리히에게 왜 핀치 같은 새들이 그렇게 많은 씨를 버리는지 아느냐고 물었다. 알고 보니 그와 다른 과학자들이 1990년대에 이 문제를 연구한 적이 있었다. 그는 새들이 버린 씨를 일일이 세고 측정하여 언제나처럼 정확하게 분석했다. 내 질문에 대한 짧은 답변은 다음과 같다. 명금류는 상대적으로 길이가 짧고 통통하며 껍질이 있는 해바라기씨를 선호하는데 그런 씨에 기름 함량이 더 높기 때문이다. 그 새들은 씨를 보면 0.5초 만에 평가를 끝내고 마음에 드는 씨앗을 찾을 때까지 밀도가 낮은 것들은 가차 없이 내버린다. 우리가 맛있는 수박을 고르려고 겉을 두드리는 것과 크게 다르지 않은 행동이다. 단, 나는 불합격한 수박이라

2020년 10월 27일

새 모이통의 인체공학적
(정정: 조류공학적)
설계와 폐기물 연구

고 해서 마트 바닥에 내동댕이치지는 않는다. 베른트에 따르면, 유분이 많은 짧은 씨가 길쭉한 씨보다 에너지를 더 많이 제공한다. 이건 아주 먼 거리를 비행해야 하는 철새에게 중요한 문제다. 하지만 우리 집 모이통은? 저 텃새들이 사시사철 살아가는 나뭇가지에서 고작 6미터 떨어져 있다. 그래서 난 완벽하게 멀쩡한 씨앗들을 내버리고 바닥을 난장판으로 만드는 행위에 대해 핀치에게 아량을 베풀 생각이 없다. 이 새들은 영양학적으로 효율적인 게 아니라, 그냥 지저분하고 게으르다.

오늘 나는 핀치들이 가장 빨리 비워 버린 모이통을 아예 치우고 바닥에 떨어진 씨앗을 쓸어 담았다. 살펴보니 모두 상태가 아주 좋았다. 그 씨들을 작은 테라코타 접시에 담고 다시 그 접시를 더 큰 접시 안에 두어 물 없는 해자를 만들었다. 놀랍게도 쇠황금방울새들은 즉시 이 방식을 받아들여 한 번에 많게는 여섯 마리가 큰 접시 가장자리에 앉아 작은 접시에 담긴 (자기들이 이미 한 번 버렸던) 씨앗을 먹었다. 여전히 새들은 씨와 껍질을 작은 접시 밖으로 떨어뜨렸지만, 이제는 어떤 핀치가 거부한 씨도 큰 접시 안에 남아 있게 된다. 새들은 사지 않을 과일을 도로 선반에 가져다 놓는 교양 있는 고객이 되었다. 일곱 번째 쇠황금방울새가 합류하려고 하자 다른 새들이 쫓아냈다.

새 모이통과 함께, 저 아수라장의 관리와 먹잇감을 찾아다니는 쥐는 내게 여전히 진행 중인 숙제다. 그래도 현재로서는 청설모를 저지한 것만으로도 난 상을 받을 자격이 있다.

2020년 10월 30일

몸에 줄무늬가 있는 작은 새 한 마리를 작업실 쪽 현관 모이통에서 보았다. 웬일인지 새는 꼼짝하지 않고 있었다. 부리가 가는 새였다. 그간 2년이나 모습을 감추었던 미국검은머리방울새가 돌아온 것이다. 3년 전 이 새가 급증하면서 발생했던 살모넬라 유행병이 떠올랐다. 당시 죽은 미국검은머리방울새가 뒷마당에 즐비하다는 신고가 많았다. 우리 집에서는 아픈 새를 딱 한 마리 보았는데 아마 곧 죽었을 것이다. 그때 나는 상심한 나머지 몇 개월 동안 모이통을 전부 치웠었다. 그리고 지금, 다시 이 연약한 새를 두려운 마음으로 보고 있다. 문제는 저 새들이 무척이나 사교적인 종족이라는 데 있었다. 저들은 함께 놀고, 함께 먹고, 함께 목욕하고, 함께 물을 마신다. 그러니 한 새라도 아프면, 병은 빠르게 다른 새에 퍼지고, 그게 대개는 다른 핀치들이다. 이 새는 코로나19가 확산하는 방식의 전형과도 같다. 사회적 거리두기도 하지 않고 대규모 집회에서 함께 모여 있다가 전염병이 퍼지면 야생에서, 또는 모이통 앞에서 죽는다. 다행히 핀치들의 식단 기호는 한결같아서 오로지 씨앗만 먹는다. 핀치는 다른 새들이 좋아하는 수엣에는 전혀 관심이 없다.

마당에서 집양진이, 쇠황금방울새, 미국황금방울새, 보라양진이, 미국검은머리방울새 등 각종 핀치들이 모여 지저분하게 모이를 먹고 있다. 사실 해바라기씨를 먹을 때는 나도 손끝에 물집이 생기도록 껍질을 까서 버린다. 루는 내가 집을 어지럽힌다고 뭐라고 했다. 그러

미국황금방울새와 미국검은머리방울새

니 나한테 감히 핀치들을 비난할 자격이 있을까? 그래도 나는 먹지 못하는 껍질만 버린다. 저 친구들처럼 아까운 씨를 버리지는 않는다.

황금방울새는 가끔 모이통 앞에서 부리 대 부리의 대결을 펼친다. 여름에는 보통 노란색 몸깃이 더 밝고 몸집이 큰 놈이 이긴다. 생생한 몸깃 색깔과 지배력에 상관관계가 있을까? 음, 생각해 보니 내가 모든 종류의 새들에 대해 그 질문을 던졌던 것 같다.

처음 작정하고 새를 보기 시작했을 때, 나는 우리 집 마당에 오는 핀치 중에서 아는 새가 하나도 없었다. 그러다가 노란색 새를 보았고 그 새가 황금방울새라는 것까지는 배웠지만, 미국황금방울새와 쇠황금방울새, 보라양진이와 집양진이를 구별하지는 못했다. 지금이야 뭐, 식은 죽 먹기다. 어른인지 새끼인지는 물론이고, 겨울옷을 입은 건지, 황홀한 여름 의상인지까지도 문제없이 맞힌다. 요새 미국황금방울새는 등과 날개가 따뜻한 베이지색이고, 쇠황금방울새는 올리브색에 가까운 노란색이다.

두 새가 같은 모이통에 있을 때 많은 경우 몸집이 더 작은 미국검은머리방울새가 남고 쇠황금방울새가 떠나는 편이다. 미국검은머리방울새와 쇠황금방울새가 다투는 것을 딱 한 번 봤는데, 결국 미국검은머리방울새가 모이통에 남아 자기가 원하는 자리를 차지했다. 아주 인상적이었다. 미국검은머리방울새는 크기가 작지만 혈기 왕성하다. 몸집이 지배력을 결정한다는 내 예전 관찰과 어긋났다. 나는 성급하게 일반화했던 것의 예외를 찾을 때면 항상 행복하다. 자연은 제너럴리스트를 싫어한다.

쇠황금방울새

2020년 11월 24일

2년 전쯤, 타운센드솔새를 처음 봤을 때 나는 그냥 한 번 왔다가 가는 새라고 생각했다. 당시에는 아주 색다른, 그래서 인상적인 새였고, 또 솔새가 아닌가. 그래서 다음 날 한 마리를 더 봤을 때는 기분이 날아오를 정도로 좋았다. 이제는 욕실 창문을 내다볼 때마다 노상강도 같은 복면을 쓴 타운센드솔새가 60센티미터쯤 떨어진 둥근 수엣 그릇에 보인다. 이 새는 아침에 항상 제일 먼저 나타나고 어두워지는 저녁에 가장 늦게까지 모이통을 찾는 손님으로, 언제 봐도 든든하고 흐뭇하다. 이 새들이 처음 우리 집 마당에 왔을 때, 당시 우리 집에 있던 모이통 15개에 모두 기웃거렸다. 벌새용 꿀물통도 예외는 아니었다. 거기에는 설탕물밖에 없는데도 말이다. 이 솔새는 우리 집에서 개방형 플라스틱 모이통을 사용하는 유일한 새이기도 하다. 이 모이통은 둥근 그릇으로 수엣이 담겨 있고, 위로는 빗물이 떨어지지 않게 하는 커다랗고 투명한 돔이 있다. 새들은 이 모이통에서 쉽게 먹이를 얻을 수 있는데도 잘 오지 않는다. 심지어 덤불어치조차 건들지 않았다. 내 생각에는 위에 얹은 커다란 돔 때문에 다들 겁을 먹는 것 같다. 그렇다면 왜 타운센드솔새는 개의치 않는 걸까? 그리고 왜 처음에 우리 집 모이통을 모두 일일이 점검했을까? 철새인 솔새가 수천 킬로미터 떨어진 홈구장으로 돌아가기 전에 가능한 모든 먹이원을 찾아야 했던 걸까? 우리가 뷔페식당에 가서 무슨 요리가 있는지 쭈욱 훑어보는

것과 같은 심리일까? 마요네즈로 무친 과일 샐러드는 패스, 훈제 연어는 담기.

　다행히도 이제 이 솔새들이 가장 자주 방문하는 모이통은 여전히 내 욕실 창문 옆에 있는 것이다. 카멜리아 덤불과 창턱 옆 스탠드에 매달린 모이통 주변에서 많이 돌아다닌다. 매일 아침 나는 창틀 선반에 씨앗을 던져 놓고 쥐나 덤불어치가 오기 전에 요 작은 새가 먼저 와서 먹기를 바란다. 매일 나는 세면대 옆에 서서 양치질한다. 답답하고 지루했을 팬데믹 봉쇄 기간의 무료한 일상을 끝없는 드라마와 코미디로 승화시킨 주인공들을 구경하면서.

2020년 11월 26일

배송된 6,000마리의 밀웜을 분류해서 용기에 넣는 일이 생각보다 늦어졌다. 임시로 손님용 작업실에 있는 여분의 냉장고에 보관했다. 아마 36시간 동안 다들 빈 그릇만 쳐다보면서 왜 밀웜이 안 나오는지 의아했겠지. 그러면서 고작 수엣케이크, 수엣볼, 해바라기씨, 수수, 나이저씨, 홍화씨, 바크 버터(bark butter. 나무껍질에 바르는 용도의 수엣 — 옮긴이)로 아쉬움을 달랬을 것이다(새들이 배가 고팠을까 봐 안쓰러워할 일은 없다는 뜻). 예전에는 그릇 네 개에 밀웜을 채워 넣었는데 시간도 오래 걸렸고 비용이 너무 많이 들었다. 그래서 그릇을 하나로 줄이고 그때그때 채워 넣는데도 하루에 얼추 1,000마리는 들어간다. 나는 아이를 낳지 않아서 절약한 돈으로 밀웜값을 대고 있나. 나한테 자식이 있었으면 지금쯤 손주들 대학 학비를 대고 있겠지. 그러니까 나는 밀웜 수백만 마리를 사도 된다.

오늘 오랜만에 밀웜을 내놓았더니 제일 먼저 온 손님이 마당에서 주기적으로 보던 은둔지빠귀였다. 이 새는 가늘고 긴 다리 때문에 유독 가냘퍼 보인다. 새는 곧장 철장으로 들어가더니 5초에 한 마리씩 밀웜을 집어삼켰다. 나는 옆에서 시간을 쟀다. 밀웜은 새가 부리로 붙잡을 때까지도 건강하게 살아 있어 정신없이 꿈틀댔다. 나는 새가 밀웜을 잡아당기다가 중간에 끊어뜨리는지를 잘 지켜보았다. 어린 새들이 종종 그러기 때문이다. 미숙한 새끼들은 먹이가 꿈틀대면 일단 당황한다. 하지만 이 은둔지빠귀는 프로였

11-26-20 THANKSGIVING

Early bird gets the worm — 15 of them!

A Thanksgiving Tale of Stuffing a Bird.

Help!

Mercy

I was dilatory in refilling the containers with the shipment of 6000 mealworms. The birds had only suet to eat for a day & half. Poor birds! Today when I finally filled a bowl with mealworms, the first to arrive was a Hermit Thrush — clearly experienced, it downed 15 worms — wriggling live ones.

추수감사절 밀웜 파티

2020년 11월 26일
추수감사절

일찍 일어나는 새가
벌레 15마리를 얻는다!

배송된 6,000마리 밀웜을 용기에 소분하는 일이 늦어졌다. 새들이 하루하고 반나절 동안 먹은 것은 수엣뿐이었다. 쯔쯔, 가엽기도 하지. 오늘 마침내 먹이통에 밀웜을 채워 넣었다. 제일 먼저 온 새는 은둔지빠귀였다. 누가 봐도 능숙한 솜씨로 15마리의 꿈틀거리는 밀웜을 집어삼켰다.

살려주세요!

자비를 베푸소서.

11-26-20

Hermit Thrush

Since the worms were squirming as the Hermit Thrush ate them in a gulp, I started to wonder if the worms were still alive in the gullet or stomach. Just as I thought this, the HETH moved its belly side to side, as if the mealworms had caused this to happen. When the action stopped, the HETH left.

side-to-side movement of belly

So what was that belly action? A way to settle the mealworms? Does it aid in digestion — was it discomfort? Do birds get bellyaches from overeating?

은둔지빠귀

2020년 11월 26일

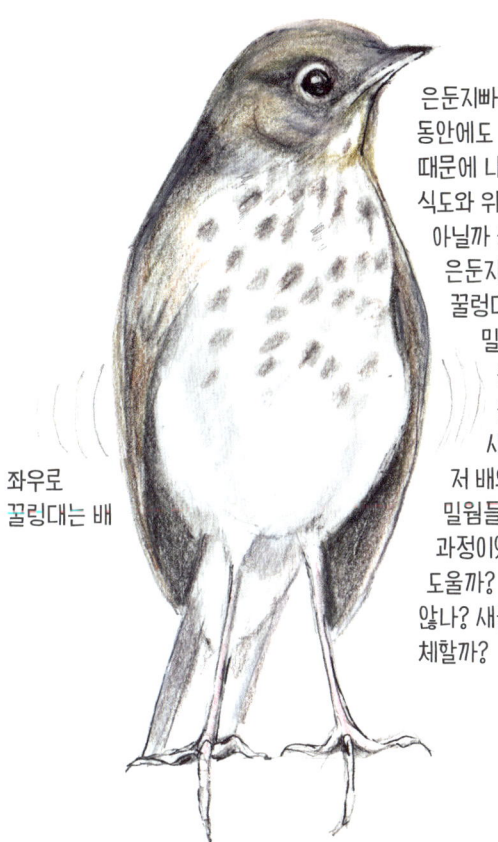

좌우로
꿀렁대는 배

은둔지빠귀가 집어삼키는 동안에도 밀웜은 움직였기 때문에 나는 이 벌레들이 식도와 위에서도 살아 있는 게 아닐까 궁금해졌다. 때마침 은둔지빠귀의 배가 좌우로 꿀렁대는 것이 마치 밀웜들이 그 안에서 움직이는 것 같았다. 움직임이 멈추자 새는 떠났다. 도대체 저 배의 동작이 뭐였을까? 밀웜들이 안착하는 과정이었을까? 그게 소화를 도울까? 속이 불편하지는 않나? 새들도 과식하면 체할까?

다. 살아 있는 밀웜을 국수 가닥을 흡입하듯 통째로 꿀꺽꿀꺽 잘도 삼켰다. 명금류들이 앉은 자리에서 다섯 마리, 여섯 마리, 심지어 일곱 마리까지 먹는 것을 많이 보았지만, 이 은둔지빠귀는 무려 열다섯 마리를 해치웠다. 다 먹고 나서도 다른 새들과 달리 바로 날아가지 않았고, 그 자리에 그대로 서 있었다. 과식해서 체했나? 그런데 갑자기 벨리댄서가 춤을 추듯 은둔지빠귀의 배가 좌우로 꿀렁대기 시작했다. 나는 열다섯 마리의 아직 살아 있는 밀웜이 뱃속에서 요동치는 모습을 상상했다. 밀웜이 목구멍으로 기어 올라오는 기분일까? 저 벌레들은 소화관의 어디쯤 있을까? 아직 모이주머니에 있을까? 얼마나 더 있어야 밀웜들이 움직이지 않을까?

    나는 저 벨리댄스 동작에 대한 예상 답안을 생각해 보았다. 새들의 위에는 방이 두 개 있어서 모이주머니에 있는 음식을 먼저 소화액이 있는 방으로 밀어낸다. 다른 방에는 모래와 모래주머니가 있어서 음식을 잘 갈아 낸다. 아마도 저 요동치는 배는 밀웜들을 모이주머니에서 밀어내는 작업 중이었을 것이다. 아니면 두 방 사이에서 왔다 갔다 하면서 곤죽을 만들거나. 은둔지빠귀의 밸리댄스는 몇초 만에 끝이 났고 새는 날아가 버렸다.

    지금부터 1만 2,000마리를 더 소분해야 한다. 신문지를 털어서 용기에 넣는 일까지는 좀 더 참을 만해졌다. 하지만 여전히 벌레들이 도망가려고 꿈틀대는 걸 보는 기분은 별로다. 밀웜은 말을 못 하지만, 나는 그들이 어떤 식으로든 ― 몸을 비틀든, 서로 몸을 문대어 지글거리는 소리를 내든 — 다른 밀웜에게 경고하는 상상을 한다. 냉장고에 들어가 냉기가 그들의 몸을 경직시키면 자글거리는 소리도 잦아들고 벌레들은 휴면에 들어간다. 바깥의 새들은 12일이면 이 밀웜들을 모두 먹어 치울 것이다. 그때부터는 봄에 산란철이 될 때까지 밀웜은 중단할 생각이다. 수엣케이크나 먹여야지.

2020년 12월 9일

　예측했던 대로, 5주 전에 도착한 미국검은머리방울새들이 친구와 친척들을 몰고 왔다. 스무 마리쯤으로 시작된 것이 곧 구름떼처럼 늘어나 이제는 100마리도 넘는다. 새들은 모이의 권리를 두고 자기들끼리, 또는 다른 새들과 옥식각신, 심지어 주먹 다툼까지 한다. 게다가 모이의 절반은 땅에 떨어뜨리며 난리법석을 피우는데 그건 언제나처럼 메추라기와 쥐들이 고마워할 일이다.

　이번 주에는 마당에 모인 수많은 미국검은머리방울새들이 맹금류의 관심을 끌었다. 하루에도 몇 번씩 마당이 일시에 비어 버린다. 대개는 쇠박새가 제일 먼저 경보음을 울린다. 지지배배 소리가 최고조에 이르면 대탈출이 이어지다가 결국 정적이 찾아온다. 이런 일이 벌어지면 나는 근처의 참나무를 훑어보는데, 그럼 대개는 원인 제공자가 그곳에 있다. 한 번은 쿠퍼매였고, 적어도 두 번은 붉은어깨매였다. 명금류는 쿠퍼매의 메뉴에 올라와 있는 새다. 붉은어깨매의 식당은 이 새의 날카로운 발톱 바로 밑에 있다. 무성하게 자란 이웃집 담쟁이덩굴에는 쥐들이 땅굴, 축축한 흙, 썩은 잎, 각종 곰팡이와 균류, 곤충이 가득한 천국의 대도시를 이루었다. 매는 아래를 내려다보면서 머리를 까딱거리고 꼬리는 뻣뻣하게 흔든다. 매가 이렇게 머리를 까딱거리는 것은 먹잇감까지 거리를 가늠하는 방법이라는 글을 읽었다. 내가 피사체, 이 경우는 붉은어깨매에 초점을 맞추려고 카메라 렌즈를 앞뒤로 왔다 갔다 하는 것처럼 말이다. 꼬리를 흔드는 것도 사냥 습관이라고 한다. 비행기가 방향타를 제자리에 맞추는 것처럼 특별한 기능이 있는 동작일까? 옆으로 흔들면 공기가 흐르면서 양력이 생기나? 아니면 그저 저녁거리를 발견했다는 기쁨의 표시일까? 이 매는 마침내 느긋하게 다른 가지로 뛰어 내려가더니 시야에서 사라졌다. 우리 집 마당은 맹금류와 명금류가 손님과 요리로 만나는 정육 식당이다. 나? 어느 한쪽 편을 들지 않으려고 몹시 애쓰는 중이다.

MIGRANT SONGBIRDS - A SEASONAL DIET FOR HAWKS

12·9·20

Among the migrants, the Pine Siskin (PISI) is the most numerous - at least a hundred. They clog the feeder, scare up into clouds. The large number of feeder birds may be why we are seeing more hawks. This Red-Shouldered Hawk (RSHA) has come at least twice - likely daily.

RED-SHOULDERED HAWK

PINE SISKIN 4.5"- 5.25"
RED-SHOULDERED HAWK 16"-32"

As the hawk scouted the yard for food, its tail did a stiff wag, and it bobbed its head. The head bob may be an attempt to hone in on prey off in the distance, sort of like adjusting the camera to capture the hawk. Alas, no luck.

PINE SISKIN sits on the long feeder perch a long time, making them easy prey.

2020년 12월 9일

돌아온 명금류
- 맹금류의 제철 간식

붉은어깨매

돌아온 철새 중에서도 미국검은머리방울새의 수가 최소한 100마리로 가장 많다. 모이통 주위로 구름떼처럼 몰려들어 결국 매들의 관심을 끌고 말았다. 이 붉은어깨매는 거의 매일 적어도 두 번씩 이곳에 들른다.

미국검은머리방울새:
11.4~13.3센티미터.

붉은어깨매:
40.6~81.3센티미터.

먹이를 수색하며 마당을 정찰할 때 매는 머리를 까딱거리고 꼬리를 좌우로 빳빳이 흔든다. 머리를 까딱거리는 것은 먹잇감까지의 거리를 가늠하는 것으로 내가 매를 포착하기 위해 카메라를 조정하는 과정과 비슷하다. 이런, 운이 나빴네.

미국검은머리방울새
모이통에 오래 앉아 있기 때문에 쉬운 표적이 된다.

2021년 1월 17일

아름다운 일요일을 맞아 베란다에서 친구들과 야외 식사를 즐겼다. 코로나19 안전 수칙에 따라 탁자를 3미터씩 띄워 놓고 앉아 각자 포장해 온 음식을 먹었다. 우리는 손님들에게 쌍안경을 주고 만의 보트와 공중의 새를 보게 했다. 쌍안경도 나중에 소독했다.

새들도 우리만큼이나 햇살 좋은 하루를 즐기는 듯 보였다. 아직 어린 붉은꼬리매가 눈앞에서 유유히 지나갔다. 앙상한 자작나무에 덤불어치 두 마리와 스텔라어치 두 마리 ― 평소 우리 집 마당에서는 거의 볼 수 없는 새 ― 가 보초병처럼 모습을 드러내고 재잘대더니 같은 종의 다른 새들과 합류했다. 보존 단체의 수장인 우리 친구 존은 포인트 블루가 아직 포인트 라예스 조류 전망대였을 때부터 그곳에서 일했다. 그는 새를 잘 찾기도 하고 새소리를 잘 듣기도 했다. 존이 50미터 정도 떨어진 나무를 가리키며 "딱따구리 두 마리"라고 말했다. "아니, 소리가 들려요?" 나는 아무 소리도 들리지 않았다. 존은 딱따구리가 앞뒤로 두드리는 소리를 낸다고 했다. 그리고 두 새는 암수일 거라고도 했다.

나는 점점 귀가 어두워지고 있는데, 혹시라도 보청기를 껴야겠다고 결심하게 된다면 그건 새소리를 듣기 위해서일 것이다. 그는 밀집 대형으로 함께 날아오르는 벌새 두 마리를 가리켰다. 그 벌새들은 서로를 뒤쫓았는데 아마 수컷이 암컷에게 구애하는 중일 것이다. 벌새와 올빼미는 일찍감치 둥지를 틀기 시작한다. 나는 가까이서 들리는 새소리를 즐겼다. 봄철에 들을 수 있는 인상적인 소리이다. 가장 흥분되는 소리는 어스름해질 무렵 들려오는 큰뿔부엉이의 울음소리다.

파티오 옆 덤불과 낮은 나무들에서 멕시코파랑지빠귀 두 마리, 얼룩무늬토히 한 마리, 참나무관박새 두 마리, 노랑정수리북미멧새 여섯 마리, 애나스벌새, 갈색등쇠박새, 타운센드솔새, 은둔지빠귀, 캘리포니아토히, 뷰익굴뚝새, 검은눈방울새, 흰목참새, 붉은관상모솔새, 애기동고비를 보았다. 이 새들은 모두 같은 덤불과 나무에 앉아 정찰을 하고, 포식자가 있는지 하늘을 확인하고, 파티오의 먹이를 조사하고, 같은 종의 새들을 지켜보고, 먹이를 먹으면서도 1~2분씩 쉰다. 방금은 타운센드솔새 두 마리가 베란다 옆 참나무 꼭대기에서 솟구쳐 나왔다가 다시 재빨리 돌아왔다. 공중에서 곤충을 잡는 거라고 존이 알려 주었다.

이 새들 덕분에 나는 집에만 있으면서도 갇혀 있다는 기분이 들지 않는다. 너무 많은 것들이 새롭고, 발견할 것들도 너무 많다. 치명적인 질병의 유령 때문에 꼼짝 못해도 새들을 볼 때만큼은 자유롭다.

Jan 17, 2021
Sunday 70°

GOLDEN-
CROWNED
SPARROW

Sheltering in Place

OAK TITMOUSE

ANNA'S HUMMINGBIRD

The birds all use the same bushes and low trees for reconnaissance — to look up for predators, to rest between turns at the feeder, to see what others are doing, to watch me. ~

타운센드솔새(암컷)

2021년 1월 18일

새의 모습을 보기 전에 노랫소리부터 들었다. 아주 쾌활한 노래였다. 그런 다음 나타난 주인공은 흰목참새였다. 사람들이 이 새의 노래를 "올드-샘-피바디-피바디-피바디Old-Sam-Peabody-Peabody-Peabody"라고 기억한다. 이렇게 재미없을 수가. 게다가 샘과 피바디가 누구지? 나라면 구애의 상황에 맞게 이렇게 가사를 바꿀 텐데. "내가 여기 온 이유는, 보기 위해, 기회를 잡기 위해, 짝짓기하기 위해서라네." 원래 이 새는 어쩌다 가끔씩 우리 집에 왔었는데 지금은 한 마리가 이틀 이상 머무르고 있다. 이 정도면 정기 고객이라고 불러도 되지 않을까? 흰목참새는 노랑정수리북미멧새보다 몸집이 살짝 더 크다. 둘 다 땅바닥에서 먹이를 먹고 살지만, 지켜보니 흰목참새는 참새류 중에서도 철장 속 수엣 먹이통을 가장 공격적으로 사수하는 새였다. 다른 새들은 근처에 서서 흰목참새가 철장으로 들어가 수엣볼을 집어 들고나오는 모습을 지켜만 본다. 그런데 흰목참새는 철장에서 고작 몇 센티미터 떨어진 곳에 서서 수엣을 먹고 또다시 철장 안으로 들어간다. 그렇다면 대체 왜 굳이 나오는 거지? 일부러 다른 새들에게 기회를 주듯 비워 놓고 누가 감히 들어오는지 확인하려고? 그건 흡사 큰 아이들이 작은 아이들에게 "어디 할 수 있으면 가져가 보라지!" 하는 것과 같다. 그래 놓고 정말 시도하는 새가 있으면 공격한다. 단, 우리 집 마당에서 가장 덩치가 큰 캘리포니아토히는 예외다. 이 새는 건달이라기보다

흰목참새, 모이통을 접수하다

2021년 1월 18일

대기 순서:
노랑정수리북미멧새,
검은눈방울새,
뷰익굴뚝새

1순위:
흰목참새

노랑정수리북미멧새는 기다린다.

때때로 노랑정수리북미멧새가 그릇 밖에 떨어진 수엣을 집어먹는다. 철장 모이통의 수엣볼을 먹기 위해 새들이 몰려온다. 하지만 흰목참새가 나타나면 다른 새들은 자리를 떠난다. 때로는 부리만 집어넣어 수엣볼을 낚아채기도 한다. 흰목참새 뒤에 있는 노랑정수리북미멧새는 번식깃을 하고 있으며 무리에서는 왕이지만 흰목참새한테는 적수가 되지 않는다.

덩치만 큰 얼간이에 더 가깝지만 여기에서는 힘이 곧 정의다. 새들이 자신의 지위를 보여 주는 방식에는 여러 가지가 있다. 이들의 행동을 고속으로 촬영해서 보면 날갯짓, 머리 돌리기, 눈 맞추기, 눈썹과 가슴 치켜세우기, 자세 바꾸기 등이 조합된 많은 신호를 볼 수 있을 것이다. 새들의 언어를 이해하고 싶다. 나에 대해서 자기들끼리 뭐라고 쑥덕거릴지 너무 궁금하니까.

2021년 1월 27일

비가 오길래 수엣이 든 철장을 접이식 유리문 바로 옆 파티오에 설치했다. 철장을 검은색 빗물 방수포로 덮으면서 안을 들여다볼 수 있게 바닥 몇 센티미터는 열어 두었다. 나는 유리문을 사이에 두고 수엣통에서 15센티미터쯤 떨어진 곳에 바싹 엎드려서 지켜보았다. 배를 채워야 한다는 이유로 인간이 그렇게 가까이 있는데도 경계심을 극복하고 다가올까?

새들은 기압 변화에 예민할까? 그들은 왜 비가 오기 직전에, 또 잠깐이라도 비가 주춤할 때면 그렇게 폭풍처럼 먹어 댈까? 어쩌면 비가 올 때는 식단의 대부분을 차지하는 날벌레의 날개가 젖어서 돌아다니지 못한다는 걸 알고 불안한 건지도 모른다. 새들도 화장실 휴지가 언제 떨어질지 모른다는 불안함에 10년치를 미리 사두는 팬데믹 기간의 인간과 같은지도 모르겠다. 여분이 넉넉하게 있어야만 안심하는 것이다. 사실 새들도 여분의 식량을 저장한다. 대부분은 썩어 버리겠지만서도. 축축해진 녹색 수엣에는 자체적으로 생명체가 발생한다. 새들도 겨울을 대비해 최대한 먹이를 저장할 본능적 필요를 느낄까? 어떤 새는 먹이를 저장하는 습성이 있고 어떤 새는 그렇지 않을까? 바닥에서 먹는 애들은 나무에 살지 않기 때문에 식량을 저장하지 않는다고들 한다. 새들도 음식이 썩는다는 걸 알까?

몇몇 새들은 수엣이 든 철장 가까이 뛰어 올라갔지만 안에 들어가지는 않았다. 타운센드솔새가 뷰익굴뚝새를 따라 잠깐 들렀다 갔다. 둘 다 똑같이 몸집이 작은 새다. 우리 집 마당에서 크기가 작은 새일수록 나를 보고도 겁먹지 않는다는 것을 알게 되었다. 내가 있는 곳에서 반경 30센티미터 안까지 접근하는 새들은 여기에 자주 와 버릇해서 내가 먹이를 내오는 사람이지, 날거나 그들을 뒤쫓지 못한다는 것을 아는 것 같다. 나는 이 새들이 나한테 가까이 내려올 때면 부드럽게 말을 건다. "너 참 용감하구나."

내가 유리문 옆에 둔 철장으로 뷰익굴뚝새가 들어왔다. 새는 고작 몇 센티미터 떨어진 곳에서 자기가 모이를 먹는 모습을 지켜보는 나만큼이나 내 얼굴을 빤히 지켜보았다. 회갈색 빛이 골고루 퍼진 매끄러운 깃털로 보아 다 큰 새인 줄 알겠다. 따라서 위험, 기회, 보상을 평가하는 데 숙련되었을 것이다. 그리고 아마 이미 탈출로도 계획해 놓았을 테지. 하지만 내가 자기를 지켜보면서 거의 숨을 쉬지 못했다는 것은 몰랐을 것이다. '제발, 가지만 말아 다오.'

뷰익굴뚝새의 부리는 살짝 휘었고 이를테면 참새에 비해 길고 가늘다. 그 부리로 수엣을 찌른 다음, 벌새를 제외하면 내가 다른 새들에게서 보지 못한 기술을 보여 주었는데, 닫힌 듯한 부리로 가는 혀를 내밀어 먹이를 끌어당기는 것이다. 그래서 잘 부스러지는 수엣을 좋아하는 건가? 다른 새 중에서도 이런 재주가 있는 것들이 있을까? 핀치는 부리 사이로 씨앗을 붙잡고 살짝 깨물어 얇은 껍질을 느슨하게 벌린 다음 혀로 씨앗만 꺼내어 입에 넣는다. 그리고 열린 부리로 쩝쩝거리며 먹이를 모이주머니로 넘긴다. 검은눈방울새와 참나무관박새는 수엣을 먹기 좋은 크기로 부순 다음, 부리를 열고 그 조각들을 끌어온다. 부리를 거의 닫은 채로 혀를 내밀어 먹이를 끌어당기는 새는 많을 것이다. 딱따구리는 부리로 수엣을 찍은 다음 어떻게 하지? 이 새한테는 나무 구멍을 헤집기 위한 믿을 수 없이 긴 혀가 있다.

　새를 가까이서, 또 가까운 마음으로 관찰하다 보면 예전에는 알아채지 못한 행동을 보게 된다. 새들은 내가 그들 앞에 서 있어도 모이통으로 날아오긴 하지만, 먹고 나면 지체하지 않고 가 버린다. 지금 내 앞의 뷰익굴뚝새와는 다르다. 어쩌면 이 새는 우리 사이를 막는 유리 때문에 내가 자기에게 닿지 못한다는 것을 아는지도 모르겠다. 만약 그렇다면, 어떤 인지 능력이 이 작은 굴뚝새로 하여금 그것을 구분하게 하는 걸까? 모이통을 찾아오는 다른 새들은 내가 유리문 뒤에서 가만히 서 있을 때는 위협이 아니라는 걸 아는 것 같다. 하지만 움직이면? 나는 위험 그 자체이다.

　나는 이 굴뚝새를 용감하다고 부르고 싶었다. 그러나 인간 세상에서 용기란, 안전에 개의치 않는 태도와 두려움을 압도하는 이타심이 결합해야 한다. 이는 많은 이들이 존경하는 사람들의 성품이다. 예전에 남아프리카 사파리에서 수컷 관댕기물떼새가 불쑥 차량 앞으로 날아오르는 것을 보았다. 도로 옆 자갈 둥지에서 세 개의 알을 품고 있는 암컷에게 사람들의 시선이 쏠리지 않게 날개가 부러진 것처럼 가장한 것이었다. 쌍띠물떼새도 비슷한 행동을 한다. 그런 용감한 행동이 이타적 의도가 없는 단순히 본능적인

뷰익굴뚝새와의 긴밀한 만남

2021년 1월 27일

나름 위장색 스웨터를 입었음.

내가 만든 먹이용 철장.

비가 내리길래 모이통들을 파티오 테이블의 파라솔 밑으로 옮겼다. 그중 하나는 유리문 바로 옆에 두었다. 그리고 유리문 반대편에서 엎드린 채 웅크리고 있었다. 마침내 뷰익굴뚝새 한 마리가 오더니 부드러운 수엣을 먹길래 숨죽이고 지켜보았다.

놀라운 사실: 벌새처럼 혀를 끌어당길 수 있다! 새는 내가 있다는 걸 알고 있었다. 새들은 내가 움직이지 않고 실내에 있을 때는 자기들에게 위협이 되지 않는다는 걸 아는 것 같다.

수엣

행동일까? 그것이 본능이라면 제 자손이 될 알 위에 앉아 있는 암새를 살려야 할 필요가 원동력이었을 것이다. 나는 새에게서 본능과 의도에 관한 이런 문제에 계속 부딪히고 있다. 철새의 이동과 같은 본능은 과학적으로 여러 차례 검증되었다. 그러나 새의 의도를 알아내려는 노력은 의인화 금지에 위배된다. 나는 아마도 새의 의도를 알지 못할 것이다. 새에게 필요한 게 무엇인지 내가 어찌 알겠는가. 나는 짐작밖에 할 수 없다는 걸 알지만 그래도 무슨 일이 일어나는지 궁금해 죽겠다. 그건 내가 소설을 쓸 때와 비슷하다. 한 등장인물의 의도와 상대가 믿고 싶어 하는 것이 이야기의 시작이며, 그것은 언제나 변하게 마련이다.

뷰익굴뚝새(어린 새)

2021년 2월 7일

새들의 욕조로 쓰이는 테라코다 물그릇에서 솜털을 발견했다. 페이스북 조류 그룹의 까칠한 전문가가 대문자까지 써 가며 나더러 깃털을 발견한 자리에 그대로 두라고 야단했다. 야생 새의 깃털로 뭘 하려는 것은 연방법 위반이라나. 나는 그릇을 씻어 내면서 재스민 화분에 대부분 날려 보내고 하나만 들고 온 거였다. 솜털을 그려 보고도 싶었고 딱딱한 심이 들어 있는 깃털과는 무슨 차이가 있는지 공부할 생각이었다. 그러나 그 솜털을 어디에 두었는지 그만 사라져 버렸다. 내가 깃털을 모은다는 중죄의 혐의를 입증할 증거가 증발한 셈이다. 나는 감옥에 가지 않아도 된다. 그랬다면 그 안에서 많은 글을 마감할 수 있었겠지만.

물그릇 속 솜털은 아마 노랑정수리북미멧새에게서 왔을 것이다. 그들은 번식깃 — 검은색 눈썹, 형광 노란색 정수리, 회색 뺨 — 으로 완전히 갈아입은 후 더 자주 목욕한다. 저 새들 중에서 왜 어떤 개체는 몸이 회갈색에 갈색 눈썹을 계속 유지할까? 암새인가? 그건 아니다. 암새의 번식깃은 수새와 똑같아서 구분할 수 없다고 했다. 알고 보니 태어나서 처음으로 겨울을 나는 새는 번식하려면 한 해를 더 있어야 한단다. 그래서 저 회갈색 노랑정수리북미멧새는 암수 상관없이 아직 미성숙한 놈들이라는 뜻이다.

노랑정수리북미멧새의 암수를 구분하지 못해서 이 새의 행동 가운데 많은 것을 놓치고 있다는 생각이 들었다. 누군가 내게 암새가 좀 더 작다고 알려 줬는데 다른 전문 탐조가에게 말했더니 아주 의아하다는 표정을 지었다. 즉 나에게 저 사실을 알려 준 사람이 잘못 알고 있다는 뜻이다. 그러나 나는 새들의 욕조와 창턱에 있는 노랑정수리북미멧새를 스케치하면서 분명히 크기의 차이를 보았다. eBird에서는 이 새의 몸길이를 약 18센티미터라고 써 놓았다. 우리 집 마당에 있는 이 새는 범위가 16.5~18.5센티미터로 추정된다. 몸길이가 짧은 새는 더 날씬하기도 해서 검은눈방울새 중에서도 큰 축에 속하는 개체와 크기가 얼추 같다(검은눈방울새도 몸 크기의 변이가 있다). 새 여러 마리가 욕실 창턱에 나란히 있을 때가 있는데 먹을 때 보통 몸을 웅크리기 때문에 크기를 비교하기가 좋다. 존 뮤어 로스의 드로잉 수업에서 배우기로 새들은 변신에 능해서 경계하면서 목을 길게 늘이거나 추워서 깃털을 부풀리면 뚱뚱해 보이거나 아기처럼 보인다. 노랑정수리북미멧새 한 마리가 물그릇에서 물을 마시면서 몸 전체를 팽창시키는 것을 보았다. 이 새는 목을 꽉 채우고 입가심하는 것처럼 보였다.

 내가 노랑정수리북미멧새의 홈구장인 알래스카나 북서 캐나다에 갔다면 이 새에 대해 더 잘 알았을 것이다. 이 새는 어디에서 구애를 하고 어떤 의례 과정을 치를까? 이 새가 한 번 맺은 짝과 평생 간다는 얘기를 들었지만 이곳에서는 부부처럼 보이는 한 쌍을 본 적이 없다. 분명 캘리포니아토히와는 다르다. 토히는 한 마리를 보면 곧 주변에서 다른 토히가 따라오는 것이 보인다. 노랑정수리북미멧새 암수는 여름 집에서는 서로 별거하다가 북쪽에

2.7.21

DRINKING WATER + BATHING

BATHS ALWAYS OCCUPIED

GOLDEN-CROWNED SPARROWS Bathing more often as they molt.

LOTS OF SINGING - ARE FEMALES PICKING FAVORITES YET?

BREEDING PLUMAGE

"IS ANYONE WATCHING ME?"

- TILTS HEAD BACK
- FULL CROP
- LOOKS LIKE GARGLING
- EXPANDS BODY

ELONGATES NECK ON ALERT

물 마시고 목욕하기

2021년 2월 7일

서 번식할 때만 다시 만나는 걸까? 부모가 함께 새끼를 먹일까?

   노랑정수리북미멧새가 예년과 같은 이동 일정을 따른다면 4월 첫째 주 또는 둘째 주면 완전히 섹시한 휘장을 두를 것이다. 그리고 그다음 주에는 참나무가 우거진 우리 집 마당과는 전혀 다른 툰드라 관목지대로 향할 것이다. 그때가 되면 물그릇에서 솜털을 더 많이 보게 되겠지. 하지만 내 범죄 본능을 다스려 절대 집에는 가져가지 않겠다.

목욕 중인
캘리포니아토히

2021년 2월 8일

처음 뒷마당에서 새를 관찰하기 시작했을 때, 나는 모이통에 대한 기사를 읽었다. 그 지역에 사는 새들에게 적합하고 청설모를 방지할 수 있는 모이통을 고르는 방법을 아주 상세히 알려 주었다. 이 기사로 알게 된 것 중에서 가장 흥미로운 것은, 모이통이 새들에게 인위적인 상황을 제공한다는 사실이었다. 이를테면 모이통이 설치된 곳에는 야생에서라면 어울리지 않을 새들이 한자리에 모이게 된다. 그게 같은 종의 개체이든 다른 종의 개체이든 평소에는 잘 만나지 못하는 새를 만나게 된다는 뜻이다. 같은 식당에서 음식을 먹으려고 섞여 있다 보면 도전과 공격 행위는 정해진 수순이다. 그 정보를 알게 된 후로 나는 좀 더 세심하게 관찰하게 되었다. 우리 집 뒷마당에서 보는 새들의 행동이 내 시야 밖에서 일어나는 전형적인 행동과 다르다는 점을 염두에 두었기 때문이다.

 내가 설치한 철장은 새들의 드라마를 보기 위한 일종의 무대 장치다. 최근에 정사각형 철장 두 개를 합친 대형 직사각형 철장을 만들었다. 그리고 바닥에 설치하면서 어린 새들도 쉽게 들어갈 방법을 강구했다. 땅에서 먹이를 먹고 사는 새들은 대부분 능숙하게 철장 안으로 들어간다. 어떤 새가 철장 앞에서 계속 기웃대기는 하는데 들어가지 않는 걸 보면 이곳에 처음 온 새라는 걸 알 수 있다. 나는 철장 안에 수엣 조각이 담긴 그릇 세 개를 두었다. 수엣은 땅에서 식사하는 모든 새가 좋아하는 메뉴다. 곧 수엣 식당은 노랑

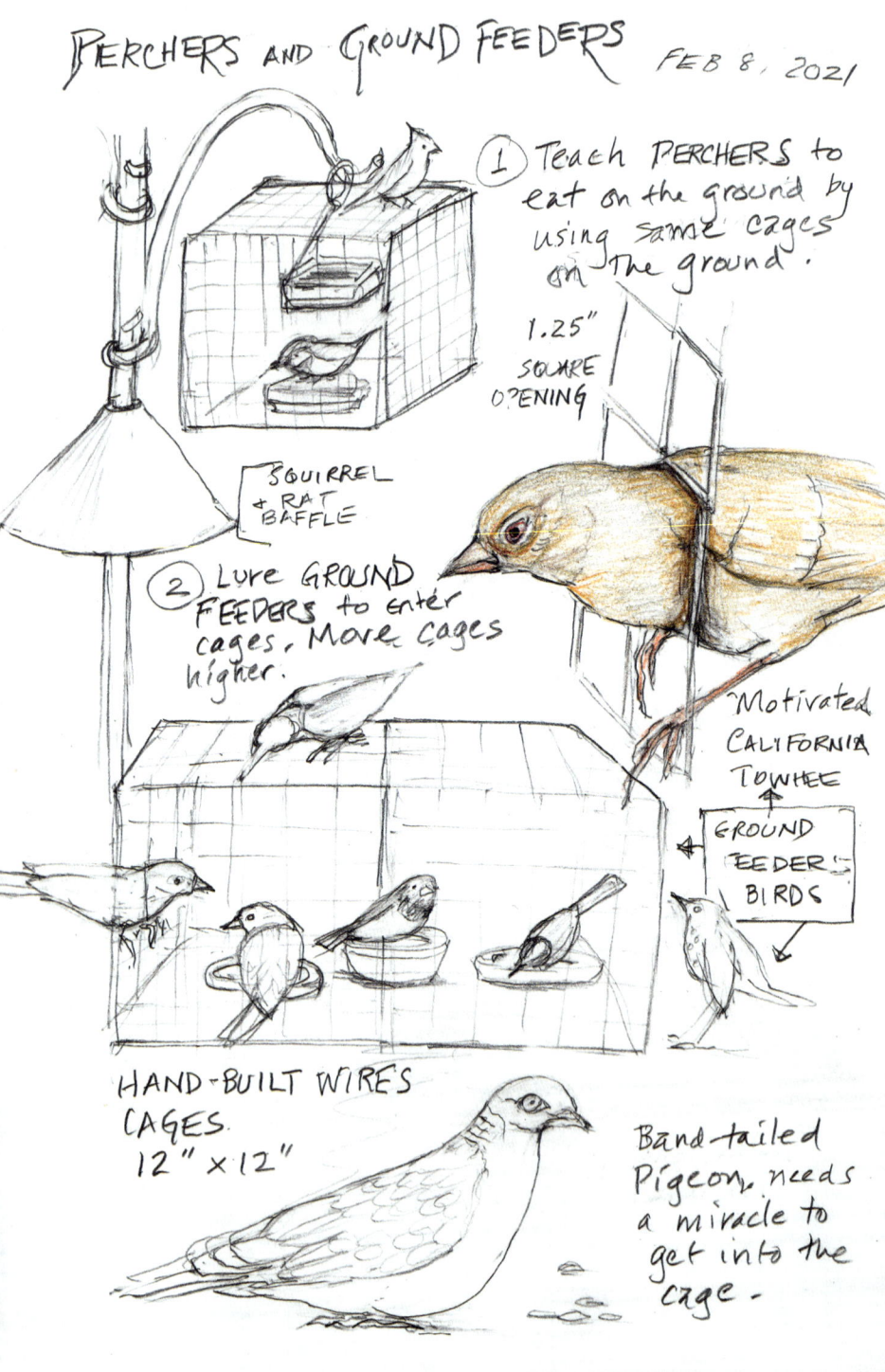

바닥에서 먹는 놈과 공중에서 먹는 놈

2021년 2월 8일

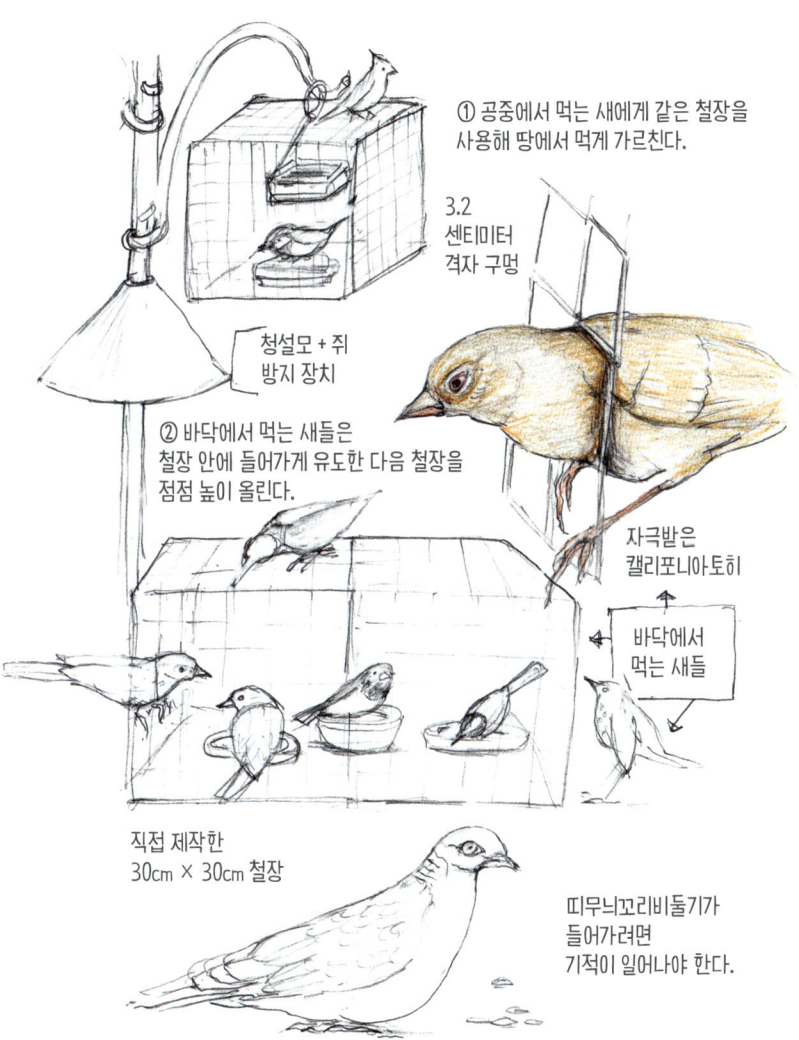

① 공중에서 먹는 새에게 같은 철장을 사용해 땅에서 먹게 가르친다.

3.2 센티미터 격자 구멍

청설모 + 쥐 방지 장치

② 바닥에서 먹는 새들은 철장 안에 들어가게 유도한 다음 철장을 점점 높이 올린다.

자극받은 캘리포니아토히

바닥에서 먹는 새들

직접 제작한 30cm × 30cm 철장

띠무늬꼬리비둘기가 들어가려면 기적이 일어나야 한다.

정수리북미멧새, 캘리포니아토히, 얼룩무늬토히 두 마리, 뷰익굴뚝새, 검은눈방울새, 흰목참새가 찾아오면서 북적거렸다. 다들 경쟁자와 마주치지 않고 철장 안에 들어갈 위치를 찾느라 분주했다. 얼마 전에 알게 된바, 거의 모든 새가 흰목참새에게 복종한다. 단, 캘리포니아토히는 예외다. 이 새는 덩치부터 우람하다.

    캘리포니아토히와 얼룩무늬토히 모두 예전 철장에는 문제없이 들어갔지만, 이 토히는 과연 자기가 가로세로 3.8cm짜리 격자로 들어갈 수 있을지 확신하지 못했다. 토히는 안에 있는 음식을 보고 철장 주위를 빙 둘러 돌아다녔다. 그러다가 한 구멍으로 머리와 어깨를 넣었지만 가슴이 통과하지 못했다. 새는 황급히 몸을 빼고 나와 다른 쪽에 가서 한 번 더 시도했다. 근처에서 노랑정수리북미멧새가 차례를 기다리고 있었는데 흰목참새를 보더니 물러섰다. 나는 토히가 곧 포기할 거라고 생각했다. 그때 흰목참새가 격자로 폴짝 뛰어들더니 수엣을 집어 들고 도로 나오는 게 아닌가. 그 모습을 본 토히가 바로 똑같이 따라 했고 성공했다. 자기도 흰목참새와 비슷한 크기라 격자의 철사에 닿지 않고 들어갔다가 나올 수 있을 거라고 믿은 것 같았다. 어떻게 흰목참새의 행동이 그보다 훨씬 큰 토히에게 격자를 통과할 수 있다는 믿음을 주었을까? 토히에게 상대적인 크기를 비교하는 감각이 있는 걸까? 어떻게 토히는 자신을 그렇게 빨리 작게 만들었을까? 내가 생각할 수 있는 유일한 답: 새들은 마법 같은 생명체이고 이건 그들이 할 줄 아는 마술의 하나라는 것.

2021년 3월 21일

얼마 전에 마당에서 흑백의 얼룩 고양이 한 마리를 보았다. 내가 곧장 소리를 지르며 달려가자 줄행랑쳤다.

그 고양이는 울타리 근처와 담쟁이, 덩굴, 덤불 주변을 몰래 숨어 다녔다. 그곳은 얼룩무늬토히 한 쌍이 주로 활동하는 곳이다. 다음 날, 얼룩무늬토히 한 마리가 덤불에서 나오는데 다리를 저는 것 같았다. 같이 다니는 두 마리 중에서 몸집이 더 작고 몸 색깔이 덜 화려한 것으로 보아 암새였다. 이 새의 오른쪽 발은 사라졌고 남은 다리는 쓸모를 잃고 매달려 있었다. 일전에 보았던 고양이가 의심스럽다. 토히 암새가 남은 다리 부분을 뒤쪽으로 질질 끌고 가다가 물그릇 가장자리에 걸려 버렸다. 나중에는 돌에도 걸렸다. 얼룩무늬토히 수컷이 불구가 된 이 짝과 계속 함께할까?

토히 암새가 이 상처로 목숨까지 잃게 될까 봐 걱정됐다. 발이 사라지고 다리 한 짝이 쓸모를 잃으면서 생존 가능성이 낮아지지 않을까. 매는 동작이 굼뜬 새를 채 갈 것이다. 또 이 새는 원래 땅에서 먹이를 먹기 때문에 깡충 뛰기를 빨리하고 점프하고 발로 흙을 차 내야 한다. 하지만 이 암새는 더 이상 빨리 뛸 수 없다. 시간이 지나면 적응되어 동작이 조금 자연스러워질까? 잘려 나간 부위가 감염되지는 않을까? 잡아서 야생동물 병원에라도 데려갈 수 있으면 좋으련만. 걸리적거리는 부위라도 제거할 수 있게 말이다.

일전에 고양이를 키우는 어느 사람이 유사 과학을 내세우며 이

충격과 슬픔.

얼룩무늬토히. 오른쪽 발을 잃었다.

치명적인
상처일까?

범인은
고양이?

런 식으로 말할 때 화가 나서 돌아 버리는 줄 알았다. "고양이는 최상위 포식자예요. 고양이는 새를 잡아먹고, 새는 벌레를 먹죠. 그게 자연의 섭리이니 받아들이세요." 내 대답: 코요테와 큰뿔부엉이는 아무 데나 돌아다니는 당신 고양이보다 더 위에 있는 포식자이고 얼마든지 그 사실을 증명할 수 있습니다.

2021년 6월 23일

낙원에 불화가 생겼다. 캘리포니아토히 세 마리가 우리 집 뒷마당에서 온종일 머무는데 그중 두 마리가 수시로 싸우는 것 같다. 두 마리가 파티오 가장자리 난간에 있을 때 보통 나머지 한 마리는 의자의 등받이 쿠션 아래쪽에 앉아 있다. 이 싸움꾼들은 날개를 아래로 늘어뜨리는 것을 시작으로 해서 빠르게 파닥거린다. 이 동작은 새끼가 부모에게 먹이를 달라고 사정할 때와는 확실히 다르고, 일종의 의례처럼 보인다. 둘 중 하나가 상대에게 등을 보이고, 남은 또 한 마리는 촘촘한 원을 그리며 춤을 춘다. 때로는 서로 얼굴이 가까워지다가 다리를 들어 올리며 일시에 일어난다. 처음에는 공격 행위라고 생각했다. 다른 새늘이 늦은 자세로 가까이 접근하면서 처진 날개로 공격성을 보이는 걸 본 적이 있기 때문이다. 내가 나름대로 생각해 본 시나리오는 이렇다. 날개를 파닥거리는 두 마리는 수컷이고, 그걸 지켜보는 암컷은 짝을 지을 승자를 선언하기 위해 대기 중인 암컷이라고. 그러나 내가 아는 어느 전문 탐조인이 말하길, 그런 행동은 토히 암수 사이의 구애 행위라고 했다. 그렇다면 교미로 이어질 이 사랑놀음을 처음부터 끝까지 지켜보고 있는 저 의문의 세 번째 토히는 누구란 말인가? 어쩌면 그들의 자식, 즉 구애 방식을 배우려는 젊은 수컷일지도 모른다. 그는 무엇을 배웠을까?

6-23-21

CALIFORNIA TOWHEE
LOVE or WAR?

I've seen two Calif Towhees lower and flap wings whenever they are near each other. Sometimes a third towhee is nearby. This is not the wing or tail flutters that fledglings do for food from parents.

turned back to other Towhee and raised one wing

Was it a sexy dance of courtship or a war dance over territory between males in front of a female? I am guessing the latter.

캘리포니아토히
- 사랑이냐 전쟁이냐?

2021년 6월 23일

캘리포니아토히 두 마리가 서로 가까이 있을 때마다 날개를 낮추고 파닥이는 것을 보았다. 가끔은 세 번째 토히가 근처에 있었다. 이 행동은 새끼가 부모한테 먹이를 달라면서 날개나 꼬리를 움직이는 것과는 다르다. 이것이 구애의 섹시 댄스일까, 아니면 두 수컷이 암컷 앞에서 세력권 싸움을 벌이는 걸까? 내 생각엔 후자 같은데 말이다.

다른 토히에게 등을 돌리고 한쪽 날개를 올렸다.

2021년 6월 29일

요리 노트: 나는 우리 집 마당이 지금까지 야생의 조류 손님들에게 최고의 음식을 제공해 온 것에 적지 않은 자부심을 느껴 왔다. 우리 집 뒷마당에서는 생 밀웜을 대신해 말린 밀웜 같은 것은 절대 내놓지 않는다. 그건 애들에게 신선한 유기농 브로콜리 대신 냉동 브로콜리를 주는 것과 같다. 어린 캘리포니아토히 한 마리가 이런 내 배려에 감사하며 밀웜 먹이통을 독차지했다. 이 새는 꿈틀이들을 깔아뭉개고 연달아 쓰러뜨리며 조금도 속도가 줄지 않고 한참을 먹어 댔다. 토히가 한 번에 15~20마리씩 밀웜을 먹어 치우고 끝내 그릇을 깨끗이 비운 순간 나는 우리 집 메뉴에 대한 자부심을 버리고 말린 밀웜으로 바꿔야 할 때가 왔음을 깨달았다. 말린 밀웜은 생 밀웜보다 단가가 훨씬 싸다. 하지만 그래도 명금류들이 여전히 우리 집 뒷마당을 이 동네 맛집으로 생각할까? 작년에 쇠그릇에 담긴 생 밀웜 천 마리가 38도의 더위에 모두 죽었을 때 작은 새들은 칼같이 거부하며 먹지 않았다. 뻣뻣한 벌레가 작은 새의 모이주머니에 부담을 주는 모양이었다. 큰 새들은 훨씬 덜 까다로웠다.

오늘 나는 말린 밀웜을 내놓았다. 명금류들은 말린 밀웜을 내던져 버리면서 접시를 끝까지 헤집어 놓았다. 나는 그릇을 다시 채웠다. 다 큰 토히 한 마리가 철장으로 들어와서는 말린 밀웜을 집어 들더니 바로 버렸다. 옆에 있는 다른 걸 집었다가 또 떨어뜨렸다. 그릇을 뒤집어엎다시피 하더니 결국에는 말린 밀웜 한 마리를 입에 넣었고 이어서 세 마리까지 먹었다. 그러더니 하나를 부리에 물고 떠났는데 곧 정신을 차린 듯한 표정으로 이 저가의 밀웜을 버리고 목욕통으로 가서 한참 물놀이를 했다. 마치 못 먹을 것을 먹어서 입안을 씻어 내리는 것 같았다. 한편 어린 토히 한 마리가 파티오에 도착해 통통 뛰어다니며 먹을 것을 찾았다. 아까의 어른 토히가 버리고 간 말린 밀웜을 발견하더니 이내 집어 들고 꿀꺽 삼켰다. 몇 마리 더 파티오에 던졌더니 그것들도 잘 먹었다. 이런 뿌듯함이라니! 아이가 냉동 브로콜리를 먹게 만든 엄마가 된 기분이랄까?

캘리포니아토히

2021년 7월 14일

일요일에 내 가장 오래된 절친 아사가 심근경색으로 세상을 떠났다. 나는 이틀 밤을 지새우며 우리가 지난 51년간 함께 겪은 일들을 되새겼다. 대개는 재밌고 즐거운 순간이었다. 이를테면 아사가 나를 흉내 낸답시고 디자이너 이세이 미챠케 의상으로 여장을 한 다음 지갑에는 요크셔테리어 인형 두 개를 넣고「돈 크라이 포 미 아르헨티나Don't Cry for Me, Argentina」를 개사해서 불렀을 때처럼 말이다.

오늘 파티오에서는 평소처럼 검은눈방울새가 땅에 떨어진 모이를 찾아 쪼고 있었고 애기동고비 한 쌍이 날아와 밀웜 그릇을 습격해 새끼에게 먹일 충분한 양을 가져갔다. 캘리포니아토히 한 쌍도 서로 거친 날갯짓을 보이더니 마침내 발을 치켜들고 하늘로 날아올랐다. 그런 다음 본 것이 미국지빠귀였다. 울타리 꼭대기에 앉아 있었는데 늘 그렇듯 부리를 치켜든 군주의 자세였다. 몇몇 서식지에서는 흔한 새지만 우리 집 뒷마당에서는 귀하다. 내가 본격적으로 탐조를 시작한 후로 5년 동안 여기에서 딱 세 번 보았다.

몇 분 뒤, 한 번도 우리 집에 온 적 없는 생물을 보았다. 생생한 흑백의 줄무늬가 얼굴을 타고 진한 갈색의 등까지 이어지는 다람쥐였다. 재스민 덩굴 옆 마취목 아래로 현관 진입로를 따라 높이 올려진 콘크리트 화분 위에 앉아 있었다. 이곳이 이 다람쥐들을 볼 수 있는 숲 서식지는 절대 아니다. 사실 나는 마린 카운티에서 다람쥐를 본 적이 한 번도 없었고 내가 물어본 사람 중에도 없었다. 캘리포니아토히 한 마리가 다람쥐가 있는 곳에서 약 30센티미터 떨어진 바비큐 그릴에 앉아 몸을 기울이며 새로운 손님을 지켜보았다. 다람쥐는 미동도 없이 엉덩이를 땅에 대고 앉아 있었다. 1분 뒤 토히가 날아갔고 다람쥐는 천천히 덩굴로 들어갔다.

재수 좋은 광경을 두 번씩이나 본 것에 놀라고 있는데 핀치 한 마리가 모이통에 날아가 금속 고리 위에 앉았다. 나는 집양진이 수컷인 줄 알았다. 최근에 쇠황금방울새들과 함께 돌아왔기 때문이다. 그러나 다시 들여다보았더니 날개가 장밋빛이고 옆구리, 가슴, 배에 줄무늬가 없었다. 그리고 머리에 볏이 살짝 솟아 있지 않은가. 보라양진이다! 이 새 역시 지난 몇 년간 몇 번밖에 보지 못했던 새다.

한 시간 남짓한 동안 벌어진 이 일들은 그저 기분 좋은 우연에 불과할지 모르지만 나는 내가 사랑했지만 떠난 사람들이 작별 인사를 하러 어떤 형태로든 나를 찾아올지 모른다는 소망을 오랫동안 품어 왔던 사람이다. 그 사람이 새가 되어 온다면 내가 알아볼 수 있게 확실히 눈에 띄어야 할 것이다. 그리고 오늘 나는 평소에 보지 못했던 새들과 추가로 다람쥐까지 보았다. 내 이성은 슬픔과 희망의 이런 우연에 특별한 의미가 없다고 말했다. 더군다나 아사는 과학을 믿는 무신론자였으니 이런 생각은 헛소리라고 했겠지.

아사를 아는 친구들은 그라면 호들갑스럽고 유별나고 드라마틱한 누군가가 되어 자기가 왔으니 어서 봐 달라며 요란하게 등장

JULY 14, 2021

The chipmunk was not fearful in its manner when the towhee approached. It simply sat still. Ironically, I had always pictured Asa as a towhee, which I find to be comical and lumbering birds, a little more curious than other birds in exploring what is inside the room beyond the glass.

Sonoma chipmunk

서노마다람쥐

2021년 7월 14일

다람쥐는 토히가 다가와도 전혀 겁을 먹지 않고 그대로 있었다. 아이러니하게도 나는 항상 아사를 보면 토히가 생각났었다. 토히는 웃기고 움직임이 굼뜨고 유리문 너머 실내를 탐험하는 새들보다 아주 조금 더 호기심이 있는 새다.

JULY 14, 2021

When the chipmunk appeared, the California Towhee flew to the BBQ grill to check out the newcomer.

California Towhee

It leaned forward from about 12"-18" away. This can be an aggressive posture with birds, but the Towhee actually appeared curious. It had been flapping its wings and fighting another towhee just before.

캘리포니아토히

2021년 7월 14일

다람쥐가 나타났을 때 캘리포니아토히가 바비큐 그릴 위에 내려앉아 이 새로운 이웃을 조사했다.

30~45센티미터쯤 떨어진 곳에 앉아 몸을 기울였다. 다른 새 앞에서라면 공격적인 자세일 수 있으나 토히는 오히려 호기심이 있는 것처럼 보였다. 방금 전까지 다른 토히와 날개를 퍼덕이며 다투고 있었다.

했을 거라는 데 동의할 것이다. 만약 저 세 동물이 정말로 아사의 혼령이라면 좀 과한 것이고 그것 역시 전형적인 아사이다. 그는 모든 면에서 과장되고 좀 오버하는 편이었으니까. 그가 일부러 화내는 척하며 내지르는 소리가 들리는 것 같았다. "도대체 무슨 동물로 분장해야 진짜 나라는 걸 알아볼래?"

2021년 7월 15일

최후의 결전: 오른쪽 홍코너에서 어린 덤불어치가 등장했다. 28센티미터의 뻔뻔하고 배짱 좋고 시끄럽고 영리하고, 무엇보다 항상 배가 고픈 새다. 이 새의 강한 부리는 까마귀과 사촌들과 비슷하지만 다 자란 성체에 비하면 작은 편이다. 음식을 두고 하는 싸움이라면 덤불어치에게 돈을 거는 편이 현명하다. 이 새가 먹이가 있는 곳에 가지 못하는 유일한 때는 내가 팔을 휘젓고 소리를 지르며 달려갈 때뿐이다. 왼쪽의 청코너에서 등장한 새는 다 큰 캘리포니아토히다. 23센티미터의 이 새는 별로 똑똑해 보이지 않지만 속을 알 수 없는 저 표정은 사실 교묘한 속임수이다. 먹이 앞에서 이 새는 끈질긴 근성을 보인다. 살아 있는 밀웜 중에 이 새의 마음에 들지 않는 것은 없었다.

    유쾌한 토히가 마당을 뛰어다니며 이 모이통 저 모이통에서 수엣을 먹었다. 수엣을 집었다가 차마 삼키지 못하고 파티오에 떨어뜨리는 것을 보니 모이주머니가 다 찼나 보다. 꽤 큰 덩어리였는데. 그걸 보고 약삭빠른 어린 덤불어치가 곧장 날아들었지만 채 닿기도 전에 토히가 달려 나와 침입자를 가로막았다. 덤불어치는 몸이 더 길고 무겁지만 토히가 돌격 태세로 전진하자 움찔했다. 어린 덤불어치는 늘 배가 고프지만 토히의 공격적인 태도 앞에서는 꼼짝하지 못했다. 토히가 수엣을 먹어 치우는 모습을 보더니 날아가 버렸다.

7-15-21

"I'M A JUVIE! I'M HUNGRY!"

I don't know other motivations, like how hungry the bird is or its babies.

But SIZE has usually been the winning determinant. NOT so, with this towhee and scrub jay. The towhee had the suet first, defended its claim.

SUET

It did some aggressive posturing, advancing toward the jay. The jay backed off. The towhee grabbed the suet. The jay flew off.

YOUNG CALIFORNIA SCRUB JAY

어린 캘리포니아덤불어치

2021년 7월 15일

전 한창 크는 나이에요. 그래서 항상 배가 고파요.

얼마나 배가 고픈지, 또는 새끼가 있는지 따위의 다른 동기는 모르겠다.

크기는 대개 승패를 결정하는 요소이지만, 이 토히와 덤불어치는 달랐다. 토히가 수엣을 먼저 가졌고 지켜 냈다.

수엣

토히는 공격적인 자세로 덤불어치에게 다가갔다. 어치가 물러났고 토히는 수엣을 집어 들었다. 어치는 날아가 버렸다.

캘리포니아덤불어치(2020년 3월 30일, 독립한 지 20일째)

2021년 8월 21일

　산불이 연달아 발생하면서 계속해서 기승을 부리고 있다. 지난달에 세 종의 새로운 새가 뒷마당으로 찾아왔다. 그러나 산불 때문에 우리 집까지 온 것은 아니다. 그들은 자기 서식지를 익히고 있는 어린 새들인데 우리 집에 온 것은 어쨌든 잘못 찾아온 것이다.

　첫 번째 새는 서부들종다리로 내가 주로 포트 베이커의 너른 초원에서 보는 새다. 우리 집 뒷마당은 오페라 가수인 들종다리를 위한 열린 공간이 부족하다. 두 번째는 검은머리밀화부리로 헤드랜즈의 넓은 관목 지대에서 보았다. 세 번째 새로운 새는 은둔솔새인데 빽빽한 숲을 좋아한다. 세 종 모두 어린 새의 색깔이라 동정하기가 어려웠다. 서부들종다리와 검은머리밀화부리는 성조를 본 적이 있었지만 은둔솔새는 부리가 솔새를 닮은 건 알았어도 한 번도 직접 보지는 못했다. 은둔솔새 성조는 목 부위가 선명한 검은색이다. 이 어린 새의 목과 머리는 회색이었다. 새의 사진을 페이스북 조류 그룹에 올렸더니 내 추측을 확인해 주었다. 이렇게 또 하나를 배운다. 마당에서 이 새를 보았다니까 여러 사람이 나더러 운이 좋다고 했다. 경험 많은 한 탐조가는 난생처음 보는 새라며 자기 목록에 올려야겠다고 했다. 내 목록에 있는 새들은 뒷마당에 있는 것들뿐이다. 솔직히 말하면 지금 좀 자랑스럽다.

새로운 방문객과 산불

2021년 8월 21일

서부들종다리,
2021년 7월 20일

새로운 새들은 산불이 나서 공기질이 나쁠 때 에이미의 리조트에 들른다. 와서 목욕도 하고 물도 마신 다음 가던 길을 간다.

어린 검은머리밀화부리,
2021년 8월 16일

저지대에서는 잘 발견되지 않음.

은둔솔새,
2021년 8월 21일

작년에 산불로 찾아온 손님들

발은 비늘이 있고 겉껍질이 있는데 벗겨지는 것 같다.

흰가슴동고비,
2020년 9월 6일

파란색 다리

허턴비레오,
2020년 8월 17일

2021년 9월 26일

 오후 2시 30분, 금속성 충돌 소리에 작업실 쪽 현관으로 달려갔다. 판석 위에 커다란 어린 쿠퍼매 한 마리가 철제 휴지통과 철장 모이통 세 개가 달린 철제 스탠드 사이에 배를 보이고 누워 있었다. 모이통들이 정신없이 흔들렸다. 쿠퍼매가 홰에 앉아 있던 명금류를 낚아채려고 급강하하다가 부딪친 모양이었다.
 이 웅장한 새를 눈앞에서 보고 있으니 몸이 다 떨렸다. 나는 부드럽게 말을 걸었다. "이를 어째. 괜찮니? 많이 아프지." 예전에 멀리 있는 쿠퍼매를 쌍안경으로 또는 디지털 줌을 최대로 당겨서 본 적은 있었다. 또 이 새를 보게 되면 바로 알아보고, 또 쿠퍼매보다 크기가 좀 더 작은 줄무늬새매와도 구분하고 싶어서 자연 일지에 스케치를 한 적도 있었다. 이 다친 매는 크기가 커서 얼핏 보기에 몸길이가 적어도 50센티미터는 되어 보였는데 그렇다면 암컷이다. 자세히 들여다봐도 필드 마크들이 보이지 않는 게 진짜가 아닌 것 같았다. 몸깃은 등과 머리가 진한 갈색이고 배는 부드러운 크림색인데 가슴에 물방울무늬가 있었다. 눈은 노란색인데 이런 점들로 미루어 어린 새라는 걸 알 수 있었다. 지금이 9월이니까 기껏해야 3~4개월 된 아기이다.
 어리고 경험이 없으니 홰에 앉아 있던 새가 철장 안에 있다는 걸 몰랐을 수도 있다. 아마 경계를 풀고 있던 새를 붙잡으려고 하다가 철장에 부딪친 것 같다. 아니면 내가 찌꺼기들을 걸러 내려고 최근에 설치한 그물에 날개가 걸렸는지도 모른다. 모이통은 창문에서 90센티미터쯤 떨어져 있었고 쿠퍼매 암컷이 날개를 펼치면 최대 길이가 그쯤 된다. 두 창문 모두 조류 충돌 방지용 스티커가 붙여져 있었지만 쿠퍼매는 원래 빠른 속도로 하강하는 것으로 유명한 새라 갑자기 방향을 틀기가 어려웠을 것이다. 여기는 어린 매가 사냥을 하기에 적합한 장소가 아니다.

 암매의 노란 눈동자가 커지고 입을 벌리고 있었다. 스트레스와 통증의 신호이다. 내가 다가갔는데도 도망치려고 하지 않았다. 나쁜 신호다. 그러나 경계심은 잃지 않아 가까이 가자 나를 빤히 쳐다보았다. 나는 새의 몸을 돌리고 양쪽 팔로 들어 올렸다. 강하고도 연약했고, 단단하면서도 부드러웠다. 나는 마법의 생명체를 들고 있는 것이다. 반항하지 않고 고분고분한 게 아마도 충격이 컸던 것 같았다. 만약 이렇게 다치지 않았다면 발톱으로 내 팔을 꽉 붙잡고 놓지 않았을 거라는 사실이 나중에 응급실에 도착해서야 생각났다. 나는 새를 담을 상자를 찾았다. 하지만 집에 있는 상자들이 모두 너무 짧았다. 그러다가 강아지 캐리어를 찾았다. 내부가 부드럽고 그물로 된 창이 뚫렸는데 46센티미터 정도라 빠듯하기는 하지만 그래도 충분했다. 새를 상자에 넣고 있는데 갑자기 퍼드득하고 도망치더니 몇십 센티미터 떨어진 거울 벽으로 날아갔다. 우리 집 작은 개 두 마리가 짖어 대며 달려가는 걸 보고 나는 목이 터지라 소리쳤다. 개들은 멈췄다. 매는 날 수 없어 바닥으로 가라앉았다. 이번에는 몸부림치지 않고 얌전히 캐리어 안으로 들

쿠퍼매(어린 새)

어갔다. 다 넣자마자 나는 휴대전화로 재빨리 사진을 한 장 찍었고 그런 다음 캐리어의 지퍼를 닫았다.

 사고가 나고 20분 만에 우리는 와일드케어에 도착했다. 마린 카운티에 있는 유일한 야생동물 재활센터이다. 새의 날개에서 구부러진 부위에 탈구가 의심된다고 했다. 뼈가 제자리에 있지 않으니 날개가 쳐질 수밖에 없다. 부러진 뼈는 치료하기 쉬울 것이다. 하지만 와일드케어의 직원 말이 다시 날 수 있다고 해도 탈구되었던 부위 때문에 도망치는 쥐나 새를 잡을 만큼 날개를 조정하기 어려울 거라고 했다. 이대로라면 또다시 어딘가에 충돌하거나 먹이를 잡을 수 없어서 굶어 죽는단다.

 첫 번째 검사에서 신경 손상도 발견되었는데 그건 충돌로 인한 것일 수도 있고 아니면 과거에 있었던 사고 또는 심지어 쥐약을 먹고 중독되었기 때문일 수도 있다고 했다. 어쩌면 그래서 애초에 하강을 하면서 계산을 잘못했는지도 모른다. 그리고 저체중 상태였는데 그건 이미 평소 사냥을 잘하지 못하고 있었다는 뜻이다. 이 새는 아마 굶주린 채, 성인기에 도달하지 못하고 죽는 75~85퍼센트의 어린 맹금류에 합류하게 될 것이다. 나는 이 쿠퍼매가 살아남아 20년을 더 세상에서 날아다니는 15~25퍼센트에 속하길 진심으로 바랐다. 새가 성장하면서 몸깃이 회색으로 바뀌고 눈 색깔도 붉게 변한 모습으로 우리 집 나무에 앉아 있는 모습을 그려 보았다. 나는 우리가 서로를 다시 여러 번 쳐다보는 상상도 했다.

 업데이트: 와일드케어는 두 달의 재활을 시도했고 그런 다음

페탈루마의 야생동물 재활센터에 있는 더 큰 조류관으로 옮겨 좀 더 큰 방에서 생활하게 했다. 나는 매주 소식을 전해들었다. 새는 냉동 쥐를 먹고 살을 찌웠다. 우리는 이 새를 '미스 까칠이'라는 별명으로 불렀는데 사람들이 주변에 있는 걸 아주 싫어했기 때문이다. 센터에서는 새가 살아 있는 먹잇감을 사냥할 정도로 비행할 수 있는지를 주기적으로 시험했다. 나는 이 새를 우리 집 마당에서 풀어 주는 사람이 나이길 소망했다.

쿠퍼새는 총 3개월 동안 아주 훌륭한 보살핌을 받았다. 하지만 여전히 대칭을 이루고 날지 못했다. 그 보고를 받은 지 며칠 뒤, 센터 소장으로부터 전화를 해달라는 음성 메시지를 받았다. 그녀의 부드럽고 위로가 담긴 목소리를 들으며 좋은 소식이 아니라는 것을 알았다. 나는 그녀가 내게 힘든 소식을 전하지 않아도 되게 음성 메시지로 그동안의 노고에 감사하다는 말을 남겼다. 미스 까칠이가 날면서 먹이를 제대로 잡지 못한다면 야생에서 서서히 굶어 죽을 거라는 걸 알았다. 게다가 까탈스러운 성격 때문에 어린이 프로그램의 마스코트로도 적합하지 않았다. 나는 안락사가 좀 더 인도적인 방법임을 알았고 그들이 최대한 친절한 방법으로 그리해 줄 것을 알기에 감사했다.

메시지를 남기고 나서 나는 울었다. 이 새의 초상화를 그려 보았지만 영혼까지 담아 낼 수는 없었다. 잠시 새를 붙잡고 말을 걸었을 때 그녀가 느꼈을 감정을 담아 낼 수 없었다.

2021년 10월 24일

사이클론이 베이에어리어에 도착해 물 폭탄을 투하했다. 연달아 일으킨 폭풍이 대기의 강을 형성해 30분 동안 세상을 물에 잠기게 했다. 현관의 새똥을 씻어 낼 물을 아낄 수 있어서 이곳 거주자들은 내심 반겼다. 물탱크도 잘 채워지고 있었다. 그러나 커다란 참나무 가지들이 세차게 흔들리는 것을 보면서 저기에 있던 새들이 바람에 날려 폭풍 속에 휩쓸려 갔을지도 모르겠다는 생각이 들었다. 비가 옆에서 들이칠 때는 어디로 가야 비에 젖지 않을까?

내 궁금증에 답이라도 하듯 애기동고비 두 마리가 작업실 쪽 현관 지붕 밑으로 날아 들어와 모이통 꼭대기에 서로 5센티미터쯤 떨어져 앉았다. 사람들은 애기동고비가 세상에서 가장 귀여운 새라는 걸 인정할 것이다. 이 새는 누르면 삑삑 소리 나는 고무 장난감처럼 생겼고 또 실제로도 그런 소리를 낸다. 모이통의 수엣볼 몇 개를 먹고 힘을 내서 잎이 무성한 나무로 날아가 숨을 곳을 찾을 줄 알았는데 5분 뒤에도 여전히 그 자리에 있었다. 흠뻑 젖은 덤불어치가 난간으로 떨어져 비참한 표정으로 나를 볼 때도 두 새는 움직이지 않았다. 어치는 평소의 밝고 푸른 깃털이 너무 젖어서 검게 변했고 이대로라면 추위에서 몸을 감싸줄 수도 없을 것 같았다. 몸이 젖자 머리뼈의 형태가 그대로 드러났다. 몇 초 뒤 다시 폭우로 들어가는 모습을 보면서 죽으면 어쩌나 걱정했다.

애기동고비들은 마른 상태로 침착하게 머물러 있었다. 모이통

PYGMY PORT IN A STORM

10.24.21

Where do birds go in big storms. The bomb cyclone blew so hard that birds in trees were likely getting soaked. A Scrub Jay flew onto the porch, drenched, its feathers black – with no reflection in its blue feathers. Two pygmy Nuthatches settled on top of the feeder on the office porch. A mated pair? The smaller one scooted next to the other, who groomed the mate of mites and or other pests. They stayed side-by-side for 30 minutes watching the storm.

폭풍 속 애기동고비

2021년 10월 24일

이렇게 큰 폭풍이 몰아치면 새들은 어디로 갈까? 사이클론이 일으킨 비바람에 나무의 새들이 모두 젖었을 것이다. 덤불치 한 마리가 현관으로 날아왔는데 몸이 흠뻑 젖어 깃털이 검게 보였다. 애기동고비 두 마리가 작업실 쪽 현관의 모이통 위에 앉아 있었다. 짝을 지은 한 쌍의 부부일까? 더 작은 새가 옆으로 다가가더니 깃털을 고르며 해충을 잡아주었다. 그들은 나란히 앉아 폭풍을 구경하며 30분을 더 머물렀다.

이 있는데도 들어가서 먹지 않고 관람석에 앉아 쏟아지는 비를 하염없이 지켜보았다. 더 작은 놈이 큰 놈 옆으로 다가가니까 큰 놈이 작은 놈의 깃털을 찌르고 쪼면서 단장해 주었다. 이 두 마리는 성체이고 아마 짝지은 한 쌍의 암수일 것이다. 새끼가 날기 시작하는 철은 이미 한참 전에 끝났기 때문이다. 이 두 마리 작은 동고비는 현관 그네에 앉은 연인처럼 몸을 바짝 붙이고 30분 동안 비를 감상했다.

2021년 11월 30일

벌새 암컷이 꿀물통에서 꿀물을 마시고 있는데도 수새가 득달같이 날아와서 쫓아내지 않는 때가 되면 나는 구애의 기간이 시작되었다고 짐작한다. 이 인간의 눈에는 수컷이 좀 더 친절해진 것처럼 보인다. 그러나 친절하다는 것은 어디까지나 인간의 성격이지 새들에게 적용할 수는 없다. 아마 수컷이 암컷을 좀 더 용인한다고 표현하는 게 더 맞을지도 모르겠다. 이 무렵의 수새들은 암새에게 가까이 가서 자기의 우월한 유전자를 전달하고 싶어 하기 때문이다.

    이 암새는 수새가 왔는데도 여전히 꿀물통에 있었다. 선명한 붉은 머리와 호화로운 목장식이 돋보이는 수새는 암새 주위에서 웅웅거리며 날다가 몇 센티미터 반경까지 좁혀 들어갔다. 수새가 공중에서 곡예 비행으로 춤을 췄는데 암새가 영 제 의사를 밝히지 않아 받아들이는 건지 거부하는 건지 알 수 없었다. 그들은 공중으로 올라가서 서로의 주위를 맴돌며 시끄럽게 딸깍 소리를 내더니 마침내 수새가 독무대를 열고 불꽃놀이 피날레를 장식했다. 나는 이 새가 얼마나 높이 올라가는지 볼 수 없었지만 전형적인 구애의 공연에서 수새는 15미터에서 30미터까지 하늘로 솟구쳤다가 암새 앞으로 급강하를 시도하며, 바깥 꽁지깃으로 공기가 밀려나갈 때 생성되는 커다란 소리로 공연이 절정에 이른다. 이렇게 안타까울 때가. 암새는 수새의 공연에 별로 감흥이 없는 듯했다. '하암, 지루해. 저번 남자가 훨씬 잘하더구먼.' 만약 수새가 암새를

ANNA'S HUMMINGBIRDS NOV 30, 2021

Has early nesting begun? Some do start in early December, or earlier. I saw a lot of activity at the feeder. A hummingbird was at the feeder and a male arrived. Instead of chasing it off, it stayed to buzz around. Several times it came quite close and yet the female was not deterred from remaining.

[female]

[MALE]

Eventually, the male and female rose up together. There was much clicking. The difference between the horizontal chase and ascension — straight up — must indicate some intent in this behavior. My guess: early courtship

애나스벌새

2021년 11월 30일

암새

번식철이 일찍 시작했나? 12월 초나 그보다 일찍 시작하는 벌새들도 있다. 꿀물통 주변에서 많은 활동이 보인다. 벌새 암컷 한 마리가 꿀물통에 있는데 수컷이 도착했다. 이 수새는 암새를 내쫓지 않고 주위에서 웅웅 소리를 내며 머물렀다. 두 새는 꽤 여러 차례 가까워졌지만 암새는 그 자리에서 벗어나지 않았다.

수새

마침내 암수가 함께 하늘로 올라갔다. 딸깍 소리가 많이 들려왔다. 수평의 추격과 상승의 차이는 이 행동에 의도가 있다는 뜻이다. 내가 짐작하기에는, 이른 구애.

얻게 되면 교미는 고작 4초 만에 끝나고 ― 뭐든지 빨리빨리 하는 새니까 ― 곧바로 이 매력적인 바람둥이는 다른 암컷을 낚으러 떠나 버린다. 수새는 둥지 짓기를 돕는 일도 없고 알을 품는 어미나 새끼에게 먹이를 가져다주는 일도 없다. 암새가 모든 일을 도맡아 한다는 사실을 알게 되었을 때 나는 암새에게 엄청나게 감탄했다. 벌새가 주제인 대부분의 예술 사진이나 삽화에는 언제나 수새가 그려져 있다. 수새는 색깔이 더 화려하고, 노래를 부르고, 감탄할 만한 공연을 선보이니까. 겉모습이 덜 두드러지는 암새는 별다른 관심을 받지 못해 그나마도 둥지 속 새끼들과 함께가 아니라면 존재가 무시되기 일쑤다. 오늘부터 나는 벌새 암컷을 자세히 그려 볼 생각이다. 무책임한 남편의 자손이 살아남게 하기 위해 그녀가 하는 일들을 생각하겠다.

참나무관박새(어린 새)

갈색등쇠박새

흰정수리북미멧새(미성숙)

노래참새

큰뿔부엉이(암컷)

검은눈방울새

쇠황금방울새

검은눈방울새(어린 새)

큰멧참새

2022년 1월 8일

새들은 나를 매일 본다. 나는 그들에게 일용할 양식을 주는 후원자이다. 이 새들은 내가 실내의 식탁에 앉아 자기들이 파티오에서 먹고 목욕하고 신나게 뛰어다니는 것을 지켜보고 있어도 크게 방해받지 않는다. 또 밖에서도 모이통 옆에 가만히 서 있거나 물그릇에 물을 채울 때 별로 거북해하지 않는다. 그러나, 쌍안경만 집어 들었다 하면 그게 멀리서든 설령 집안에서라도 바로 날아가 버린다. 그리고 쌍안경을 내려놓으면 대개 20초 안에 돌아온다. '아, 우리한테 밥을 갖다주는 날지 못하는 짐승이었잖아?'

쌍안경을 눈에 대고 있는 내 모습을 사진으로 찍어서 봤더니, 세상에 참 무섭게도 생겼다. 부엉이 눈처럼 왕방울만 하고 반짝이는 검은 눈을 가진 얼굴이었다.

나는 어떻게 새들이 자신의 공간에 인간을 받아들이는지 늘 궁금했다. 이들을 두렵지 않게 하고 나를 보고도 도망치지 않게 하려면 뭐가 필요할까? 밀웜과 수엣으로는 충분하지 않다. 나는 야생 새들에게 신뢰와 공포의 개념이 무엇일까 수년간 고민해 왔다. 새는 어떻게 이 크고 날지 못하는 짐승이 배가 고파 자기를 잡아먹지 않을 거라는 걸 알까? 새가 나를 믿으려면 어떤 조건이 있어야 할까? 꾸준히 먹이를 줄 것. 거리를 유지하면서 그들이 내게 오게 할 것. 움직이지 않을 것. 그렇게 나는 큰 발전을 만들어 냈다. 그들은 확실히 전보다 덜 경계한다.

나는 신뢰 같은 인간의 감정을 묘사하는 용어는 새들에게 사용하지 않아야 한다고 스스로 되새기는 편이지만 의인화는 새의 관점에서 새를 바라보기 위한 시작이다. 나는 인간의 감정이 지닌 속성을 분석해 새의 행동에서 발견할 수 있는 게 있는지 보고 있다. 나란히 앉아 쏟아지는 폭우를 지켜보던 애기동고비 두 마리는 어떨까? 그때 수컷이 암컷의 깃털에서 진드기를 떼어 주었다. 그게 새들의 사랑 표현일까? 인간이라고 사랑을 더 잘 표현할까? 남편 루가 내 두피에 있는 이를 잡아서 먹어 줄까?

먹잇감의 시각과 포식자의 시각

2022년 1월 8일

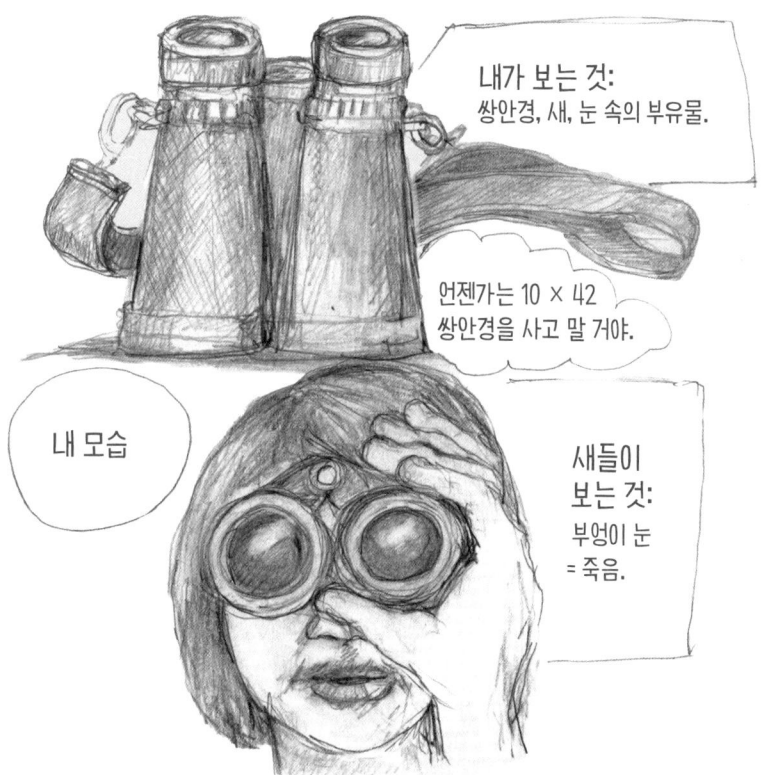

내가 보는 것: 쌍안경, 새, 눈 속의 부유물.

언젠가는 10 × 42 쌍안경을 사고 말 거야.

내 모습

새들이 보는 것: 부엉이 눈 = 죽음.

내가 쌍안경을 집어 들고 바깥의 새를 볼 때마다 새들은 날아가 버린다. 아무래도 내가 부엉이처럼 보여서 그런 것 같다. 하지만 어떻게 유리문 안에 있는 나를 보는 거지?

2022년 1월 14일

베른트 하인리히의 『까마귀의 마음 The Mind of a Raven』을 읽고 나는 까마귀와 친해지고 싶은 생각이 들었다. 주기적으로 나를 찾아오는 까마귀 한 마리가 있는데 우리는 서로 까마귀-인간의 대화를 나눈다. 그 새는 심지어 내 말을 몇 마디 따라 하고 가끔 내게 선물을 가져다준다. 아, 상상만 해도 설렌다. 하지만 현실에서 까마귀는 절대 혼자서 우리 마당에 오는 법이 없었다. 꼭 10~15마리가 떼 지어 와서는 호들갑스럽게 까악거리고는 했다. 그래서 나는 내 환상의 짝꿍을 덤불어치로 바꿨다. 역시 까마귀과 새인 덤불어치는 내가 우리 마당에서 처음으로 정체를 알아본 새이기도 했다. 이 새는 보통 한 번에 한 마리씩 우리 마당에 와서 몇 번씩 고성을 질러 대는데 그 소리를 듣고 다른 어치 한두 마리가 와서 먼저 온 새를 내쫓는다.

    그때 이후로 나는 인간과 새의 우정을 포기했다. 나는 새들의 야생성을 사랑하지만 덤불어치와 나의 관계에는 다소 복잡한 역사가 있다. 어치는 땅에 폭탄처럼 내려앉아 작은 새들을 겁주어 내쫓고 먹이를 게걸스럽게 먹는다. 수엣을 매운맛으로 바꾸면서 청설모들의 접근은 가까스로 막았지만, 덤불어치는 만만치 않은 상대였다. 나는 옆면이 플라스틱으로 된 정사각형의 모이통을 샀다. 30그램보다 무거운 새가 내려앉으면 입구가 닫히는 구조였다. 덤불어치 한 마리의 무게는 거의 70그램이다. 그러나 이 어치는 용케 모이통의 바깥 덮개에 매달리는 방법을 알아냈다. 그렇게 하면 몸의 무게가 거의 가해지지 않는 상태로 1~2초쯤 유지되는데 그 정도면 씨앗을 양껏 꺼내기에 충분하다. 마트에서 산 모이통 중에는 덤불어치나 청설모를 방지할 만한 것이 없었으므로 나는 선반을 만드는 데 썼던 철망으로 직접 모이통을 만들었다. 결과는 꽤 성공적이었다. 작은 새들은 안에 들어갔고, 덤불어치는 옆에 매달려 지켜만 봤다.

    그러나 이제 덤불어치는 새로운 문제 해결책을 들고 와 이 구역에서 가장 똑똑한 새라는 타이틀을 차지하고야 말았다. 엄청난 폭우가 내린 일주일 동안 나는 내가 만든 모이통을 파티오 파라솔 아래 테이블에 두었다. 곧 덤불어치 한 마리가 테이블에 앉았는데 철장 안의 모서리 가까이 있던 플라스틱 그릇에 부리를 넣어 쉽게 모이를 가져갔다. 이 정도야 내 선에서 얼마든지 막을 수 있지. 나는 모이를 모두 유리그릇에 담은 다음 철장 한가운데 그릇을 두어 어느 쪽에서도 부리가 쉽게 닿지 못하게 했다. 그랬더니 어치가 부리를 격자 안으로 길게 내밀더니 그릇을 반대쪽으로 밀어내는 게 아닌가. 그러더니 철장을 돌아 그쪽으로 가서 다시 부리를 집어넣어 자기 쪽으로 끌어당긴 다음 천천히 즐겼다. 좋아. 그래서 나는 그릇이 바닥에서 미끄러지지 않게 흰 실리콘 패드 위에 올려놓았다. 다음 날 아침, 밖에 나가 봤더니 실리콘 조각들이 테이블과 판석 위에 흩어져 있고 철장 한쪽으로 빈 그릇만 놓여 있었다. 이번에 나는 어치가 부리를 철장 안에 집어넣지 못하게 하려고 한

문제 해결 능력 검증

2022년 1월 14일

쪽을 나뭇가지로 막아 놓았다. 어치는 가지를 끌어냈다. 그건 좀 기발했다. 나는 더 튼튼한 막대기들을 창살에 꽂아 두었는데, 다음 날 아침에 보니 모두 바닥에 나동그라져 있었고, 일부는 부리에 쪼여 두 동강이 나 있었다. 나는 그릇 주위를 돌멩이로 감싸 두었는데 역시 다음 날 보니 어치가 옆으로 치워 두었다. 그래서 나는 벽돌을 사방에 둘렀다. 그건 무거우니까 못 옮기겠지. 내가 이겼어!

천만의 말씀! 덤불어치는 놀랍게도 마치 단두대 구멍에 머리를 넣듯 철장의 격자 사이로 머리를 통째로 쑥 들이밀었다. 그러더니 마리 앙투아네트 레스토랑에서 느긋하게 식사하는 게 아닌가. 이런 상태는 공격에 취약하다. 아닌 게 아니라 큰 토히 한 마리가 반대편에서 철장 안으로 들어오더니 덤불어치의 얼굴을 공격했다. 이런 위험조차 감수하는 인내력이 실로 감동적이었다.

덤불어치가 보여 준 이런 침입 기술이 비단 어느 천재적인 새 한 마리의 작품일까? 아니면 내가 낸 퍼즐을 푸는 과정에서 시행착오를 통해 새롭게 습득한 행동일까? 아마도 덤불어치는 이미 이와 같은 문제 해결 능력을 야생에서 사용하고 있었을 것이다. 예를 들어 먹이를 잡아당기는 행동은 나무나 돌 틈에서 여러 번 써먹었을 것이다. 가지에서 도토리를 뜯어 내는 행동도 그렇고, 장애물을 옆으로 치우는 행동도 마찬가지다. 나는 그가 눈앞의 문제를 해결하기 위해 자기가 이미 갖고 있는 기술들을 조합한다고 생각한다.

나는 덤불어치의 저 기발한 재간과 끈기에 높은 점수를 주었다. 나도 한 끈기 하는 사람이다. 그래서 최후의 수단으로 나는 덤불어치에게… 친절을 베풀었다. 명금류 모이통에서 멀리 떨어진 우리 집 뒤편으로 오직 덤불어치만을 위해 곁에 견과류가 잔뜩 박힌 커다란 수엣콘을 걸어 두었다. 하지만 아직까지 아무도 건드리지 않았다. 너무 쉬운 게지.

2022년 1월 21일

루가 오더니 정원 아래로 가는 길에 청설모 한 마리가 죽어 있다고 했다. 죽은 지 얼마 안 되는 듯 가여운 희생자의 내장이 여기저기 흩어져 있고 공교롭게도 사체에 머리가 없었다. 루는 자기가 오는 소리를 듣고 범인이 도망간 것 같다고 했다. 붉은꼬리매, 어쩌면 큰뿔부엉이일지도 모르겠다. 우리는 붉은꼬리매가 우리 집 나무에 내려앉는 것을 고작 두 번 보았고, 큰뿔부엉이의 소리를 들은 것은 몇 년간 10번이 조금 넘는데 해가 질 무렵, 또는 어둠 속에서 유령 같은 소리를 냈다. 하지만 마당에서 이 새를 본 적은 없었다. 그러나 오늘, 오후 3시쯤 새 모이통을 채우고 있는데 새 울음소리가 들렸다. 그 소리는 다른 부엉이와 다르게 같은 높이로 강하게 지속되었다. 우는비둘기의 목에서 나는 부드러운 소리를 큰뿔부엉이 소리로 착각하는 사람도 있지만, 비둘기 울음소리는 음높이가 일정하지 않다. 두 번째 음이 다섯 음계 더 높아 음표로 따지면 "라, 미, 라, 라"와 같다. 하지만 부엉이의 이 단일 계음의 울음소리는 한 옥타브 아래 있는 것처럼 들렸다. "솔-솔 솔 솔." 아주 듣기 좋고 넓게 멀리 울려 퍼지는 소리였다. 부엉이 소리가 색소폰이라면 비둘기 소리는 리코더이다.

마침 내 자연 일지 선생님인 열여덟 살 피오나 길로글리와, 피오나의 엄마 베스가 포인트 레예스에 가는 길에 우리 집에 들렀다. 당연히 피오나는 그 사체를 보고 싶어 했다. 그리고 그게 청설모가 아니라 아기 주머니쥐라는 걸 단박에 알아보았다. 피오나는 이 유대류를 설치류로 착각하게 만드는 꼬리를 가리켰다. 이어서 우리는 죽은 주머니쥐의 머리도 발견했다. 나는 주머니쥐를 엄청 좋아하지만 맹금류도 먹고살아야 한다는 것, 특히 사냥을 배우는 젊은 새들은 꼭 먹어야 한다는 걸 인정한다. 피오나 말이 사체 상태가 전형적인 큰뿔부엉이의 식사 습관을 보여 준다고 했다. 나중에 읽었는데 이 새는 특히 눈과 뇌를 즐겨 먹는다고 했다. 아마 제일 먼저 파먹었을 것이다.

    해가 질 무렵, 식탁에서 작업을 하고 있는데 어둑해지는 참나무 가지에서 거대한 새 한 마리가 날아올랐다. 베란다 옆으로 부드럽게 비행하는 모습이 바랜 하늘과 만의 물을 배경으로 흐릿하게 비쳤다. 서둘러 방의 반대쪽 창으로 달려가 이 큰 새가 앞마당 참나무의 잎이 우거진 그늘로 들어가는 모습을 보았다. 얽힌 나뭇가지와 잎 때문에 더는 보이지 않았다. 그러나 그때 같은 참나무에서 또 하나의 어두운 형체가 보였다. 구부러진 큰 나뭇가지에 앉아 있었는데 귀가 솟아 있는 실루엣은 전형적인 큰뿔부엉이의 것이었다. 몇초 뒤 그림자에 가려졌던 부엉이가 나무 밖으로 날아올랐고 앉아 있던 새가 뒤를 쫓아 함께 멀리 있는 나무로 갔다.

    부엉이들의 번식철이니 아마 저 둘은 한 쌍의 부부일 것이다. 앞으로 두 달 동안 밥 달라고 그칠 새 없이 울어 대는 새끼들의 비명을 들을 수 있길 바란다. 물론 보보가 새끼 주머니쥐와 같은 비극적인 운명을 겪지 않게 경계를 늦춰서는 안 된다.

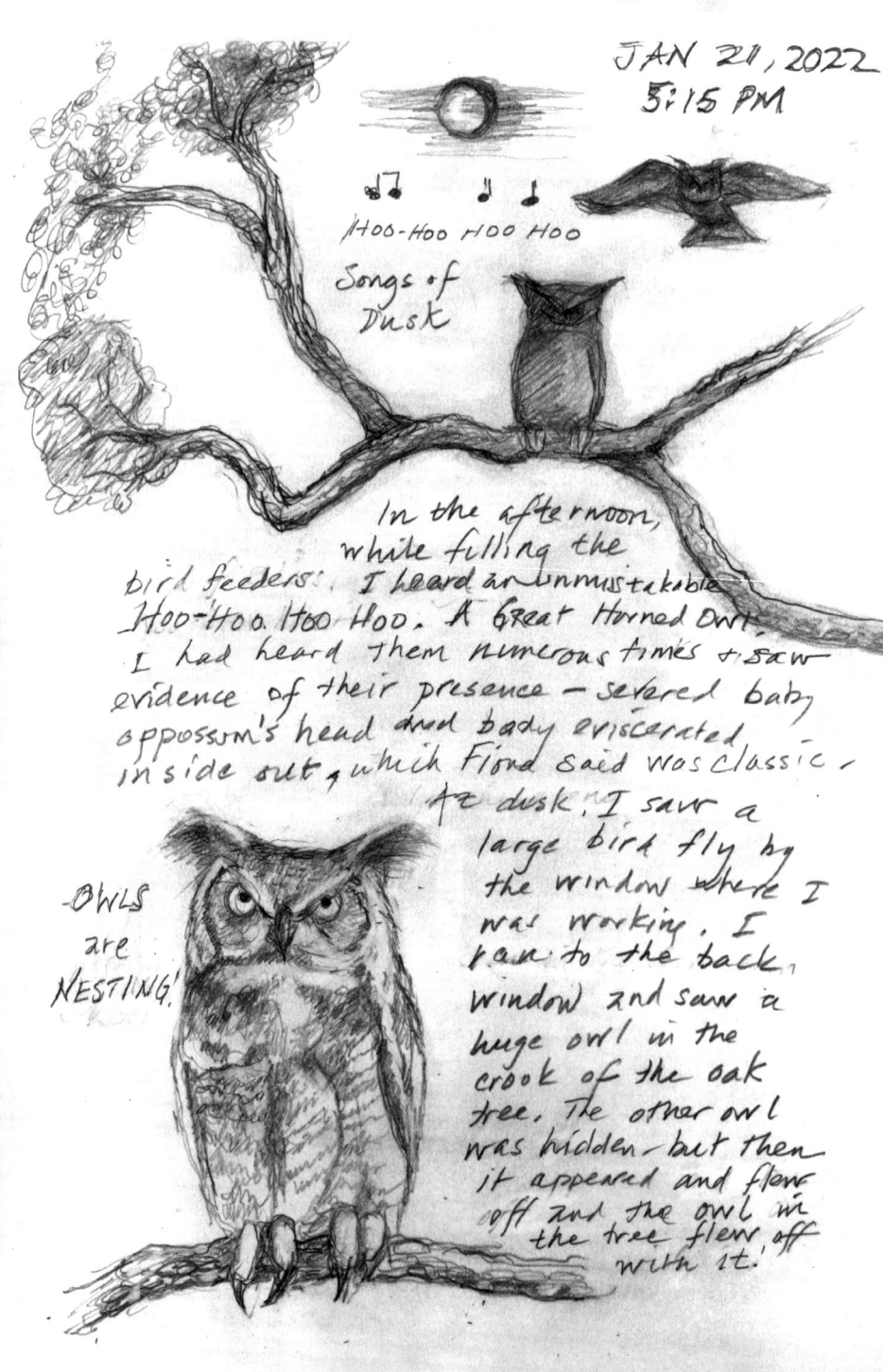

후-후 후 후. 황혼의 노랫소리

2022년 1월 21일

오후에 모이통을 채우고 있는데 그냥 지나칠 수 없는 후-후 후 후 소리가 들렸다. 큰뿔부엉이였다. 이 새의 소리를 여러 번 들었고 이곳에 있다는 증거도 보았다. 머리와 내장이 무참히 파헤쳐진 새끼 주머니쥐였다. 피오나 말이 전형적이라고 했다. 해가 질 무렵, 창문 밖에서 커다란 새 한 마리가 날아갔다. 반대쪽 창문으로 달려가서 봤더니 커다란 부엉이가 한 마리가 굽은 참나무 가지에 앉아 있었다. 가려져 있던 다른 부엉이가 모습을 드러내며 날아가니까 나무에 있던 부엉이가 함께 따라갔다!

부엉이들이 둥지를 짓고 있어요!

2022년 2월 4일

빗물과 지붕에서 흘러내린 물을 받아서 쓰는 저수조가 펌프 고장과 그간 쌓인 낙엽과 이물질 때문에 막히는 바람에 물을 빼 내야 했다. 2만 리터의 물이 대형 배수관으로 방류되면서 옹벽 아래로 물이 쏟아져 내렸다.

새들이 곧장 이 새로운 광경을 보려고 몰려들었다. 새들은 언제나 콸콸 쏟아지는 물에 끌린다. 놀랍게도 캘리포니아토히 한 마리가 경사진 벽으로 뛰어 올라가더니 물 미끄럼을 타고 내려왔다. 짧은 미끄럼 끝에서 점프해서 땅에 내려오더니 다시 옹벽 위로 올라가 미끄럼을 탔다. 정말 놀라웠다. 다른 토히들도 순서를 기다렸다. 어떤 새들은 미끄럼 옆 덤불에 앉아 활강 경기를 지켜보았다. 옹벽의 먼 아래쪽으로 차선의 배수로에 물이 흐르며 거품이 일었다. 노랑정수리북미멧새가 그 물로 뛰어들더니 퍼덕였다. 그 모습을 보니 망가진 소화전에서 뿜어나오는 물 주변에 몰려드는 한여름 도시의 아이들이 떠올랐다. 새들이나 아이들이나 쏟아지는 물이 뭐 그리 좋다고 신이 났을까? 나는 여섯 살 때 그랬던 것 같다. 더운 여름날 잔디밭 스프링클러보다 더 좋은 건 세상에 없었다. 재미와 웃음소리와 비명을 제외하면 어떤 목적도 없는 놀이였다.

그래서, 새에게 놀이란 무엇일까? 나는 새들이 모이통 스탠드에 매달린 그네를 타는 걸 보고 처음으로 궁금증이 들었다. 그건 전혀 목적이 없는 행동 같았다. 적어도 내 눈에는 그렇게 보였다.

먹이를 찾으려는 것도, 누군가를 공격하려는 것도 아니었다. 그 행위는 불안정한 상태와 균형, 반복된 동작과 관련이 있었다. 새들이 그네를 탈 때면 마치 바람에 흔들리는 나무 위에 앉아 있는 기분이 들까? 혹시 제 능력을 과시하려는 것일까? 다른 새들이 그 즐거움을 지켜봐야 할까? 물 미끄럼은? 자연에 이런 것에 해당하는 비슷한 것이 있을까? 내 마당에 오는 새들은 헤엄칠 줄 모르고, 깊이를 알 수 없는 물에는 들어가지 않는다. 그렇다면 쏟아지는 물에 무작정 뛰어든 토히는 그것이 얕은 목욕통이며 미끄럼을 탈 수 있다는 걸 알았던 걸까? 위험은 없었다. 그냥 뛰어들기만 하면 되었다. 어쩌면 이런 활동은 힘과 재주를 연마하는 연습일지도 모른다. 마침 즐거운 연습이었던 것일 뿐. 인간은 공중곡예를 하고 파도와 스키를 타고 하늘에서 떨어지는 스카이다이빙을 한다. 이런 질문은 다른 질문으로 이어졌다. 왜 새들은 이 참신한 놀이에 뛰어들었을까? 새들은 대개 새로운 것을 피한다. 왜 새들은 자신의 순서를 기다렸을까? 용감한 토히의 성공적인 시범을 보면서 안전하다고 생각했을까?

    만약 새들이 놀이를 즐길 줄 안다면, 양서류나 어류, 벌, 그리고 나비와 거미, 개미는 어떨까? 놀이의 감각을 새와 포유류까지로 제한하는 계통분류학적 요소가 있을까? 놀이의 목적이 무엇일까? 새에게 재미란 무엇일까?

FEBRUARY 4, 2022

Playfulness in Birds

waiting for a turn

Because of water contamination, we had to drain the cistern, which holds 5500 gallons of water. A drain pipe funneled the water over the edge of the patio and created a waterfall.

This attracted many birds, and several towhees jumped onto the water-slide flowing down a concrete retaining wall. Other towhees waited their turn. The drain at the bottom in the lane was clogged and three Golden-crowned sparrow jumped into the fountain — like kids around a broken fire hydrant

새들의 놀이 시간

2022년 2월 4일

차례를 기다리는 중.

저수조가 막히고 더러워져서 물을 빼는 바람에 2만 리터의 물이 흘러나왔다. 배수관을 빠져나온 물이 파티오 가장자리로 흐르며 폭포가 생겼다.

이걸 보고 많은 새들이 몰려들었고 토히 몇 마리가 콘크리트 옹벽을 타고 흐르는 물 미끄럼으로 뛰어들었다. 다른 토히들은 자기 차례를 기다렸다. 차선 바닥의 배수관에 물이 차올라 웅덩이가 생기자 노랑정수리북미멧새 세 마리가 첨벙하고 들어갔다. 마치 망가진 소화전 주변의 아이들처럼 신이 나 보였다.

2022년 2월 28일

탐조는 줌 회의에 지장을 준다. 한 번은 회의 도중에 의자에서 뛰쳐나와 소리쳤다. "보라양진이잖아!" 다행히 회의 참석자들이 모두 자연을 사랑하는 사람들이었다. 오늘은 줌 전화 중에 나는 마이크와 카메라를 꺼 놓았고, 특별한 활동이 감지되면 바로 볼 수 있게 쌍안경을 테이블 위에 올려 두었다. 이를테면 파티오를 느리게 가로지르는 어린 노랑정수리북미멧새처럼 말이다. 이동 속도가 평소와 달라서 쌍안경으로 살펴보니 왼쪽 발과 다리 일부가 없었다. 나는 병이 들거나 다친 새들을 보면 공감되어 함께 아프다. 이 새를 보니 다리를 잃었을 많은 상황이 상상되었다. 쥐덫이나 끈끈이 덫에 잡혔거나, 나뭇가지들 사이에 끼었거나, 고양이 등 포식자에게 잡힐 뻔했거나, 낚싯줄에 걸렸거나 철조망에 찢겼거나, 블랙베리 덤불의 가시에 걸렸던 것일 테다.

    페이스북 탐조인 그룹에 새의 상처를 설명하는 글을 올렸더니 한 사람이 새들은 다리가 하나밖에 없어도 쉽게 적응해 다른 새들만큼 오래 살 수 있으니 걱정하지 말라고 안심시켜 주었다. 하지만 그런 일화적 증거에 기반한 명랑한 예측은 애완용 새들에게나 해당하는 것 아닌가? 12개의 모이통이 있는 어느 집 뒷마당보다 활동 반경이 크지 않은 야생의 텃새들에게도 적용될 수 있을까? 철이 바뀌면 알래스카로 이주하는 새들에게도 적용될 수 있을까? 1년 넘게 다리가 하나인 철새의 뒤를 쫓아 그 새가 정말 오래 살아

남았는지 본 사람이 있는가?

    나는 매사 걱정이 많은 타입이다. 저 외다리 노랑정수리북미멧새는 철새다. 한 달쯤 뒤면 수천 킬로미터를 날아 여름 집까지 가야 한다. 여행 중에 새는 사냥을 해야 한다. 다리 하나로만 흙을 파헤쳐 벌레와 곤충을 찾을 수 있을까? 열매와 씨앗을 찾아 나무 위에 잘 올라앉을 수 있을까? 사냥 실력이 나빠지니 체중이 제대로 늘지 못할 게 뻔하고, 집까지 날아가기 위해 비축한 에너지가 없으면 날다가 추락하고 말 것이다.

    내 염려가 기우가 아니라는 걸 보여 주기라도 하듯, 그 노랑정수리북미멧새는 물이 담긴 테라코타 접시에 뛰어올라갔지만 균형을 제대로 잡지 못해 물을 마시지 못했고 결국 쓰러졌다. 새는 적응하지 못했다. 나는 새의 불운한 운명을 느꼈다. 몸깃을 보니 아직 어린 새였고, 통계는 암울한 미래를 예견한다. 이 새는 어른이 될 때까지 살지 못하는 70퍼센트의 명금류가 될 것이다. 이유는 매에게 잡아먹히는 것에서부터 창문 충돌, 고양이, 독극물, 굶주림, 질병, 그리고 다리가 절단되는 부상까지 다양하다. 만약 이 새가 북쪽의 툰드라까지 날아가려는 귀향 본능을 억누르고 우리 집 뒷마당에 남아 준다면 얼마나 좋을까? 음식과 물이 충분하고, 절대 이 새가 쉽게 적응하리라 속단하지 않는 인간이 있는 이곳에 말이다.

    새들에게는 하루하루가 살아남아야 할 기회이다.

2-28-22

Young GOLDEN-CROWNED SPARROW missing a leg. It will have to migrate in another month or so.

Chances of survival? Is it different with migratory birds?

How do they know?

← fell off

People often say a bird with one leg adapts and does fine. But with mortality of 70% of first year birds, I think any deficits cuts down chances of survival. It lost its balance on the water bowl. So maybe the injury is recent. What other problems?

2022년 2월 28일

어린 노랑정수리북미멧새가
다리를 한 짝 잃어버렸다.
다음 달이면 멀리 북쪽으로
날아가야 한다.

살아남을 가능성?
철새는 다를까?

그걸 어떻게 알지?

떨어진다.

사람들은 새의 다리가 하나여도 잘 적응할
거라고 말한다. 하지만 부화하고 1년 내의
사망률이 70퍼센트인 상황에서는 아주
작은 결손도 생존 가능성을 크게 낮출
것이다. 새는 물그릇에서 평형을 잡지
못했다. 아마 최근에 다친 것 같다. 다른
문제도 있을까?

2022년 3월 19일

3년 전에 인공 새집을 하나 사서 참나무에 설치했다. 베스와 피오나는 새집의 위치가 아주 이상적이라고 했다. 2미터 높이에, 길에서 보이지 않고, 끈질기게 살아 있는 푸크시아의 낮은 가지에서 1미터 이내에 있기 때문이다. 푸크시아 파니쿨라타 *Fuchsia paniculata*는 키가 7미터도 넘게 자라 교목처럼 보이지만 사실은 관목이다. 우리 집 푸크시아도 키가 크고 완전한 원형은 아니지만 가지가 지름 6미터 정도로 퍼졌고 밀림의 덩굴처럼 보일 정도로 잔가지가 많이 자라 끌어내리면 울타리로 쓸 수 있을 정도고, 낮게 드리운 가지를 향해 생각 없이 걸어가다가는 다칠 수도 있다. 실제 일어날 뻔했던 사고라 이 초대형 관목을 상당히 가지치기해야 했다. 이 나무의 두껍고 얇은 잎 가지들이 뒤엉켜 있어 새끼 새들이 몸을 숨기기에도 안성맞춤이다.

산란철은 마침 봄이라 이때 푸크시아 가지들은 원추형 꽃차례의 분홍 꽃으로 무거워진다. 우리가 설치한 인공 새집에 이사 오는 행운의 새는 편의시설이 다 갖춰진 훌륭한 저택에 살게 된다. 1미터 떨어진 가지는 건물 로비처럼 둥지로 바로 들어가기 전에 주위를 둘러볼 수 있다. 주변의 잎이 무성한 가지는 천혜의 놀이터다. 미래의 꿈나무들에게 나쁜 날씨에는 피난처가 되고, 마당에서 숨고 돌아다닐 수 있는 안전한 은신처가 될 것이다. 열매와 꽃꿀이 가득한 꽃들이 영양 만점의 곤충을 끌어들여 양질의 밥상을 차려 준다. 그리고 많은 새들이 방문하는 참나무는 이곳 주민들을 위한 커뮤니티 센터가 되며 나무의 틈바구니는 애벌레, 거미, 날벌레들을 약탈하기 좋은 장소다.

하지만 새들은 인공 새집이 얼마나 좋은 조건인지 모르는 것 같았다. 3년이 되도록 사용자가 없었으니까. 빈 상자는 나를 조롱했다. 나는 탐조가 친구에게 새집을 높은 장대에 달 걸 그랬다고 말했다. 새들은 나무에 매달린 상자를 의심했을지도 모른다. 쥐가 그 안에 훔쳐 간 새 모이를 잔뜩 쌓아 두고 행복한 삶을 즐기고 있을지도. 어쩌면 안에 곰팡이가 뒤덮였는지도 모른다.

나는 문제의 원인을 찾으려고 새집을 직접 조사하기로 했다. 그런데 새집의 문을 열자마자 참나무관박새 한 마리가 후드득 날아가는 게 아닌가. '이럴 수가! 누가 살고 있네?' 나는 알이 세 개라는 것만 눈으로 재빨리 세고 문을 닫은 다음 내려왔다. 암새가 다시 안 돌아올까 봐 걱정했다. 부모는 분명 동요하고 있었다. 치카-치카-치카라고 연속해서 저주를 퍼붓더니 푸크시아 속으로 사라졌다. 보아하니 낮은 나뭇가지를 뛰어다니면서 앞마당 곳곳을 조사하고 있었다. 숨어 있는 악당(나, 에이미)을 찾는 것 같았다. 하지만 나는 진작 집안에 들어가 새집에서 8미터쯤 떨어진 현관 옆 창문으로 지켜보고 있었다. 30분이 지나 드디어 암새가 새집에서 가장 가까운 나뭇가지 위에 자리를 잡았다. 그러더니 두 번의 가짜 시도 후 상자 안으로 들어갔다. 수새는 바깥에서 사냥을 했다. 그는 가지와 가지를 뛰어다니며 치카-치카-치카라고 울어 대더니

어느 틈에 참나무에서 잡은 선명한 붉은색 애벌레를 물고 가지 꼭대기에 올라가 있었다. 이윽고 수새는 멜로디가 있는 곡을 노래했는데, 대부분의 탐조가들이 관박새의 노래라고 묘사하는 '피터! 피터!' 보다 더 길고 다양한 곡이었다. 놀랍게도 새집의 암새가 이 노래에 짧게 화답했다. 암새도 노래를 하기는 하지만 들었다는 사람은 거의 없다. 이는 탐조인으로서 실로 뿌듯한 순간이 아닐 수 없다. 그녀의 노래는 애처로웠다. '미래의 아이들을 위해 어둠 속에서 홀로 보내는 괴로운 시간.' 어쩌면 불평을 하는지도 모른다. '남편이란 작자는 도대체 언제 밥을 갖다줄 거야?' 수새가 새집 입구에서 가까운 가지로 날아갔다. 그는 마당을 둘러보더니 짝에게 줄 식사와 함께 상자 안으로 들어갔다.

 나는 언제나 새끼들의 소리를 들을 수 있을지, 언제나 새끼 새들이 새집 구멍으로 얼굴을 내밀게 될지 열심히 계산했다. 피오나 길로글리는 알이 세 개뿐이라면 아직 산란이 끝나지 않은 거라고 했다. 하루에 한 개씩, 총 네 개의 알이 일반적이다. 부화 시기는 둥지에 알이 채워졌을 때를 기준으로 일정이 진행된다. 어쩌면 암새는 일주일을 더 기다렸다가 알을 낳을 수도 있다. 그러면 그때까지 청설모나 다른 새들이 알들을 훔쳐 가지 않기만을 기원해야 한다.

 나는 낙관적인 사람이다. 슬슬 조류용품점에 가서 새끼 새들에게 줄 살아 있는 밀웜을 주문해야겠다.

2022년 4월 20일

지금 나는 조만간 일어날 일을 두려워하고 있다. 지날 달 노랑정수리북미멧새들은 목욕을 하는 시간이 많았다. 성조들은 이미 대부분 번식깃으로 바꾸었고, 반면 아직 첫 겨울을 나지 않은 탁한 색깔의 새들은 매끄러운 공기역학적 깃털로 갈아입었다. 이들은 쉬지 않고 먹고 있다. 예전에 한 조류 모임의 사람에게 새도 너무 많이 먹으면 살이 찌느냐고 물었다. 그가 말한 답의 요지는 다음과 같다. 아니요. 새들에게는 특별한 대사 체계가 있어서 비만이 되는 것을 막아 줍니다. 그 후 어디에서 읽었는데, 철새는 무사히 장거리 비행을 할 수 있도록 몸에 어느 정도 지방을 축적한다고 했다. 단, 비행이 힘들 정도는 아니라고 했다. 그들이 목적지에 도딜할 즈음에는 저체중 상태가 된다. 나는 정보의 원천을 늘 확인하고 조심해야 한다는 것을 배우고 있다. 어떻게 한 사람이 새에 대해 모든 것을 알겠는가? 일단 누구도 나에게 물어서는 안 된다. 나는 자유롭게 추측하는 것을 좋아하니까. 그건 소설가로서의 내 일면이다. 나는 모든 가능성, 상황, 필요, 의도를 따진다. 하지만 새들은 본능에 충실하게, 그리고 자기들만의 달력에 따라 움직이며 어떤 순간에 어떤 의도를 가졌든지 나와 공유하지는 않는다.

 번식깃으로 갈아입은 노랑정수리북미멧새 한 마리가 목이 보이지 않을 정도로 뚱뚱해 보였다. 마치 참새 얼굴이 박힌 회색 테니스공 같았다. 날씨가 따뜻하니 추워서 깃털을 부풀린 것도 아니

APRIL 20, 2022

FAREWELL TO GOLDEN-CROWNED SPARROWS

Their favorite has gone untouched

Bathing frenzy is over

The last of the GCSP have departed, and the yard feels quiet, deserted. The water saucers are unused, except for Spotted Towhee who came by for a bath in three saucers. The Oak Titmouse and Bewick's Wren came often to the worm feeder, which they were excited to see contained live mealworms. They came every few minutes.

노랑정수리북미멧새들과의 작별   2022년 4월 20일

좋아하던 먹이도
건들지 않는다.

광란의
미역감기도
끝났다.

마지막 노랑정수리북미멧새가 떠나고
마당은 버려진 것처럼 고요하다. 물그릇은
얼룩무늬토히가 와서 세 군데에서 몸을 담그다
간 것 말고는 사용하는 이가 없다. 참나무관박새와
뷰익굴뚝새가 종종 밀웜통에 와서는 살아 있는 밀웜을
보면 신나서 난리다. 몇 분에 한 번씩 온다.

다. 어쩌면 몸의 신진대사에 이상이 생겨서 병적인 비만 상태가 되었는지도 모른다. 이런 몸으로는 한 번에 6미터를 날기도 어려워 보였다. 나는 새를 다시 보았다. 하지만 전혀 아파 보이지 않았다. 새들이 자신의 몸을 부풀리는 이유를 누가 알겠는가?

저 새들이 여름 집까지 날아가는 데 며칠이나 걸릴까? 나는 노랑정수리북미멧새가 집에 가서 잿빛 구름떼처럼 공중에 퍼진 괴물 모기떼와 나무마다 매달린 망고만큼 큰 유충을 보면 얼마나 행복할까 상상했다.

번식깃이 아닌 어린 노랑정수리북미멧새가 제일 먼저 먼 길을 떠났다. 나는 작년부터 시작해 번식기에 도달한 새들이 아직 선점되지 않은 영역 중 어디를 차지하게 될지 궁금하다. 우리 뒷마당의 번식기 성조들은 계속해서 놀고먹으면서 점점 더 눈부시게 변해 갔다. 굵고 검은 눈썹은 계속해서 사나워지고, 노란 정수리는 나날이 생생해진다. 그리고 매일 수가 줄어든다.

이제 남은 것은 한 마리뿐이다. 덤불 주위를 찌르고 돌아다닌다. 이 새가 본능에 따라 수천 킬로미터 밖에 있는 집으로 혼자 날아갈까? 아니면 다른 노랑정수리북미멧새 후발대에 합류할까? 실수로라도 다른 참새 종과 합류했다가는 엉뚱하게 북쪽 툰드라의 어느 이상한 곳에 도착하게 될지도 모른다. 만약 그렇게 실수로 캘거리나 노바스코샤에 있는 누군가의 뒷마당에서 헤매게 된다면 어느 운 좋은 새 사랑꾼의 귀한 손님이 되겠지만.

2022년 4월 25일

식탁에 앉아 어린 까마귀 한 마리가 파티오 위의 참나무에서 도토리 모으는 모습을 지켜보았다. 도토리 몇 개가 달린 길고 연한 잔가지를 부리로 잡고는 비틀면서 확 잡아당겼다. 그러더니 아래로 내려가 한쪽 발로 그 가지를 잡고 거꾸로 매달렸다. 가지가 튀어 올랐다. 체중을 이용해 도토리를 떼어 내려고 하다니 얼마나 영리한가. 그러나 다시 보니 그건 전략이 아니라 그냥 운이 나쁜 상황이었다. 까마귀의 발이 사악한 나뭇가지에서 빠지지 않았다. 하지만 끈기와 집요함은 까마귀의 장점 중 하나다. 이쪽저쪽으로 몸을 홱홱 움직이더니 악마의 손에서 무사히 발을 빼냈다. 이런 식으로 얼마나 많은 새들이 다리를 잃었을까. 그 까마귀가 위로 팔을 번쩍 들어 올린 나뭇가지로 뛰어 올라갔는데 그만 휙 미끄러져 내려왔다. 날개를 퍼덕거리며 다행히 추락은 면했다. 어린 까마귀는 나뭇가지에 무슨 문제가 있어서 미끄러졌다고 생각했는지 나무껍질을 들여다보았다. 나, 무정한 인간은 그 모습이 우스워 큰소리로 웃었다. 언젠가 동물원에서 어린 원숭이 한 마리가 위태롭게 줄달음을 치다가 가로대를 놓치고 바닥에 떨어지는 걸 보고 사람들이 웃었다. 원숭이는 같은 실수를 반복했는데, 마치 그건 실수가 아니라 의도적인 연출이었다고 보여 주려는 것 같았다. 멍든 자아, 멍든 몸. 어린 까마귀도 자신의 서투름에 대한 당혹감을 감추기 위해 가짜 이유를 댈 만큼 인지능력이 있을까? '어휴 죽을 뻔했네.'

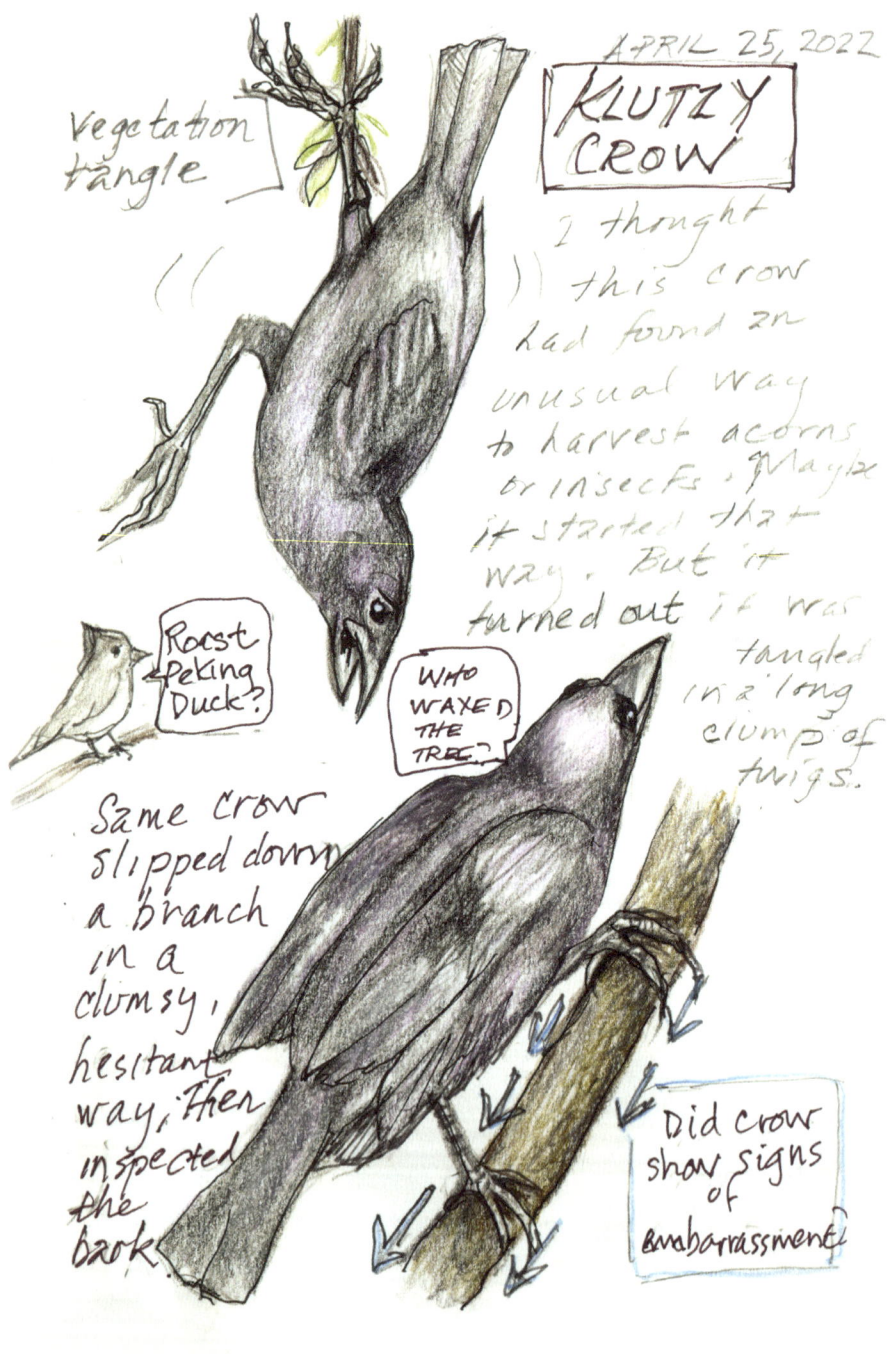

까마귀가 수치심을 느끼려면 어떤 인지 능력이 필요할까? 자기 행동에 대한 인식? 수치심은 보는 사람이 있을 때만 발동할까? 그 모습을 보던 인간이 비웃는다면 그게 무슨 뜻인지 알까? 그 사람의 머리에 똥을 싸서 어떻게 해서든 수치심을 극복해 보려고 할까?

2022년 7월 6일

우리 집에 오는 새들에 대한 소위 부심(負心)이 꼴사나울 정도로 높아지고 있어서 큰일이다. 경력 있는 여러 탐조인들이 자기네들은 뷰익굴뚝새가 물에서 목욕하는 것을 한 번도 본 적이 없다고 했다. 이 새가 어떤 새인고 하니, 새벽의 여명이 비쳐올 때 일어나서는 밤을 새운 올빼미가 집으로 돌아가는 뒷모습을 보고 미국지빠귀의 새벽 합창을 듣는 녀석들이다. 뷰익굴뚝새는 흔한 새인데도 사람들이 이 새가 목욕하는 것을 — 적어도 물속에서 — 본 적이 없다고 하는 것은 실제로 목욕하지 않기 때문일지도 모른다. 흙에 누워 몸을 비비고 날개를 퍼덕이며 건식 목욕을 하는 것을 목격한 사람은 있다. 나도 다른 새들이 그러는 걸 본 적은 있지만 뷰익굴뚝새의 경우는 없었다.

내가 이해하기로 목욕은 새들이 기생충이나 세균 등을 씻어 내는 것은 물론이고 깃털의 비행 가치를 높이고 깃털갈이를 돕기 때문에 반드시 필요한 과정이다. 파티오에 테라코타 물그릇을 여러 개 갖다 놓은 것도 그래서다. 이 물그릇들은 새들이 요긴하게 사용한다.

3일 전 작업 중에 식탁에서 밖을 내다보다가 어린 뷰익굴뚝새 한 마리가 90센티미터 높이의 돌담을 따라 통통 뛰어가고 있는 모습을 포착했다. 어쩌면 한 2주 전쯤부터 날기 시작한 그 어린 새인지도 모른다. 나는 그 솜뭉치가 어미에게 먹이를 달라고 조르

JULY 6, 2022

BEWICK'S WREN BATHING!

I've heard many say they have never seen a Bewick's Wren bathing. Did they do only dust bathing? Today, a fledge tried to bath. It perched on the terra-cotta saucer then fell in.

Earlier, it splashed in a muddy puddle. It perched on a twig and groomed itself. But it slipped off three times.

뷰익굴뚝새가 목욕을 한다고!

2022년 7월 6일

많은 사람들이 뷰익굴뚝새가 목욕하는 걸 본 적이 없다고 말했다. 모래 목욕만 하는 걸까? 오늘 막 깃털이 자란 어린 뷰익굴뚝새가 목욕을 시도했다. 테라코타 그릇 가장자리에 앉더니 물속에 빠졌다.

그전에는 진흙탕에서 첨벙대고 놀았다. 목욕을 끝내고는 가지에 앉아 몸단장을 했다. 하지만 세 번이나 미끄러졌다.

는 모습을 보았다. 이 어린 새는 겉모습은 날렵했지만 음식에 대한 무차별적인 호기심을 보이는 걸로 보아 확실히 어렸다. 홍화씨와 노랑정수리북미멧새가 싸 놓은 홍화씨 크기의 똥에 똑같이 관심을 보였으니까. 이 새는 낮은 돌담으로 뛰어내렸다가 바닥의 판석으로 가더니 지름이 30센티미터쯤 되는 진흙탕을 보았다. 내가 물그릇들을 씻고 물을 빼지 않아 더러운 물이었다. 이 작은 굴뚝새가 폴짝 뛰어들더니 물을 마셨다. '웩!' 이 새는 함부로 먹거나 마시면 안 되는 것들을 가릴 필요가 있어 보인다. 이 어린 뷰익굴뚝새는 그 똥물에 퐁당 몸을 던지더니 물장구 삼매경에 빠져 버렸다. 목욕을 하는 것이다! 새는 머리를 물속에 담그려고 했지만 물이 너무 얕았다. 웅덩이 밖으로 나오더니 몸을 털었다. 운 좋게 목격하게 된 이 재밌는 장면이 끝났구나 하고 생각하는 찰나, 어린 새가 돌담 꼭대기까지 날아 올라가더니 다시 깨끗한 물이 담긴 테라코타 그릇 옆으로 내려왔다. 폴짝 뛰어서 그릇 가장자리에 올라섰다. '전에도 해 본 적이 있는 거야?' 새는 물을 빤히 보았다. 깊이를 가늠하는 것 같았다. 그러더니 미끄러져서 2.5센티미터 깊이의 물속으로 빠졌다. 놀란 듯 욕조에 앉아 잠시 가만히 있더니, 격렬하게 물을 첨벙거리며 아까 웅덩이에서 묻은 더러운 물을 씻어 냈다. 나는 운 좋게 이런 역사적인 사건을 카메라에 담았다. 2분 뒤, 새는 그릇 위의 재스민 덩굴 위로 뛰어 올라갔다. 거기에서 머리부터 발끝까지 몸을 털더니 부리를 날개 밑에 찔러 넣고 단장을 하다가 뒤로 미끄러져 버렸다. 발가락이 덩굴에 걸리는 바람에 다시 몸을 세울 수 있었다. 나는 영상을 찍기 시작했고 새가 몸단장을 하다가 다시 미끄러지는 장면을 담았다. 결국 세 번을 미끄러지더니 포기했다. 이 아기 뷰익굴뚝새는 지난 3일 동안 최소한 하루에 세 번씩은 찾아온다.

나는 그다지 자랑하고 떠벌리기를 좋아하는 부류는 아니라서 하루를 꼬박 기다리고 나서야 내 탐조 친구들에게 사진과 동영상을 보냈다.

2022년 7월 8일

평소처럼 나는 식탁에 앉아 일하고 있었다. 그러다가 집양진이 한 마리가 나한테서 가장 가까운 유리문 앞에서 앞뒤로 날아다니는 것을 보았다. 처음에는 유리에 비친 자기를 보고 경쟁자라고 생각해서 그러는 줄 알았다. 그러나 거울 속 자신을 공격하는 대부분의 새들과 달리 이 새는 창문을 공격하지 않았다. 더구나 이 새는 암새이지 텃세를 부리는 수새가 아니다. 새는 계속해서 창문을 향해 앞뒤로 날면서 내내 나를 쳐다보았다. 그러다가 창문에 달린 집 모양의 플라스틱 모이통에 내려앉았다. 그 모이통에는 한 번에 두 마리만 앉을 수 있다. 평소 새들은 이 자리가 마치 미슐랭 별 세 개짜리 레스토랑의 저녁 8시 테이블인 것처럼 행동했다. 그들은 두 자리를 두고 서로의 위에 올라타면서 옥신각신한다. 그리고 난간이나 근처 나무에는 언제나 새들이 대기하는 줄이 있다. 아무튼 그래서 이 모이통의 해바라기씨가 바닥나는 일이 잦은데, 바로 지금이 그렇다. 나는 굳이 채울 생각을 하지 않는데 핀치들은 바닥에 씨를 잔뜩 떨어뜨리며 먹고 그러면 그게 담쟁이덩굴에 사는 쥐들을 끌어들이기 때문이다.

이 집양진이 암컷은 근처에 있는 커다란 모이통으로 가서 내가 떨어지는 씨를 받으려고 설치한 그물에 앉았다. 그 모이통은 꽉 채워져 있었다. 하지만 새는 그 모이를 먹지 않고 나를 계속해서 빤히 바라보았다. 갑자기 머릿속에서 드라마 「환상특급Twilight

Zone」 주제가가 들리기 시작했다. 스멀스멀 묘한 생각이 들었다. 혹시 이 새가 내가 아는 누군가의 영혼인 걸까? 새는 빈 창문 모이통으로 다시 날아와 광란의 날갯짓을 또 시작했다. 아니, 왜? 설마 자기가 제일 좋아하는 모이통에 모이를 채워 달라고 나한테 신호라도 보내는 거야? 나는 모이 한 국자를 퍼서 밖으로 나갔다. 새는 1.8미터쯤 떨어진 난간에 앉았다. 나는 씨를 통에 쏟아붓고는 집에 들어왔다. 그러나 새는 곧장 모이통으로 가서 먹고, 먹고, 또 먹었다.

　나는 지능이 높은 새들에 관한 이야기를 많이 읽었다. 그 새들은 말을 하고, 언어를 이해하고, 퍼즐을 풀고, 선물을 주고받고, 먹지 못할 음식에 대해 불평하고, 감사를 표현하고, 기억력 테스트에서 놀라운 실력을 보여 준다. 인간은 동물의 지능을 우리 인간이 하는 일을 그들이 할 수 있는지에 맞춰 측정하는 경향이 있다. 말을 하는가, 과제를 이해하는가, 단어를 문법 구조에 맞게 새로 조합할 수 있는가. 평가 대상은 대부분 앵무새나 까마귀류처럼 인간과 어느 정도 친숙한 새들이다. 덤불어치는 인간보다 한 수 위다. 그건 내가 보장한다. 하지만 집양진이의 지능에 대해서는 들어본 적이 없었다. 찾아보니 단편적이고 피상적인 정보밖에 없었다. 야생 집양진이에게 있을지도 모르는 지능을 평가하는 방법을 고안한 사람 없나? 새들의 세계에서 특별히 똑똑하다는 것은 어떤 걸까?

　살모넬라증, 결막염, 조류 수두 때문에 모이통을 다 치웠던 세

천재 새 vs. 답답한 인간(나)

2022년 7월 8일

집양진이 암컷 한 마리가 내가 앉아 있던 창문 앞에서 앞뒤로 계속 날았다. 하지만 창문에 비친 자기 그림자를 공격하지 않았다. 나를 쳐다보고 있는 거였다.

집양진이 암컷

야속하게도 완전히 비어 있음.

흡착판으로 창문에 붙인 아크릴 모이통. 보통 해바라기씨를 담아 둔다.

2미터 떨어진 모이통에는 현재 모이가 가득 차 있음.

창문 모이통을 채우는 동안 집양진이는 난간에 앉아 지켜봤다. 그런 다음 모이통에 가서 실컷 먹었고, 더 이상의 광란의 날갯짓은 없었다.

이 모이통에 있는 씨는 먹지 않았다. 그저 그물망에 앉아 나를 보다가 다시 창문 모이통으로 날아왔다.

번의 사건을 떠올려본다. 그때마다 새들은 창문 근처에 앉아서 나를 빤히 보았다. 생각해 보면 노려본 것 같기도 하다. 몇몇은 부리로 창문을 가볍게 두드리기도 했다. 두 마리는 내가 걸을 때마다 창문에서 창문으로 따라왔다. 내가 문을 열자마자 집안으로 새가 들어온 적도 두 번 있다. 자기들의 먹이가 집 안에 있다는 걸 감지한 게 분명했다.

사람들은 새들이 얼마나 영리한지 자주 입에 올린다. 그럼 우리 집 개가 종종 하는 행동을 새가 할 수 있다고 말한다면 너무 큰 비약일까? 보보가 놀고 싶을 때면 내 다리를 툭툭 친 다음 장난감 캐비닛 쪽으로 달려가면서 중간에 멈춰 내가 자기 말을 이해하고 잘 따라오는지 확인한다. 집양진이도 비슷한 것 아닐까? 새가 인간과 의도적으로 상호 작용을 시작한 거라면 내가 보기에 그 새는 똑똑한 새다. 만약 그 새가, 예컨대 자기가 제일 좋아하는 모이통을 채워 달라는 특정한 문제로 계속해서 소통을 시도한다면 그 새는 천재다.

2022년 8월 31일

7월 중순의 어느 날, 덤불어치들이 멈추지 않고 깍깍 대는 소리가 들렸다. 그건 거의 어김없이 그들이 자기 참나무에 앉은 맹금류를 떼로 공격하고 있다는 뜻이다. 덤불어치는 나무에 관해서 일종의 소유권을 주장한다. 그렇다고 나무에 둥지를 짓는 것도 아니다. 참나무는 그저 그들이 약탈이나 도토리를 채집하는 일상에서 사용하는 수많은 중간 기착지 중의 하나일 뿐이다. 마침 와일드 버드 언리미티드의 잭 게드니Jack Gedney가 이 주제를 다룬 적이 있다. 대강 요약하자면 다음과 같다. 덤불어치 한 마리가 매년 도토리 수천 개를 어딘가에 숨겨 두었다고 가정하면, 지난 140년 동안 그들이 우리 마을에 묻어 놓은 도토리가 수백만 개도 넘을 것이다. 그 증거가 바로 우리 마을에 자라는 수많은 참나무들이다. 그러니 이 나무들은 상속법에 따라 덤불어치의 소유가 맞다.

참나무를 훑어보니 덤불어치 몇 마리가 보였다. 그리고 그들의 시선을 따라 이곳에 침입한 맹금류를 찾아냈다. 세상에, 거기 있는 건 큰뿔부엉이? 오마이갓. 대낮에는 모습을 잘 드러내지 않고, 밤에는 아예 보이지 않는 신성한 존재가 납시었다. 1월 이후로 이 새를 본 적이 없고 그때도 황혼 녘에 날아가는 새 한 마리가 흐릿하게 보였을 뿐이고 두 마리는 그림자만 보았다. 이런 귀한 장면을 보게 해준 덤불어치에게 감사 인사를 전했다.

그 부엉이가 다시 노래했고 어딘가에서 다른 부엉이의 화답송

이 들렸다. 음높이가 좀 더 높았다. 쌍안경으로 나무를 훑었고 두 번째 부엉이를 찾았다. 몸집이 더 컸다. 부엉이는 암컷이 수컷보다 3분의 1 정도 더 크다는 글을 읽었다. 둘은 서로 짝을 지은 부부일까? 두 부엉이는 날아갔고 몇 초 뒤 커다란 비명을 들었는데 나는 고양이가 부엉이에게 사냥당하는 줄만 알았다. 나중에 어떤 영상을 보고는 그것이 부모에게 먹이를 달라고 어린 부엉이가 내지르는 소리인 걸 알게 되었다. 조사를 좀 해 봤는데, 부엉이 성조 수컷은 보통 번식철이 끝나면 함께 머무르지 않고 나중에 산란철이 시작해야 다시 돌아온다. 그 말은 내가 보았던 더 어린 부엉이는 부부 중의 수컷이 아니라 몸집이 더 컸던 어미 부엉이의 아들일 가능성이 크다. 새끼는 4~5개월쯤 되었을 것이다. 엄마와 아들, 우리는 그 둘을 그렇게 부르기 시작했다.

이후로 엄마와 아들은 한 달째 우리 집 파티오 위의 나무에서 지낸다. 지금까지 나는 야생에서 부엉이를 본 적이 거의 없었는데 이제는 매일 두 마리를 하루 종일 보고 있다. 나는 이 새들이 졸고, 몸치장을 하고, 쥐들이 살고 있는 담쟁이덩굴을 내려다보는 걸 지켜본다. 부엉이가 펠릿을 토해 내는 것도 보았다. 펠릿은 소화가 되지 않는 뼈, 깃털, 털 같은 것들이 뭉친 덩어리이다. 요새 쥐는 파티오에서 거의 보이지 않는다. 어쩌다 보여도 대부분 부모가 없는 어린 쥐들이며 그나마도 며칠이면 사라지는데 아마 이 부엉이들에게 한밤의 야식으로 잡아먹혔을 것이다. 요새 나는 모이통을 채우러 파티오에 나갈 때 되도록 조용히 움직인다. 하지만 가끔 열린 문틈으로 개 짖는 소리가 들릴 때가 있다. 그러면 부엉이들은 고개를 돌리고 무시무시하게 큰 노란 눈으로 아래를 내려다본다. 그러다가 몇 초 후 다시 눈을 감는다.

내 삶에서는 내가 정말 정말 정말 운이 좋다고 느껴지는 많은 일들이 있었다. 이제 우리 집 마당에 살고 있는 저 한 쌍의 부엉이들도 그 목록에 추가되었다.

큰뿔부엉이(암컷)

2022년 9월 20일

큰뿔부엉이 두 마리가 지난 두 달 동안 우리 마당에 와서 지낸다. 덕분에 낮에 여덟 시간씩 그들을 관찰하면서 놀랍고도 중요한 과학적 발견을 하고 있다.

GREAT HORNED OWLS

RESTING FACE

SEXY FACE

HAPPY FACE

MOTHER LOVE FACE

HANGRY FACE

ATTACK HUMAN FACE

© AMY TAN

큰뿔부엉이

쉬는 얼굴

섹시한 얼굴

행복한 얼굴

사랑이 담긴 어미의 얼굴

배고파 죽겠는 얼굴

인간을 공격할 때의 얼굴

2022년 9월 30일

날이 따뜻해서 집안의 접이식 유리문을 양쪽으로 활짝 밀어 두었다. 보보와 손님들이 내게 새가 들어왔다고 일러주었다. 그랜드피아노 옆 창문 근처에서 퍼덕거리는 소리가 났다. 찾아보니 긴 의자 위에 늘어놓은 쿠션 뒤에 떨어져 있었다. 얼마나 오래 이러고 있었을까? 내가 손으로 집어 들도록 도망가지 못한 것을 보면 지친 게 틀림없었다. 나는 손에 올려진 새를 들여다보았다. 작고 검은 눈은 활짝 열려 있었고 창문에 부딪친 새처럼 멍해 보이지도, 반쯤 감고 있지도 않았다. 부리는 닫혀 있었다. 스트레스를 받은 새들은 입을 벌리고 숨을 헐떡거리는 경향이 있다. 친구들과 베란다로 나가서 보았더니 머리 부분이 더 잘 보였다. 미성숙한 윌슨아메리카솔새였는데 몸길이가 고작 12센티미터로 쇠박새보다 작았다. 이 새를 우리 마당에서 고작 두 번 보았는데 둘 다 머리가 까만 전형적인 성체였다. 만약 이 새끼 새가 바로 날아가지 않는다면 내가 만든 "조류 응급실"에 입원시킬 생각이었다. 투명한 양상추 통인데 구멍이 뚫려 있고 다친 새를 세워 둘 수 있게 키친타월을 구겨서 새 둥지 모양으로 채워 넣었다. 나는 평소 상자를 검은색 천 냅킨으로 덮고 따뜻한 욕실 바닥에 둔다. 이 솔새는 경계하는 눈치였다. 양손을 조개껍데기처럼 열었더니 솔새가 주위를 둘러보았다. 왼쪽과 오른쪽에는 큰 참나무, 앞에는 대나무 생울타리, 그리고 사방에 작은 나무와 관목들이 있었다. 새는 날아올라 오른쪽의 작은 나무로 쏜살같이 가 버렸다. 잘 선택했어. 벌새와 몸집이 작은 명금류들이 좋아하는 장소다.

거실의 두 면이 거의 완전히 열려 있을 때 새가 집 안으로 들어오는 것은 드문 일이 아니다. 그곳은 마치 뚫린 정자처럼 된다. 그러나 새들이 들어왔다가 바로 밖으로 날아갈 수 있는 건 아니기 때문에 양쪽 끝에 충돌 방지 장식 스티커를 붙여 놓았고, 파티오 쪽으로는 위에서부터 아래까지 손으로 흰색 거미줄을 그렸다. 거미줄을 그린 이후로 창문 충돌은 없다. 그러나 유리문이 활짝 열리면 어김없이 새들이 들어온다. 바깥과 실내 사이의 경계를 침범하면 혼돈에 빠져 날개를 정신없이 푸드덕거린다. 일부는 채광창 쪽으로 날아올랐다가 다시 창문으로 내려오고, 나가는 데 실패한 것들은 대개 방 뒤쪽 창턱에 가서 창문에 대고 속절없이 날개를 파닥거리다 주위를 돌아본다. 몇몇은 6미터짜리 출구를 빨리 알아챈다. 그러나 출동해서 구조해야 하는 것들은 거의 대부분 어린 새다. 인간 청소년처럼 그들은 호기심이 충만하지만 주의력은 부족하다. 그리고 문제가 생기면 스스로 탈출할 능력은 더 줄어든다.

내가 구해 줬던 새들이 그 이후로 나를 다르게 볼까? 내가 좀 덜 위험해 보일까? 아니면 새들의 마음속에서 나는 그들을 문제로 밀어 넣은 장본인일까?

9.30.22

BIRD IN THE HOUSE: WILSON'S WARBLER

Warm day and the bifold doors were pushed all the way to the sides, leaving an opening of 20 feet on one side and 12 feet on another. A bird flew into our aviary. I thought it was a Lesser Goldfinch, a pretty common bird, but when I finally had the bird in my hand, I saw it was the delightful WILSON'S WARBLER!

I GOT STUCK BEHIND PILLOWS

We heard fluttering but couldn't find the bird for a while. He was exhausted when we saw him behind pillows.

← LETTUCE SAVER

VENTED

ANTI-WINDOW STRIKE DRAWN SPIDER WEBS

AVIAN E.R.
If this had been a window strike, I would have put it in the avian ER & taken it to WILDCARE.

집 안에 들어온
윌슨아메리카솔새

2022년 9월 30일

날이 따뜻해서 접이식 유리문을 양쪽으로 끝까지 밀어 둔 바람에 한쪽이 6미터, 다른 쪽이 3.7미터인 입구가 생겼다. 새 한 마리가 이 대형 새장으로 날아 들어왔다. 우리 집에서 흔하게 보이는 쇠황금방울새인 줄 알았는데 붙잡아 손에 올리고 보니 윌슨아메리카솔새가 아닌가!

쿠션 뒤에 갇혔었는데 못 봤어요?

새가 퍼덕거리는 소리를 듣고 한참을 찾아 헤맸는데도 보이지 않았다. 쿠션 뒤에 있는 걸 발견했는데 지쳐 보였다.

양상추 보관 용기 →

환기구

창문 충돌 방지용으로 그린 거미줄

새 전용 응급실

만약 창문에 충돌한 거였으면 내가 만든 응급실에 환자를 싣고 와일드케어로 달려갔을 것이다.

2022년 11월 9일

나는 일부 수새들이 뜬금없이 정중해지는 순간들을 자주 목격한다. 그 새들은 더 이상 모이통에서 암컷들을 쫓아내지 않는다. 암새가 먹는 것을 허락하고, 가까이 오게 두고, 쫓아내지 않고, 위에서 공격하지 않는다. 그것이 구애의 행동일까? 그러나 그러기에는 너무 이른 거 아닌가? 대부분의 명금류에게 짝짓기는 3월이나 4월 행사다. 맹금류와 벌새는 1월에 시작한다.

다른 명금류들이 언제 구애를 시작할까? 구애의 시기가 실제 짝짓기 시기와 일치할까? 이들은 원래 늦가을에 짝을 찾는 걸까? 저들은 작년에 짝짓기를 했던 부부일까? 오늘 나는 욕실 창문에서 해바라기씨 반 움큼을 던졌다. 그건 매일 아침의 내 의례이다. 보통 수컷 검은눈방울새가 제일 먼저 도착한다. 그리고 그 뒤로 다섯 마리가 따라온다. 이들은 작고 사랑스러운 생김과 달리 동족에게 놀라울 정도로 공격적이라 자기가 배를 채우는 중에 감히 창턱에 내려앉는 다른 검은눈방울새가 있으면 가차 없이 쫓아낸다. 그리고 몇 초마다 나를 쳐다보는데, 내가 움직이지 않으면 그대로 머무른다. 창턱을 찾아오는 대부분의 다른 새들은 은둔지빠귀, 노랑정수리북미멧새, 큰멧참새 등 검은눈방울새보다 크다. 이들이 오면 검은눈방울새는 슬그머니 카멜리아 덤불로 들어간다.

검은눈방울새 암새가 창턱의 제일 왼쪽에 내려앉았다. 머리가 회색이고 등은 수새보다 연한 갈색인 걸 보고 암새인 줄 알았다.

또 수컷보다 크기도 작고 날씬하다. 물론 수새가 몸짱처럼 보이려고 몸을 부풀렸다면 그래서 더 커 보인 걸 수도 있다. 수새가 암새를 향해 통통 뛰어갔다. 나는 전형적인 공격 행동인 줄 알았다. 그런데 암새는 도망가지 않았다. 수새가 몇 센티미터 반경까지 오더니 인사하기 시작했다. 수새는 여러 차례 인사했고 암새는 지켜보았다. 그러다 둘이 함께 나선을 그리며 공중으로 올라갔는데 이는 벌새 수컷이 암컷에게 구애할 때 보이는 행동과 비슷하다. 구애하는 것처럼 보이는 이런 장면을 보게 되어 짜릿했다. 그런데 왜 지금 이러지? 산란철은 4월, 5월은 되어야 하는데? 미국조류보존협회 회장인 마이크 파Mike Parr가 내게 말하길 때로 새는 맑은 날이면 번식철이 아니어도 구애 행동을 보이기도 한다고 했다. 12월의 공기에서 봄을 느낀 걸까? 그렇다고 이른 짝짓기를 할 것 같지는 않다. 그들은 여전히 봄에나 먹을 수 있는 음식에 의존하니까. 적어도 본능적으로 그렇게 한다. 에이미의 레스토랑에서 먹는 것은 내재된 본능이 아니다. 궁금한 게 또 있다. 아까 그 암새는 수새가 다가왔을 때 자기를 쫓아내려는 게 아니라는 걸 어떻게 알았을까? 그가 어떤 신호를 보였을까? 아니면 둘이 이미 짝짓기를 한 사이라서?

 검은눈방울새 수컷은 훌륭한 아버지라고 한다. 둥지를 함께 짓고 암새가 알을 품고 있으면 먹이를 가져다주고 알이 부화하면 새끼를 먹이고 똥을 치우고 깃털이 다 자라면 데리고 다니며 나는 법과 먹이 찾는 법을 가르친다. 서로 짝을 지은 한 쌍은 1년 내내

11/9/22

"Why are you bowing? Last week you chased me from food!"

"I was young and foolish. I now wish to be your mate for life!"

DARK-EYED JUNCO MALE is courting 4 months early. Is he a confused immature?

The juncos in our yard usually mate in March or April and then in July. This male lives a lot of the time in the camellia bush where he guards food from other juncos, including females. But today he was acting oddly. He approached the female. She remained, then watched him bow 3-4 times. They then flew upward in a spiral dance similar to what courting hummingbirds do.

2022년 11월 9일

검은눈방울새 수새가 4개월이나 먼저 구애를 하고 있다? 철모르는 어린 새인가?

우리 집에 오는 검은눈방울새는 대개 3월이나 4월, 그리고 7월에 짝짓기한다. 이 수컷은 카멜리아 덤불에서 많은 시간을 보내며 암새를 비롯해 다른 검은눈방울새로부터 먹이를 지킨다. 하지만 웬일인지 오늘은 조금 이상하게 굴었다. 암새에게 다가간 것이다. 암새도 가만히 있더니 수새가 서너 차례 인사하는 것을 지켜보았다. 그리고 벌새의 구애와 비슷한 나선형의 춤을 추며 함께 하늘 위로 올라갔다.

같이 지낼까? 그럼 아까는 수새가 자기 짝한테 둥지 지을 장소를 슬슬 알아보자고 얘기한 걸까?

 나는 다른 구애의 몸짓을 찾아볼 것이다. 이제는 그가 창턱의 자기 옆에서 암새가 모이 먹는 걸 허락할까? 그는 다이아몬드 반지에 해당하는 먹이 선물을 갖다 바칠까? 이런 생각을 하면서 내 마음은 노래를 부른다. 수새도 자기 마음을 노래할까?

2022년 12월 2일

매일 아침 남편과 나는 아들 큰뿔부엉이를 찾는다. 어미는 10월 초에 그를 떠났고 아들은 이제 둘 중 한 곳에서 잠을 청한다. 보통은 파티오에서 제일 가까운 지점에서 6미터 정도 위이다. 이 새가 수개월이든 몇 년이든 머무르겠다면 대단히 기쁘게 환영할 생각이지만 부엉이의 마음을 누가 알겠는가? 우리는 현관 입구에 철망을 둘러서 우리 집 작은 개들이 걱정 없이 밖을 나다니게 했다. 철망 입구는 명금류가 들어와 모이통을 방문할 정도의 크기는 된다.

 아들 큰뿔부엉이는 원래 사방이 트인 곳에서 잠을 청했지만 어미가 떠난 후로는 몸을 일부 숨긴다. 이 새의 몸은 참나무 나무껍질과 놀라울 정도로 잘 뒤섞인다. 내가 쌍안경도 없이 이 새를 알아보는 건 늘 같은 가지에 있기 때문이다. 만약 그가 다른 곳에 숨었다면 노란 눈을 크게 뜨거나 몸을 돌려 얼굴이나 가슴의 흰 깃털을 보여 줄 때까지 기다려야 한다. 이 새는 내 존재에 개의치 않는다. 내가 부르면 쳐다볼 때도 있지만 보통 신경 쓰지 않는다. 그는 내가 내는 후-후가 가짜인 줄 안다. 그래서 나도 이제는 파티오에서 모이통을 채우면서 굳이 까치발로 걸어 다니지 않는다. 심지어 내가 그의 쉼터 바로 아래에 있어도 눈 하나 깜짝하지 않는다. 그 말인즉슨, 감고 있던 눈을 일부러 번거롭게 뜨지 않는다는 말이다. 새들이 재잘거린다. 청설모 한 마리가 몸을 식히려고 나와 나뭇가지 위에서 팔다리를 쭉 폈다. 처음에는 바로 뒤에 부엉이가

큰뿔부엉이

2022년 12월 2일
오후 1시 45분

우리 참나무에 입주해서 산다.

우리가 깨어 있는 시간에 잠을 잔다.

쥐들의 수가 줄고 있다.

가끔씩 깨어서 나, 개, 그리고 우리가 본 쥐를 바라보았다.

있는 줄도 몰랐다. 부엉이는 흥미롭다는 듯 쳐다보다가 그냥 다시 잠을 청했다. 이곳을 찾는 아이들이 말을 걸면 잠깐 쳐다보지만 역시 머리를 돌려 다시 잠에 빠져든다. 그게 아침부터 황혼까지 우리가 보는 모습이다. 해가 질 무렵이면 15분 정도 노래를 부르다가, 완전히 어두워지면 출격한다. 누구한테 노래하는 걸까? 미래의 짝에게 부르는 건 아니다. 이 새는 아직 어려서 빨라도 내년까지는 짝짓기하지 못한다.

이틀 전 새벽 2시 40분, 시끄러운 자동차 경보음에 잠이 깼다. 뒷문 현관으로 나가 문을 열고 어느 집 차인지 보았다. 요란한 소리가 들리는 가운데 부엉이 두 마리의 소리가 들렸다. 수새의 깊은 울음소리에 이어 암새가 더 높은 네 음으로 화답했다. 둘은 흥분해서 대화를 나누었다. 가끔은 한 새가 다른 새를 방해하거나 동시에 노래하기도 했다. 구애의 듀엣일까? 밖이 어두워 새들이 어딨는지 알 수 없었지만 이렇게 시끄럽게 소리가 울려 퍼지는 가운데에서도 들리는 것을 보면 가까이 있는 게 분명했다. 어쩌면 현관 바로 옆 큰 참나무일지도 모른다. 그곳에서 지난 1월에 부엉이 한 쌍을 본 적이 있다. 경보음 소리가 거슬렸던 걸까? 내가 문을 닫았을 때도 둘은 여전히 활발하게 대화를 나누었다. 문을 닫은 건 너무 추워서였고, 무엇보다 경보음 소리가 정말 짜증 났다. 내 추측으로는 아들 큰뿔부엉이를 낳은 부부가 아닐까 싶다. 이들은 아마도 1월이나 2월이 될 때까지는 짝을 짓지 않을 것이다. 그러나 어디선가 부엉이 부부는 평생 함께하며 좀 더 일찍 합치기도 한다는 글을 읽었다.

　나는 저 둘이 아들 부엉이가 있는 나무에 둥지를 지을 거라고 기대하지 않는다. 어쨌거나 텃세가 심한 새라 아들이 머무르게 하지도 않을 것이다. 또 큰뿔부엉이는 둥지도 짓지 않고 인공 새집도 이용하지 않는다. 이 새는 맹금류, 까마귀류, 청설모가 사용했던 둥지에 들어간다. 나는 우리 나무나 이웃에서 이 새들을 본 적이 없다. 비명을 지르는 어린 맹금류나 까마귀 소리도 들은 적이 없다. 배가 고프다며 엄마 뒤를 쫓던 아들 부엉이의 울음소리를 제외하면 다른 부엉이 새끼가 우는 건 들은 적이 없고, 있었다면 시끄러워서 몰랐을 리가 없다. 이들의 둥지가 어디든 내가 바라는 건 이 어미 새가 아들 부엉이와 함께 잠을 자고 털을 고르고 때로는 나와 루와 개들과 옆집 꼬마들을 내려다보았던 곳, 그리고 우리가 그들의 노란 눈과 집념 어린 얼굴을 경외에 차서 바라보았던 이곳으로 다시 새끼를 데리고 와 주는 것이다.

2022년 12월 6일

그동안 우리 집 파티오, 베란다, 뒷문에서 활동하는 새들을 보느라 정신이 없어서 나무에서 일어나는 일은 좀 무심했다. 그러나 매일 나무에서 큰뿔부엉이를 찾아다니다 보니 다른 새들도 보게 되었다. 애기동고비들은 서로 협력해서 해바라기씨를 숨긴다. 미국지빠귀 한 마리가 숲 지붕 바로 밑에서 다음 동선을 조사하고 있다. 검은눈방울새와 타운센드솔새는 참나무 높은 가지에서 사방을 폴짝폴짝 뛰어다닌다.

    오늘 부엉이를 찾다가 이 새가 보통 자는 곳 근처에서 너탤딱따구리를 보았다. 이 딱따구리는 수새의 고유한 특징인 뾰족한 빨간 모자를 장식으로 쓰고 있었다. 내가 주문 제작한 나뭇가지의 옹이구멍에 발라 놓은 수엣을 먹으러 너탤딱따구리가 철장 모이통에 들어가는 모습을 본 적은 있지만 나무에서는 본 적이 없었다. 이 새는 마치 지팡이 사탕의 나선형 띠를 따라가듯 나무를 빙 둘러 타고 돌면서 빠른 속도로 올라간다. 이 딱따구리는 가만히 있었는데, 쉬거나 자는 것 같았다. 20분 후, 다시 엔진을 작동시키더니 다른 나뭇가지로 훌쩍 건너갔다. 이 모습이 갈색등쇠박새의 관심을 끌었다. 이 새는 딱따구리가 곤충을 찾아 나뭇가지를 사정없이 쪼면 적당한 거리에 떨어져서 지켜보다가 딱따구리가 떠나면 곧장 가서 딱따구리가 들춘 곳을 조사하는데 아마 남은 곤충이 있는지 확인하는 것이리라. 좋게 말하면 기회주의적인 먹이 찾기다. 큰뿔부엉이를 찾을 일이 없었다면 놓쳤을 장면이다.

6년 전부터 나는 모이통이 여러 종을 같은 시간, 같은 장소에 모이게 하는 인위적인 상황을 만든다는 사실을 염두에 두고 새를 관찰하기 시작했다. 그러면서 다른 종끼리, 또는 같은 종끼리의 영역 싸움을 보았다. 그러나 참나무에서는 새들이 동종의 새들과 함께 있는 경향이 있고 나무에서 각각 특정 가지를 차지하는 편이라 상대적으로 공격이 덜 일어나는 것 같다. 나무를 좀 더 자주 관찰한다면 구애 행동이나 새들이 협력해서 나무 틈바구니에 음식을 숨기는 장면 등을 좀 더 많이 보게 될 것이다. 짝짓기 장면을 볼지도 모른다. 우리 집 모이통에는 잘 오지 않는 새들을 볼 수도 있고. 덤불어치가 어떻게 도토리를 따는지, 그리고 새들이 어디에 둥지를 짓는지도 볼 수 있지 않을까? 단점이 있다면, 장시간 고개를 젖히고 올려다보느라 목이 좀 아플 거라는 점?

1월에 나는 새로운 일지를 시작할 생각이다. 거기에는 참새와 메추라기가 살면서 둥지를 짓는 땅은 물론이고 나무에서 벌어지는 일들을 더 많이 적으려고 한다. 바깥에 나가 낮은 의자에 앉아 이들이 땅에서 하는 활동을 지켜볼 것이다. 참새와 메추라기가 어디에 살고 둥지를 짓는지, 또 메추라기들이 어디에 숨는지 볼 것이다. 그러려면 숨을 죽이고 아무 소리도 내지 않은 채 얼어붙어 있어야 할 것이다. 한 시간 넘게 움직이지 않고 있다 보면 정말 추위에 얼어붙을지도 모른다. 아름다움을, 그리고 새를 위해서라면, 그쯤이야 기꺼이 감수하리라.

12/6/22

UP IN THE TREES

By looking at the feeders, I miss seeing life in the oak trees. I realized that when I searched for the owl and saw a Robin at the top.

I saw birds cacheing food in pairs.

I spotted a Nuttall's Woodpecker resting on a branch near where the owl usually perches.

When the woodpecker roused, it jumped to a branch and began pecking. No doubt it was seeking insects beneath the bark. It dug in and soon left.

A chickadee went bounding over to see what the woodpecker was doing. It followed behind at a discreet distance, then flew to the place the woodpecker had been drilling. Leftovers?

나무 위의 세상

2022년 12월 6일

맨날 모이통만 보고 있다 보니 참나무에서 새들의 삶을 많이 놓쳤다. 부엉이를 찾다가 나무 꼭대기에서 미국지빠귀를 보면서 그 생각이 들었다. 어떤 새는 둘이 한 팀이 되어 먹이를 숨기고 있었다.

부엉이가 주로 앉는 자리 근처에서 너택딱따구리가 쉬고 있었다.

잠에서 깨더니 나뭇가지로 뛰어올라 쪼기 시작했다. 나무껍질 밑의 곤충을 찾고 있는 거겠지. 좀 파 보더니 곧 떠났다.

딱따구리가 작업하던 자리에 쇠박새가 가더니 살펴보았다. 이 새는 적당한 거리를 두고 쫓아다니면서 딱따구리가 뚫어 놓은 곳을 확인한다. 잔반 처리반?

2022년 12월 15일

새를 지켜본 지난 6년 동안 내가 배운 게 있다면, 그건 모든 새가 저마다 그 자체로 놀랍고 황홀하게 아름답다는 것이다. 그러나 그중에서도 내게 가장 특별한 새가 있다면, 먹이를 먹다가 나를 보고 멈췄다가도 다시 태연하게 먹이를 먹는 새다.

주황정수리솔새

은둔지빠귀

감사의 말

이 책에 자기도 모르게 참여한 분들이 많습니다. 당신들이 내 삶을 어떻게 바꿔 놓았는지는 다 설명하지 못하겠네요.

멘토들: 베른트 하인리히, 당신은 내게 같은 장소에서 같은 것을 여러 계절 반복해서 관찰하는 것이 왜 중요한지 알려 주었어요. 존 뮤어 로스, 내게 그림 그리는 법과 자연 일지 쓰는 법, 그리고 자연에 의도적으로 호기심을 갖는 법을 가르쳐 주었죠. 피오나 길로글리, 숲과 습지에서 자연을 궁금해하고 마음껏 방황할 수 있는 자유를 주어 내가 다시 아이가 되게 해 주었습니다.

내 질문을 우습게 여기지 않고 더 조사할 수 있게 도와준 생물학자와 조류학자들: 브루스 빌러, 잭 덤바처, 해리 그린, 루시아 제이컵스, 데이비드 힐리스, 마크 모펫.

나를 숲과 해변으로 데려가고 내게 새소리를 가르쳐 주고 내가 발견할 때까지 인내심 있게 새가 있는 곳을 가리킨 탐조인 여러분: 밥 앳우드, 수잰 베이든홉, 존 베이커, 조너선 프랜즌, 조 퍼먼, 메건 개빈, 잭 게드니, 캐시 거베이스, 키스 핸슨, 마이크 파, 시다스 댄번트 생비, 앤 스트링필드, 데이비드 윔프하이머.

새들의 생존에 관심을 갖고 조류 보존 단체에 참여하게 자극을 준 단체들: 미국조류보존협회, 와일드에이드, 와일드케어, 포인트 블루 과학 및 보존 협회.

이 일지의 그림과 글을 먼저 읽고 격려해 준 자연 일지 클럽과 와일드 원더 회원 여러분. 탐조 모험에 항상 나를 끼워 주고, 내가 시민 과학자이자 예술가로 성장할 수 있게 기회와 자원, 인맥을 제공한 베스 길로글리, 고맙습니다.

케일럽 스태쳐는 수많은 그림과 페이지를 이 책에 실을 수 있는 이미지로 바꾸는 과정에 어려운 기술적 문제를 장시간에 걸쳐 해결해 주었습니다.

마르시아 소레스와 에이브러햄 페레즈는 필요한 순간마다 아이들이 내 연구를 돕게 해 주었습니다. 열두 살 지오바니 페레즈는 내가 여행 가 있는 동안 매일 모이통을 채우고 새 목욕통을 씻어 주었으며 부엉이 펠릿을 찾아 담쟁이덩굴을 뒤졌습니다. 릴리안 페레즈는 밀웜을 소분하고 부엉이 펠릿을 잘랐으며, 내가 다섯 살 짜리 꼬마에게 자연이 얼마나 신기하고 새로운지를 알게 할 기회를 주었습니다.

나를 보조한 엘렌 무어는 이 책의 초고를 읽고 내가 이 책을 하나로 잘 엮을 수 있게 바늘에 실을 꿰어 주었습니다. 엘렌, 당신은 이 일의 멋진 부분과 힘든 부분을 다 알고 있죠.

크노프 출판사 팀의 롭 샤피로, 앤디 휴, 리타 마드리갈, 카산드라 파파스, 제니 캐로우가 이 책에 보여 준 지지와 열정이 저에게 큰 힘이 되었어요.

내 에이전트 샌디 다익스트라, 내게 작가의 삶을 주고, 나를 지켜 주고, 조언해 주고, 내가 무엇을 하든, 이렇게 새를 그리는 일에까지 무한한 열정을 보여 준 당신에게는 죽을 때까지 빚을 다 갚지 못할 것 같아요.

내 편집자 대니얼 핼펀, 내가 아무렇게나 끄적거린 글과 그림을 이 책으로 탄생시킨 장본인. 내가 하는 일을 나보다 더 잘 알고 있는 사람.

우리 남편 루 드마테이, 자연 탐방, 수업, 탐조 장소로 나를 태워다 주고 2만 마리의 살아 있는 밀웜을 냉장고에 보관해도 한 마디 불평 없는 고마운 이.

우리 집 뒷마당을 찾아오는 모든 새들. 내가 너희들을 하나하나 다 알면 얼마나 좋겠니. 내가 너희들을 얼마나 사랑하는지 알고 있어?

우리 집 뒷마당의 새

이 새들은 2022년 12월 15일자로 내 뒷마당에서 식별된 새들이다.

까마귀과 Corvids
미국까마귀 American Crow
캘리포니아덤불어치 California Scrub Jay
큰까마귀 Common Raven
스텔라어치 Steller's Jay

비둘기 Doves & Pigeons
띠무늬꼬리비둘기 Band-tailed Pigeon
염주비둘기 Eurasian Collared-Dove
우는비둘기 Mourning Dove

되새과(핀치) Finches
황금방울새 American Goldfinch
집양진이 House Finch
쇠황금방울새 Lesser Goldfinch
미국검은머리방울새 Pine Siskin
보라양진이 Purple Finch

동고비류 Nuthatches
애기동고비 Pygmy Nuthatch
붉은가슴동고비 Red-breasted Nuthatch
흰가슴동고비 White-breasted Nuthatch

맹금류 Raptors

쿠퍼매 Cooper's Hawk

큰뿔부엉이 Great Horned Owl

붉은꼬리매 Red-tailed Hawk

붉은어깨매 Red-shouldered Hawk

줄무늬새매 Sharp-shinned Hawk

칠면조독수리 Turkey Vulture

참새류 Sparrows

미국나무참새 American Tree Sparrow (캘리포니아에서는 거의 발견되지 않는다)

캘리포니아토히 California Towhee

검은눈방울새 Dark-eyed Junco

큰멧참새 Fox Sparrow

노랑정수리북미멧새 Golden-crowned Sparrow

노래참새 Song Sparrow

얼룩무늬토히 Spotted Towhee

흰정수리북미멧새 White-crowned Sparrow

흰목참새 White-throated Sparrow

지빠귀류 Thrushes

미국지빠귀 American Robin

은둔지빠귀 Hermit Thrush

노란눈썹지빠귀 Varied Thrush

멕시코파랑지빠귀 Western Bluebird

솔새류 Warblers

은둔솔새 Hermit Warbler

주황정수리솔새 Orange-crowned Warbler

타운센드솔새 Townsend's Warbler

윌슨아메리카솔새 Wilson's Warbler
노란궁둥이솔새 Yellow-rumped Warbler

딱따구리류 Woodpeckers

도토리딱따구리 Acorn Woodpecker
솜털딱따구리 Downy Woodpecker
큰솜털딱따구리 Hairy Woodpecker
쇠부리딱따구리 Northern Flicker
너탤딱따구리 Nuttall's Woodpecker
댕기딱따구리 Pileated Woodpecker

기타 명금류 Other Songbirds

애나스벌새 Anna's Hummingbird
뷰익굴뚝새 Bewick's Wren
검은머리밀화부리 Black-headed Grosbeak
검은산적딱새 Black Phoebe
미국나무발발이 Brown Creeper
불록찌르레기사촌 Bullock's Oriole
오목눈이 Bushtit
상투메추라기 California Quail
애기여새 Cedar Waxwing
갈색등쇠박새 Chestnut-backed Chickadee
흰점찌르레기 European Starling
허턴비레오 Hutton's Vireo
북부거친날개제비 Northern Rough-winged Swallow
참나무관박새 Oak Titmouse
붉은관상모솔새 Ruby-crowned Kinglet
서부들종다리 Western Meadowlark

더 읽어 보기

이 책을 쓰면서 읽고 참조했던 책들을 소개한다.

제니퍼 애커먼Jennifer Ackerman
『새들의 방식』, 까치, 2022.
『새들의 천재성』, 까치, 2017.

잭 게드니Jack Gedney
『공적 새들의 사적인 삶The Private Lives of Public Birds』, 2022.

베른트 하인리히Bernd Heinrich
『귀소본능』, 더숲, 2017.
『생명에서 생명으로』, 궁리, 2013.
『까마귀의 마음』, 에코리브르, 2005.
『산란철The Nesting Season』, 2010.
『한 번에 야생의 새 한 마리One Wild Bird at a Time』, 2016.
『베른트 하인리히, 홀로 숲으로 가다』, 더숲, 2016.

키스 핸슨Keith Hansen
『포인트 라예스의 새Birds of Point Reyes』, 2023.
『시에라 네바다의 새Birds of the Sierra Nevada』, 2021.

존 뮤어 로스John Muir Laws
『로스의 새 그리는 법Laws Guide to Drawing Birds』, 2015.
『로스의 자연 그리기와 일지 쓰기Laws Guide to Nature Drawing and Journaling』, 2016.
『샌프란시스코 베이에어리어의 새San Francisco Bay Area Birds (set)』, 2014.
『시에라의 새: 도감Sierra Birds: A Hiker's Guide』, 1998.

「무료 그림 수업」, www.JohnMuirLaws.com.

데이비드 시블리 David Sibley
『탐조의 기초 Birding Basics』, 2002
『미국 서부의 새 Birds West』, 2016
『새의 언어』, 윌북, 2021.

Apps
eBird

Merlin

옮긴이의 말

『뒷마당 탐조 클럽』은 소설가 에이미 탄(73세)이 자기 집 뒷마당에서 5년간 새를 관찰하며 쓰고 그린 자연 일지이다. 실제 일지의 분량은 어마어마하지만 엄선하여 90편만 소개했다(책을 다 읽고 온라인에서 미공개 일지를 찾아다닐 독자를 대신해 발품을 팔아 보았으나 아쉽게도 특별 보너스는 없었다. 대신 2025년 2월에 이 책의 실물 일지를 포함한 에이미 탄의 작품 관련 자료들이 UC 버클리 밴크로프트 도서관에 영구 소장되었다는 뉴스를 발견했다. 저자가 후속작으로 『뒷마당 참나무 탐조 클럽』을 출간할 때까지 https://www.fionasongbird.com/에서 에이미의 자연 일지 멘토인 피오나 길로글리가 쓴 일지로 아쉬움을 달래 보는 것도 좋겠다).

책의 원제는 "The Backyard Bird Chronicles". 굳이 번역하자면

"뒷마당 조류일보(鳥類日報)"쯤 된다. 뒷마당 새들의 세계를 일간지 형식으로 소개하고자 한 저자의 의도가 담긴 제목이지만 코쿤북스 편집부에서 에이미의 대표작 『조이 럭 클럽』을 오마주하여 지은 『뒷마당 탐조 클럽』이 한국어판 제목으로는 딱이다. 에이미 탄도 이 제목을 의식하여 한국어판 서문을 클럽 멤버들에게 전하는 메시지로 썼다. 얼핏 보면 "뒷마당 탐정 클럽"으로도 읽히는데 이 책에서 에이미의 탐정으로서의 활약을 보면 생뚱맞은 제목은 아니다(번역을 의뢰받고 처음 훑어보다가 애거서 크리스티 소설 속 제인 마플의 푸근한 이미지를 떠올리며 에이미 탄의 이미지를 검색했을 때 나온 칼단발의 흑발 여성은 놀랍게도 내가 가장 좋아하는 탐정 드라마 「미스 피셔의 살인 미스터리」의 주인공 프라이니 피셔 그 자체였다. 그래서 "탐정 클럽"도 낯설지 않았을 것 같다).

중국계 미국인 2세인 에이미 탄은 1993년 개봉한 영화 「조이 럭 클럽」의 동명 원작 소설을 쓴 소설가로 미국에서 이민자 세대 간의 갈등과 화해, 문화 충돌, 여성의 정체성을 그린 이 책과 영화가 작품성과 흥행성을 모두 인정받으면서 크게 성공했다. 그러나 굴곡진 가족사로 인해 혼란스러운 젊은 시절을 보냈고 소설가로서 성공한 후에도 압박과 공황 등 불안장애에 시달렸다. 하지만 들어가는 말에서 잠깐 언급된 것 외에 『뒷마당 탐조 클럽』의 재기발랄한 글과 그림에서 과거의 어두운 그늘은 전혀 찾아볼 수 없다. 아마 자연과 글쓰기, 그리고 그림을 통해 아픔을 상당히 치유했기 때문일 것이다. 지금까지 여러 소설 속에 자신의 과거를 투영했던 것과 달리 『뒷마당 탐조 클럽』에서 에이미 탄은 자연 속에서 자족하며 하루하루에 충실한 현재의 삶을 보여 준다. 또한 문학계의 거장이라는 타이틀을 내려놓고 겸손한 초보 탐조가로서 10대 소녀 피오나를 멘토로 삼고 오직 자연에의 순수한 관심과 교감만으로 이 일지를 채운다. 나 역시 어린 시절로 돌아가 자연을 치유의 도구가 아닌 호기심의 대상으로 바라보는 에이미 탄이 되어 이 책을 옮겼다(마침, 작년 말에 『조이 럭 클럽』 소설이 재출간되었다. 『뒷마당 탐조 클럽』을 읽고 에이미의 매력에 빠진 독자라면 이어서 이 책을 읽을 것을 추천한다).

집을 둘러싼 참나무와 뒷마당에 "찾아온" 새들을 관찰했다고 하지만 책을 읽은 사람이라면 에이미가 얼마나 적극적으로 손님을 유치했는지 잘 알 것이다. 에이미의 조류 리조트에서는 홰에 앉아서 먹는 새(영어로는 "percher"), 땅바닥에 내려와서 먹는 새(영어로는 "ground feeder"), 벌새처럼 공중에서 날면서 먹는 새가 모두 제 습성대로 식사하고, 메뉴도 다양해 손님들의 까다로운 취향을 골고루 만족시킨다. 그뿐인가. 새들이 마시고 몸을 씻을 얕고 깨끗한 욕조까지 준비되어 있다. 이러니 온 동네 새들이 모이는 사랑방이자 참새방앗간이 될 수밖에. 하지만 오늘날 에이미가 느끼는 자부심은 최고의 모이와 모이통을 찾고 진상 고객과 불청객을 대처하기 위해 겪어야 했던 수많은 시행착오 끝에 도달한 것이다. 에이미가 이 뒷마당 리조트를 운영하는 좌충우돌 고군분투기가 책의 또 다른 축을 이루며 공감과 재미를 더한다(참고로 본문의 참나무는 사실 참나무속의 *Quercus agrifolia*라는 종으로 우리가 흔히 아는 참나무보다는 호랑가시나무와 잎이 더 닮았다).

『뒷마당 탐조 클럽』은 에이미 탄이 설정한 인위적 환경에서 야생의 새들이 보이는 행동에 대한 객관적 관찰 및 묘사와 다분히 주관적인 해석, 뛰어난 실력의 초상화와 재치 만점의 삽화, 새들과의 적극적인 접촉과 거리두기의 적절한 완급, 개인 일지답게 솔직하게 드러낸 속마음까지 매력 포인트가 한두 가지가 아니다. 그러나 내가 개인적으로 이 책에서 가장 감탄한 부분은 에이미가 끊임없이 던지는 질문이었다. 에이미의 탐조 활동은 새의 동정에서 시작한다. 일지를 처음 시작했을 때 에이미가 식별할 수 있는 새는 3종에 불과했다. 하지만 점점 이름을 아는 새가 많아지자 어느새 그 새들의 움직임이 눈에 들어오고 그렇게 새들의 동작 하나하나를 성실하게 관찰하고 묘사하게 된다. 놀랍게도 에이미는 거기에서 멈추지 않고 궁금해한다. 저 동작은 무슨 행동일까? 그런 다음 스스로 해석해 보고 주변에 조언을 구하고 더 나아가 계속해서 그 행동의 목적과 이유까지 묻는다. 우리는 대부분 동물의 행동을 TV 다큐멘터리에서 내레이션을 통해 전문가들의 해석과 함께 보기 때문에 따로 궁금증과 호기심을 발휘할 기회가 없다. 그러나 에이미는 비록 자신이 먹이와 물그릇으로 유인한 새들일지라도 그 새들의 행동을 날것 그대로 보고 질문한다. 새들의 행동에 대한 에이미의 해석은 아마추어 수준이고 에이미가 던지는 질문은 이미 전문가들이 답을 내놓은 것일 수도 있다. 그러나 자기 분야에서 정상에 올라 보고 인생을 통달한 경지와 연령에 이른 사람이 새로이 낯선 세계에 뛰어들어 나이를 역행하여 보이는 이런 행동과 태도야말로 이 책의 진정한 가치가 아닐까 한다.

나는 지금까지 교양 과학서를 많이 옮겼다. 주로 과학자나 과학 저널리스트들의 책이다. 에이미 탄이 언급한 제니퍼 애커먼과 베른트 하인리히의 책들도 작업한 적이 있어서 이 책에서 이름을 보고 반가웠다. 특히 애커먼의 책『새들의 천재성』과『새들의 방식』은 새를 좋아하는 사람이라면 꼭 읽어 보길 바라는 훌륭한 책이다. 해당 분야를 전공한 사람들이 수년간의 연구와 자료 조사를 통해 써 낸 책들은 전문 지식과 더불어 (진부한 표현일지는 모르지만) 세상과 인생에 대한 통찰을 준다. 비전문가가 쓴 이 책은 좀 다르다. 한국어판 서문에서 이 탐조 클럽에 누구나 가입할 수 있다고 말한 것처럼, 새와 자연을 사랑하는 사람이면 누구나 쉽게 범접할 수 "있는" 이 책이 선사하는 것은 영감과 격려이다. 비싼 밀웜 없이 깨끗한 물이 담긴 물그릇 하나만으로도 새들을 행복하게 해줄 수 있다니 얼마나 쉬운가. 실제로 우리나라에서 탐조에 대한 관심은 1980년대 대학의 야생조류연구회와 환경 단체 등에서 시작해 2010년 이후, 특히 코로나19 팬데믹 기간을 기점으로 크게 확산해 아마추어 탐조가의 활동도 활발하고, 탐조 동아리나 지역 프로그램 등 전문 지식이 없는 일반인이 야외에서 새를 관찰할 기회도 많아졌다. 직접 나가지 못해도 SNS나 미디어 플랫폼 등에서 생생한 영상을 볼 수 있어서 마음만 먹으면 얼마든지 새와 가까워질 수 있다(나도 이 책을 작업하면서 새덕후라는 유튜브 채널을 알게 되어 한참 홀린 듯이 영상을 본 적이 있다). 에이미의 이 사랑스러운 자연 일지는 이미 새를 엄청 사랑하는 사람들이 먼저 집어 들겠지만, 클럽의 새로운 회원들이 이 책을 읽고 영감과 격려를 받게 된다면 좋겠다.

    얼마 전부터 베란다에 열린 창문 밖 가까이에서 스티로폼을 비빌 때 나는 날카로운 새 소리가 반복해서 들렸다. 밖에 나가 아파트 건물을 살펴보니 7층 집 창틀에 물까치가 둥지를 틀었다. 작년에 8층 집 창문에 까치가 둥지를 지었을 때 민원을 넣어 철거하게 했던 집이라 조만간 저 물까치 둥지도 사라지겠구나 했는데 집주인이 아직 모르는지 며칠째 용케 버티고 있다. 새가 둥지에 낳은 알을 보고 측은지심을 발휘해 주기만을 바라며….

옮긴이 조은영

추천의 말

모두가 나를 부를 때, 사실은 나를 부르는 것이 아니다. 그들은 참새에 대해 생각하게 된다. 필연 그렇도록 되어 있다. 그리고 나는 이 사실이 좋다.

내가 참새에게서 이름을 빌렸듯이, 에이미는 자신의 뒷마당을 찾아오는 모든 날개 달린 것에게서 마음을 빌리고 있다. 새를 통하여 다른 생명을 바라보는 마음, 죽음을 새롭게 받아들이는 마음, 서로가 서로의 삶에 지는 필연적인 짐을 이해하는 마음. 새를 통해 마음의 외연을 넓히는 기록이 이 책에 고스란히 담겨 있다.

무언가를 오래 응시하는 일에는 마음 이상의 것이 필요하다. 나아가 그 마음을 받아 적고, 상세히 그려 내고, 이 모두를 이야기로 다시 엮어 내는 깃은 이미 여러 겹의 운명이 쌓여도 쉽지 않은 일일 것이다.

얼굴을 기억하지 못해도 그는 그 자리에서 늘 기다리고 있다.

그리고 이렇게 말한다. "내가 너희들을 얼마나 사랑하는지 알고 있어?"

그걸 알지 못해도 계속해 날아 올 새들. 그들을 위해 에이미는 매일매일 물통을 갈아 주고 모이를 채워 둔다. 이 사랑으로 다시 아침이 밝아 온다. 우리를 깨우는 새소리와 함께.

— 박참새 (시인)

새를 기다리는 시간, 마주치는 순간, 그리고 그들을 기록하며 조금씩 알아 가는 시간들.

에이미의 글과 그림들은 그 고요하고도 다채로운 시간을 삶의 한 부분으로 초대할 때, 어떤 변화가 찾아오는지를 조용히 들려준다.

소유하지 않으면서도 마음속에 쌓여 가는 찬란한 순간들, 일상의 감각이 이렇게나 깊고 넓어질 수 있다는 사실이 새삼 놀랍다.

그녀의 탐조 기록은 관찰의 기쁨에 더해, 한 대상을 향한 꾸준한 애정이 어떻게 세계를 확장시킬 수 있는지를 보여 준다.

새를 향한 시선은 곧 삶을 향한 태도가 되고, 그 정열은 독자에게도 새로운 감각을 일깨운다.

쌍안경 너머의 생명들을 바라보다, 문득 세상이 얼마나 다정한 곳인지 깨닫는다. 개입하지 않고도 사랑할 수 있는 감각, 그 조용한 기쁨이 오래도록 마음에 머문다.

— 윤예지(일러스트레이터)

우리 집 창가에도 물을 담은 작은 접시를 내놓아 볼까? 생각만 해도 가슴이 두근거린다. 물을 마시러 찾아오는 새들을 놓치지 않고 스케치북에 담고 싶다. 나도 작가가 쓴 것처럼 흥미진진한 새들의 드라마를 경험할 수 있을까?

   탐조는 꼭 멀리 가야만 할 수 있는 것이 아니다. 작가는 직접 새들을 뒷마당으로 끌어들인다. 훌륭한 식단과 맞춤 관리로 새들이 머물고 싶은 장소를 만든다. 그곳에선 매일 다른 일이 일어난다. 새들은 지저분하고, 많이 먹고, 입맛도 까다롭다. 멀리 하늘을 날거나, 까마득한 가지 위에 앉아 있을 때는 알 수 없는 사연들이 잔뜩 실려 있는 책이다.

   자칭 '새 중독자'인 작가의 유머도 웃음을 더한다. 작가의 작업노트를 그대로 살려, 그의 경험과 기록을 통째로 소장하는 기쁨을 준다. 새를 좋아하지만 탐조는 멀게 느껴진다면 꼭 읽어 보기 바란다.

– 이다(작가, 일러스트레이터)

우리가 아는 에이미 탄은 미국의 초대박 베스트셀러 『조이 럭 클럽』의 작가다. 어머니 세대와 딸 세대가 함께 겪는 이민자의 삶, 중국과 미국 사이에서 떠도는 기억과 정체성의 이야기를 섬세하고 강렬하게 풀어 낸 소설가다. 에이미 탄이 이번에는 조용한 뒷마당에서 쌍안경을 들고 날개를 퍼덕이는 생명들의 일거수일투족을 놓치지 않고 스케치북에 기록하는 열정적인 관찰자가 되었다. 『뒷마당 탐조 클럽』은 단지 새에 관한 책이 아니다. 인간과 자연, 관찰과 치유, 고통과 회복에 관한 책이다.

몸과 마음에 조용한 병을 앓고 있을 때 에이미 탄은 자신의 뒷마당에서 새 한 마리와 눈이 마주쳤다. 그 새가 누구인지 궁금했다. 그 순간부터 그녀는 소설가가 아닌 관찰자와 자연화가로 변신하기 시작했다. 처음엔 단 세 종의 새밖에 구별하지 못했다. 그러나 몇 년이 흐른 지금 그녀는 63종이 넘는 새의 이름을 알고 특징을 구별하며 행동 양식을 기록한다. 작가라는 직업이 익숙한 그녀는 이번엔 스케치북을 펼치고 이야기보다 기록으로 접근한다. 6년에 걸친 이 일지는 에이미 탄의 예술적 감성과 과학적 호기심이 아름답게 교차하는 공간이다.

이 책에는 특별한 줄거리도 없고 누군가가 죽거나 사랑에 빠지지도 않는다. 그러나 어떤 소설보다도 극적이고 무엇보다도 진실하다. 모이통에 내려앉은 덤불어치의 푸르스름한 깃털, 그 새가 또다시 날아오르기까지의 짧은 망설임, 알을 품고 있는 까마귀의 무표정한 눈빛. 탄은 이 작은 생명들을 그저 관찰하는 데 그치지 않고 그 속에서 자신의 내면과 마주한다. 때로는 새의 조심스러운 움직임에서 상실을 읽고, 때로는 깃털 하나의 방향에서 삶의 방향을 되돌아본다.

"새를 느껴 봐요. 새가 되어 보는 겁니다." 이 책 전체를 관통하는 핵심이다. 자연을 사랑한다는 말은 쉬워도 자연을 존중하며 바라보는 일은 어렵다. 빠르게 스쳐 지나가는 시간 속에서 '보았다'는 감각을 붙잡기 위해선 속도를 늦추고 시선을 낮추어야 한다. 에이미 탄은 이 느린 시간 속에서 병든 몸을 돌보고, 산만했던 마음을 가라앉히며, 스스로를 다시 바라보는 법을 배운다.

에이미 탄이 그려 낸 수많은 새의 얼굴에는 그동안 우리가 놓치고 살았던 존재들의 얼굴이 겹쳐 보인다. 도시의 소음 속에서 들리지 않던 울음소리, 스마트폰 화면 뒤로 사라진 깃털의 떨림, 우리가 스쳐 지나간 어떤 생명의 흔적들…. 탄은 그 모든 것들에게 눈과 귀를 기울이게 만든다.

유난히 빠르게 움직이고 쉬지 않고 계획하며 자연과는 점점 멀어지는 사회 속에 살아가는 한국 독자들에게 이 책은 특별한 의미가 있다. 우리 하늘에도 여전히 새는 날고 있고 마당의 나무엔 이름 모를 새가 날아온다. 『뒷마당 탐조 클럽』은 그 새를 그냥 지나치지 않고 '무엇일까?' 하고 궁금해하는 마음에서 시작되는 새로운 삶의 방식, 즉 관찰자의 삶을 제안한다.

책장을 덮은 뒤 독자는 다시금 주위를 둘러보게 될 것이다. 이 계절의 풀꽃은 어떤 색인지, 하늘의 새는 어디로 향하고 있는지 그리고 나는 지금 어디에 서 있는지 관찰하게 될 것이다. 이 책은 새에 관한 이야기가 아니라 살아 있는 존재를 다시 바라보는 법에 관한 이야기다.

— 이정모 (전 국립과천과학관장)

매혹적이고 빛나는 책! 에이미 탄이 그녀의 천재성, 깊은 공감 능력과 통찰력, 그 예리한 시선을 새에게로 돌린 것은 우리에게 큰 행운이다. 이 책의 모든 페이지에서 따뜻한 호기심과 경이로움, 기쁨을 느낄 수 있다.

-제니퍼 애커먼, 『새들의 천재성』 저자

이 책은 내가 읽은 자연에 관한 책 중 가장 전염성이 강하고 설득력 있는 책이다. 탐조가뿐만 아니라 모두에게 큰 기쁨과 예상치 못한 흥미를 선사한다. 탄의 황홀한 눈을 통해 조류에 관한 논문이 될 수도 있었던 책이 훨씬 재미있고 심오한 책이 되었다. 이 책은 진정으로 보는 행위에 관한 책이다.

-데이브 에거스, 『눈과 보이지 않는』 저자

새에 조금이라도 관심이 있거나 관심을 갖고자 하는 사람이라면, 에이미 탄의 시선과 주의를 기울이는 모범적인 방법을 배우기 위해서라도 이 책을 서가에 꽂아 두고 싶을 것이다. 정말로 보물 같은 책이다.

-로버트 하스, 퓰리처상 수상작 『여름 눈』 저자

이 책은 우리가 어떻게 자연 세계와 정서적, 언어적, 예술적으로 교감할 수 있는지 보여 준다. 즉 가장 접근하기 쉬우면서도 야생 그 자체인, 우리 곁으로 날아와서 때로는 함께 살기로 선택하는 희귀하고 아름다운 새들에 대해 즐겁게 배울 수 있는 방법을 보여 준다.

-베른트 하인리히, 『까마귀의 마음』 저자

미국지빠귀

옮긴이 조은영

어려운 과학책은 쉽게, 쉬운 과학책은 재미있게 번역하려는 과학 전문 번역가. 서울대학교 생물학과를 졸업하고, 서울대학교 천연물과학대학원과 미국 조지아대학교에서 석사학위를 받았다. 『지우지 마시오』, 『새들의 방식』, 『뛰는 사람』, 『암컷들』, 『파브르 식물기』, 『살아 있니, 황금두더지』, 『거북의 시간』, 『10퍼센트 인간』 등을 옮겼다.

뒷마당 탐조 클럽

초판 1쇄 발행 2025년 6월 25일

지은이 에이미 탄
옮긴이 조은영

펴낸곳 코쿤북스
등록 제2019-000006호
주소 서울특별시 서대문구 증가로25길 22 401호
디자인 THISCOVER

ISBN 979-11-978317-9-9 03470

· 책값은 뒤표지에 표시되어 있습니다.
· 잘못된 책은 구입하신 서점에서 교환해 드립니다.

· 책으로 펴내고 싶은 아이디어나 원고를 이메일(cocoonbooks@naver.com)로
  보내주세요. 코쿤북스는 여러분의 소중한 경험과 생각을 기다리고 있습니다.☺